·高等学校计算机基础教育教材精选·

C++程序设计
（第2版）

刘加海 杨 铠 主 编
张银南 吴建敏 副主编

清华大学出版社
北京

内 容 简 介

本书适合作为直接讲授C++程序设计课程的教学用书，不需要读者具有C程序设计的基础。本书把C程序设计的基本知识结合在类中讲解，使面向对象的思想贯穿于整个教材，能帮助读者尽快掌握面向对象的编程思想，提高面向对象的编程能力。

本书共分14章，内容包括C++程序设计入门、C++程序的文件组织与基本运算符、循环程序设计、分支程序设计、函数、数组与指针、指针与函数、类与对象、运算符重载、继承与多态性、I/O流与文件、模板和异常、可视化程序设计。

本书内容通俗易懂、言简意赅、重点突出。本书内容的安排循序渐进、深入浅出，以具体实例来分析和阐明C++程序设计中面向对象的方法与应用。为加深读者对程序设计思想的理解，每章都给出了与教材同步的思考题与上机练习题。清华大学出版社还出版了与本书配套的《C++程序设计实验、辅导与习题解答》，书中给出了17个C++实验、C++编程要点及本书所有习题的解答。

本书作者根据在浙江大学多年讲授C++程序设计的教学经验，结合大量实例，系统地讲述了C++程序设计的主要知识点、编程特点与编程方法。本书适合作为高等学校理工科各专业的学生学习面向对象程序设计的教材或参考书。

本书封面贴有清华大学出版社防伪标签，无标签者不得销售。
版权所有，侵权必究。举报：010-62782989，beiqinquan@tup.tsinghua.edu.cn。

图书在版编目(CIP)数据

C++程序设计/刘加海，杨锴主编. —2版. —北京：清华大学出版社，2013.8(2021.8重印)
高等学校计算机基础教育教材精选
ISBN 978-7-302-33025-7

Ⅰ. ①C… Ⅱ. ①刘… ②杨… Ⅲ. ①C语言－程序设计－高等学校－教材 Ⅳ. ①TP312

中国版本图书馆CIP数据核字(2013)第145968号

责任编辑：焦　虹
封面设计：傅瑞学
责任校对：焦丽丽
责任印制：沈　露

出版发行：清华大学出版社
　　　　网　　址：http://www.tup.com.cn, http://www.wqbook.com
　　　　地　　址：北京清华大学学研大厦A座　　邮　编：100084
　　　　社 总 机：010-62770175　　　　　　　　邮　购：010-83470235
　　　　投稿与读者服务：010-62776969, c-service@tup.tsinghua.edu.cn
　　　　质量反馈：010-62772015, zhiliang@tup.tsinghua.edu.cn
　　　　课件下载：http://www.tup.com.cn, 010-83470236
印 装 者：三河市龙大印装有限公司
经　　销：全国新华书店
开　　本：185mm×260mm　　印　张：31.75　　字　数：728千字
版　　次：2009年3月第1版　　2013年8月第2版　　印　次：2021年8月第8次印刷
定　　价：59.80元

产品编号：053722-02

出版说明

高等学校计算机基础教育教材精选

在教育部关于高等学校计算机基础教育三层次方案的指导下,我国高等学校的计算机基础教育事业蓬勃发展。经过多年的教学改革与实践,全国很多学校在计算机基础教育这一领域中积累了大量宝贵的经验,取得了许多可喜的成果。

随着科教兴国战略的实施以及社会信息化进程的加快,目前我国的高等教育事业正面临着新的发展机遇,但同时也必须面对新的挑战。这些都对高等学校的计算机基础教育提出了更高的要求。为了适应教学改革的需要,进一步推动我国高等学校计算机基础教育事业的发展,我们在全国各高等学校精心挖掘和遴选了一批经过教学实践检验的优秀的教学成果,编辑出版了这套教材。教材的选题范围涵盖了计算机基础教育的三个层次,包括面向各高校开设的计算机必修课、选修课,以及与各类专业相结合的计算机课程。

为了保证出版质量,同时更好地适应教学需求,本套教材将采取开放的体系和滚动出版的方式(即成熟一本、出版一本,并保持不断更新),坚持宁缺毋滥的原则,力求反映我国高等学校计算机基础教育的最新成果,使本套丛书无论在技术质量上还是出版质量上均成为真正的"精选"。

清华大学出版社一直致力于计算机教育用书的出版工作,在计算机基础教育领域出版了许多优秀的教材。本套教材的出版将进一步丰富和扩大我社在这一领域的选题范围、层次和深度,以适应高校计算机基础教育课程层次化、多样化的趋势,从而更好地满足各学校由于条件、师资和生源水平、专业领域等的差异而产生的不同需求。我们热切期望全国广大教师能够积极参与到本套丛书的编写工作中来,把自己的教学成果与全国的同行们分享;同时也欢迎广大读者对本套教材提出宝贵意见,以便我们改进工作,为读者提供更好的服务。

我们的电子邮件地址是:jiaoh@tup.tsinghua.edu.cn。联系人:焦虹。

清华大学出版社

第 2 版前言

C++程序设计语言具有面向对象的属性，有着丰富的数据结构、灵活的控制语句、清晰的程序结构、良好的可移植性，运行效率高、安全可靠，易于开发与维护大型系统程序。目前很多高校的理工科专业都将 C++ 程序设计作为首选的程序设计课程。

目前 C++ 程序设计的教材很多，虽各有自己的特点，但存在的问题也是显而易见的。存在的主要问题是：

（1）需要首先学习 C 程序设计，然后再学习 C++ 程序设计。这种情况占用的学时数较多，很多高校都难以满足；而且先学习 C 程序设计再学习 C++ 程序设计，面向对象的思想很难建立。

（2）目前也有一些 C++ 程序设计的教材将 C 程序设计方面的内容安排在前半部分，后半部分为面向对象的内容；从而使 C 与 C++ 的内容分离，C 程序设计的内容过于简单。学生学习了 C++ 程序设计后，只知道了大概，无法建立面向对象的思想，既没有学好 C 程序设计也不会 C++ 程序设计。

（3）教学中把程序设计课程讲解为程序语法课程，这在国内很普遍。课程中着重论述 C++ 的基本概念，而不是从面向对象的程序设计入手，学生程序设计的能力很难提高。

笔者在十多年前就打算写一本融合 C、C++ 与可视化程序设计方面的书，虽经近几年的努力，终于完成了书稿，但完成的书稿与原设想的风格相差较远，此事就耽搁下来。近年来浙江大学不断加大教学改革的力度，一方面不断减少教学时数，另一方面又需要学生掌握 C++ 程序设计的基本知识与程序设计的能力。浙江大学计算机学院将此课程作为精品课程来建设，使得我们又一次思考如何把 C 与 C++ 的内容尽可能较好地结合在一起，使学生既掌握面向对象的思想又不削弱程序设计的能力。因而本书一开始就引入了类的概念，把 C 与 C++ 的内容融合在类中，减少了较空泛的概念讲解，增加了程序设计举例后的思考与上机调试的项目。

第 2 版在第 1 版的基础上做了以下修改：

（1）把第 1 版中的第 10 章分成"继承"与"多态性"两章，丰富了实例讲解，逻辑性得到了加强。把第 1 版中的第 11 章调整到第 13 章，理由是继承与多态性是面向对象程序设计中的重要内容，适当提前便于学生掌握；而模板和异常处理与整个内容体系不完全一致，它是对程序编写的完善与容错的改进，因而放在较后面进行介绍。

（2）对第 1 版中的第 1、8、9、10、11 章的内容修改较大，文字叙述逻辑性更强，将原有实例基本改写成用类对象来设计。

（3）对第 1、2、3 章中的某些重要内容给出了脚注,并重写了第 3、4、5、6、7 章中的例题。例题的设计大多采用面向对象的方法,有些不宜改写为类设计的,在程序中都以函数调用形式出现。一方面是为了程序的可读性,另一方面是为了与类中的成员函数相对应,在学习中对函数编写具有更好的迁移性。

（4）模板与异常、I/O 流与文件、可视化程序设计初步与第 1 版相比变化较小。

（5）改正了书中原有的一些错误。

本书的主要特点

涵盖 C 与 C++ 程序设计的主要内容。全书以类与对象为主线,把 C 的基本概念完全融合在类中。全书简单易懂、内容广泛,将各种基础概念都融合在程序设计中,对程序分析、设计、调试、运行都给出了详细的步骤,并针对例题给出进一步的思考题与上机练习题,可以有效地帮助学生理解程序设计的思想,提高程序设计的能力。

本书的读者对象

本书可作为高等学校理工科专业的学生学习面向对象程序设计的教材或参考书。书中内容的安排循序渐进、深入浅出,以具体的实例来分析和阐明 C++ 程序设计中面向对象的方法与应用。为加深读者对程序设计思想的理解,每章都给出了与教材同步的思考题与上机练习题。

本书的主要内容

第 1 章 C++ 程序设计入门。主要介绍面向对象的特征、类的概念及类的定义、对象的概念及定义、对象对类成员的引用、C++ 程序的基本构成以及在 Visual C++ 环境下 C++ 程序的调试方法。

第 2 章 C++ 程序的文件组织与基本运算符。主要介绍 C++ 程序的基本构成、C++ 文件、函数的原型、语句与常用运算符与表达式。

第 3 章 循环程序设计。主要介绍循环的概念、用 while、do-while 及 for 构成的循环语句,着重讨论 while、for 循环的执行过程以及循环的嵌套及循环的应用。

第 4 章 分支程序设计。主要介绍 if 语句的三种形式,即 if、if-else、if-else if 语句的执行流程及它们的应用。讨论了 if 嵌套的应用、switch 语句的执行流程及在实际中的应用。

第 5 章 函数。主要介绍函数的概念、函数的参数传递、默认的函数参数、函数重载与内联函数的概念、变量的不同存储类型在函数模块中的作用范围与生存期及函数的递归调用。

第 6 章 指针与数组。主要介绍指针变量对一维数组元素的引用方法、指针在一维数组中的应用、指针变量对字符串的引用、数组指针在二维数组中的应用、运算符 new 和 delete 的使用。

第 7 章 指针与函数。主要介绍指针作为函数的参数的程序设计方法、函数指针的概念及应用、指针函数的定义及字符指针数组在命令行参数中的应用。

第 8 章 类及其应用。主要讲解构造函数、拷贝构造函数与析构函数的概念及应用、类的静态数据成员的应用、友元函数及友元类的应用、容器类与 this 指针在程序设计中的应用。

第9章 运算符重载。主要讲解运算符在对象之间运算时的含义可以由成员函数或友元函数进行重新解释,着重讲解常用运算符的重载方法及其应用。

第10章 继承。主要讲述继承与派生的基本概念、多继承中派生类的构造函数的定义及多继承中的二义性问题,讲解了虚基类的应用。

第11章 多态性。主要讲述面向对象程序设计中实现多态性的方法,讲解虚函数与多态性的关系、纯虚函数与抽象类在面向对象程序设计中的应用。

第12章 I/O流与文件。讲解C++流的概念,如何使用ios类的成员函数及操作符实现格式化输入与输出,论述了文件的概念及对文本文件、二进制文件的操作。

第13章 模板和异常处理。主要讲解函数模板、类模板的基本概念及应用、异常处理的基本思想与程序设计。

第14章 可视化程序设计初步。主要讲解如何通过继承MFC来生成应用程序中的派生类,实现图形界面的程序设计。

在章节前加 * 的章节,读者可以暂时忽略,不影响对本书的学习。

本书中提供了大量的例题与思考题、上机练习题及课后习题。为了更好地理解各章的内容,在学习中一定要及时上机调试程序,并修改一些类与语句,思考结果并验证。希望读者能够将阅读本书和自己的实践结合起来,动手思考、设计所有的思考和实验题。清华大学出版社还出版了与本书配套的《C++程序设计实验、辅导与习题解答》,此书给出了17个实验及教材中全部习题的解答。

本书作者对C与C++程序设计有着丰富的应用研究和教学经验。本书由浙江大学城市学院、计算机学院刘加海,浙江大学城市学院杨锆、严冰,浙江大学计算机学院季江民、陈建海,杭州浙大灵通科技有限公司吴建敏,浙江科技学院张银南,浙江商业职业技术学院孔美云等教师编写。

作者对给予大力支持的浙江大学计算机学院表示衷心的感谢。

由于编者水平有限,书中难免有疏漏与不足之处,敬请各位专家和广大读者批评指正。需要教学课件、源程序等可发电子邮件到 Liujh@zucc.edu.cn。

编 者

目录

第1章 C++程序设计入门 1
1.1 C++类 1
1.1.1 类的概念 1
1.1.2 C++中类的定义 3
1.1.3 类成员数据 5
1.1.4 类成员函数的定义方法 6
1.1.5 类对象的定义及对象对成员函数的引用方法 8
1.2 C++的标准输入输出流对象 9
1.2.1 标准输入输出流对象的基本应用 9
1.2.2 输入输出流对象的成员函数及应用 11
1.3 常量与变量 15
1.3.1 整型常量 16
1.3.2 实型常量 17
1.3.3 字符常量 17
1.3.4 变量的数据类型及其定义 17
1.3.5 整型变量 18
1.3.6 实型变量 19
1.3.7 字符变量与字符串 19
1.3.8 变量声明的位置 22
1.4 类对象初步 23
1.4.1 类对象的概念 23
1.4.2 类对象的定义 23
1.4.3 类成员函数中的构造函数与析构函数 27
1.5 Visual C++ 6.0环境下的程序调试 29
1.5.1 Visual C++ 6.0源程序编辑、编译、连接、运行过程 29
1.5.2 打开已存在的文件 34
1.5.3 C++程序的调试 35
1.6 面向对象编程方法的基本特征 40
1.6.1 抽象 40

  1.6.2 封装 ··· 40
  1.6.3 继承 ··· 41
  1.6.4 多态性 ·· 43
 习题 ··· 45

第 2 章　C++ 程序的文件组织与基本运算符 ······················ 46
 2.1 C++ 程序的多文件结构 ··· 46
 2.2 C++ 中的函数 ··· 49
  2.2.1 函数原型 ··· 49
  2.2.2 函数体定义 ··· 50
  2.2.3 函数的调用方式 ··· 50
 2.3 C++ 语句 ·· 51
 2.4 运算符 ·· 52
  2.4.1 算术运算符 ··· 53
  2.4.2 关系运算符 ··· 54
  2.4.3 逻辑运算符 ··· 54
  2.4.4 位运算符 ··· 56
  2.4.5 引用 ··· 56
 习题 ··· 58

第 3 章　循环程序设计 ·· 60
 3.1 while 循环程序设计 ··· 60
 3.2 do-while 循环程序设计 ·· 66
 3.3 for 循环程序设计 ·· 68
  3.3.1 for 循环结构 ··· 68
  3.3.2 for 语句的几种变形 ··· 72
 3.4 break 语句和 continue 语句 ··· 73
 3.5 循环嵌套的应用 ··· 76
 习题 ··· 81

第 4 章　分支程序设计 ·· 83
 4.1 if 语句的应用 ··· 83
 4.2 if-else 语句的应用 ··· 86
 4.3 if-else if 语句的应用 ··· 92
 4.4 if 嵌套语句的应用 ··· 95
 4.5 switch 的应用 ·· 96
 习题 ··· 102

第 5 章 函数及其应用 104
5.1 函数的基本概念 104
5.2 系统函数的应用 106
5.3 自定义函数 107
5.3.1 函数定义的形式 107
5.3.2 函数的参数 108
5.4 默认的函数参数 112
5.5 函数重载 114
5.6 内联函数 117
5.6.1 内联函数的声明方法 117
5.6.2 内联函数的特点 117
5.7 域分辨操作符∷ 119
*5.8 变量存储类型与变量生存期、作用域 120
5.8.1 auto 存储类型的变量与作用范围 121
5.8.2 static 存储类型的变量与作用范围 122
5.8.3 register 存储类型的变量与作用范围 124
5.8.4 extern 存储类型的变量与作用范围 124
5.9 函数的嵌套与递归调用 125
5.9.1 函数的嵌套调用 125
5.9.2 函数递归调用 127
习题 129

第 6 章 指针与数组 139
6.1 一维数组 139
6.1.1 一维数组的定义 140
6.1.2 一维数组的引用、初始化与赋值 141
6.2 二维数组 152
6.2.1 二维数组的定义 152
6.2.2 二维数组的元素表示、初始化与赋值 152
6.2.3 二维数组可作为一维数组来使用 155
6.3 指针的基本概念 156
6.3.1 指针 156
6.3.2 指针间的运算 159
6.3.3 指针与 const 限定符 161
6.3.4 类与 const 限定符 162
6.4 一维数组与指针 164
6.5 字符串与字符指针变量 167
6.5.1 字符数组与字符串 167

6.5.2　指针变量与字符串 …………………………………… 170
　6.6　数组指针 ………………………………………………………… 171
　6.7　指针数组 ………………………………………………………… 173
　　　6.7.1　指针数组的性质 …………………………………………… 173
　　　6.7.2　指针数组的初始化 ………………………………………… 174
　6.8　运算符 new 和 delete 与指针 ………………………………… 175
　习题 …………………………………………………………………… 178

第 7 章　指针与函数　183

　7.1　指针与函数参数 ………………………………………………… 183
　7.2　指向函数的指针 ………………………………………………… 190
　7.3　返回值为指针的函数 …………………………………………… 195
　7.4　命令行参数 ……………………………………………………… 199
　　　7.4.1　命令行参数的概念 ………………………………………… 199
　　　7.4.2　命令行参数的表示方法 …………………………………… 199
　习题 …………………………………………………………………… 201

第 8 章　类与对象　203

　8.1　类的构造函数 …………………………………………………… 203
　　　8.1.1　构造函数的特点 …………………………………………… 204
　　　8.1.2　默认参数的构造函数 ……………………………………… 210
　8.2　类的析构函数 …………………………………………………… 211
　　　8.2.1　析构函数的特点 …………………………………………… 211
　　　8.2.2　构造函数、析构函数调用顺序 …………………………… 212
　8.3　拷贝构造函数 …………………………………………………… 214
　　　8.3.1　使用已有对象初始化另一个对象 ………………………… 215
　　　8.3.2　类对象作为函数的参数 …………………………………… 218
　　　8.3.3　类对象作为函数的返回值 ………………………………… 219
　8.4　类对象的应用 …………………………………………………… 223
　8.5　类静态成员 ……………………………………………………… 234
　　　8.5.1　类的静态数据成员 ………………………………………… 234
　　　8.5.2　类的静态成员函数 ………………………………………… 237
　8.6　类的友元 ………………………………………………………… 240
　　　8.6.1　友元函数 …………………………………………………… 240
　　　8.6.2　友元成员 …………………………………………………… 244
　　　8.6.3　友元类 ……………………………………………………… 247
　8.7　常成员函数 ……………………………………………………… 251
　　　8.7.1　常对象 ……………………………………………………… 251

　　　　8.7.2　常成员函数 ·········· 252
　　　　8.7.3　常数据成员 ·········· 253
　　　　8.7.4　常引用 ·············· 254
　8.8　容器类 ························ 255
*8.9　类与结构 ······················ 257
　8.10　对象数组与对象指针 ········ 259
　　　*8.10.1　对象数组 ············ 259
　　　*8.10.2　指向类对象的指针 ···· 261
　　　*8.10.3　指向类成员的指针 ···· 263
　　　　8.10.4　this 指针 ············ 265
　习题 ······························· 267

第9章　运算符重载 ·················· 277
　9.1　运算符重载的基本概念 ········ 277
　　　9.1.1　C++ 中可重载的运算符 ·· 278
　　　9.1.2　运算符重载的定义形式 ·· 279
　9.2　成员函数重载运算符 ·········· 279
　9.3　友元函数重载运算符 ·········· 283
　9.4　成员函数运算符与友元运算符函数的比较 ···· 285
　9.5　单目运算符的重载 ············ 287
　9.6　赋值运算符的重载 ············ 293
　9.7　二元运算符的重载 ············ 295
　9.8　重载运算符() ················· 302
　习题 ······························· 303

第10章　继承 ······················· 308
　10.1　继承与派生 ·················· 308
　10.2　继承访问控制 ················ 310
　　　10.2.1　继承 ·················· 310
　　　10.2.2　公有(public)继承 ······ 311
　　　*10.2.3　私有(private)继承 ···· 313
　　　*10.2.4　保护继承(protected) ·· 316
　10.3　派生类的构造函数的设计 ···· 317
　　　10.3.1　派生类中不含类对象的构造函数设计 ···· 318
　　　10.3.2　派生类中含类对象的构造函数设计 ······ 320
　　　10.3.3　派生类构造函数和析构函数的执行顺序 ·· 321
　10.4　多继承 ······················· 326
　　　10.4.1　多继承的基本概念 ······ 326

  10.4.2 多继承中派生类的构造函数与析构函数 ……………………………… 327
 10.5 多继承中的二义性问题 …………………………………………………………… 333
 10.6 虚基类 ……………………………………………………………………………… 335
 习题 ……………………………………………………………………………………… 339

第 11 章 多态性 …………………………………………………………………………… 347

 11.1 多态性的概念 ……………………………………………………………………… 347
 11.2 虚函数 ……………………………………………………………………………… 350
  11.2.1 虚函数的定义 ……………………………………………………………… 350
  11.2.2 虚函数的调用 ……………………………………………………………… 351
  11.2.3 虚函数和重载函数的区别 ………………………………………………… 355
 11.3 纯虚函数与抽象类 ………………………………………………………………… 357
  11.3.1 纯虚函数 …………………………………………………………………… 357
  11.3.2 抽象类 ……………………………………………………………………… 358
*11.4 多态性的异质单向链 ……………………………………………………………… 361
 习题 ……………………………………………………………………………………… 367

第 12 章 I/O 流与文件 …………………………………………………………………… 374

 12.1 C++ 流的概念 ……………………………………………………………………… 374
  12.1.1 streambuf 类 ……………………………………………………………… 375
  12.1.2 ios 类 ……………………………………………………………………… 375
 12.2 用 ios 类的成员函数实现格式化输入与输出 …………………………………… 376
  12.2.1 I/O 状态标志字 …………………………………………………………… 376
  12.2.2 ios 类中用于控制输入输出格式的成员函数 …………………………… 377
  12.2.3 ios 类中的其他成员函数 ………………………………………………… 381
 12.3 用 I/O 操纵符实现格式化输入与输出 …………………………………………… 382
  12.3.1 I/O 操纵符 ………………………………………………………………… 382
  12.3.2 用户自定义操纵符 ………………………………………………………… 385
 12.4 文件的操作 ………………………………………………………………………… 386
  12.4.1 文件的操作过程 …………………………………………………………… 386
  12.4.2 定义文件流对象 …………………………………………………………… 387
  12.4.3 文件的打开与关闭 ………………………………………………………… 387
  12.4.4 文件的操作方式 …………………………………………………………… 389
  12.4.5 文本文件应用举例 ………………………………………………………… 390
  12.4.6 二进制文件的操作 ………………………………………………………… 396
  12.4.7 文件的随机读写 …………………………………………………………… 399
 12.5 用户自定义类型的输入输出 ……………………………………………………… 402
  12.5.1 输出运算符"<<"重载 ……………………………………………………… 403

    12.5.2 输入运算符">>"重载 ……………………………………… 404
  习题 ……………………………………………………………………………… 407

第 13 章　模板和异常处理 ……………………………………………………… 413
  13.1 模板 ……………………………………………………………………… 413
    13.1.1 函数模板 ……………………………………………………… 414
    13.1.2 类模板 ………………………………………………………… 420
  13.2 异常处理 ………………………………………………………………… 432
    13.2.1 异常处理的基本思想 ………………………………………… 432
    13.2.2 异常处理的实现 ……………………………………………… 433
    13.2.3 异常生命周期 ………………………………………………… 437
    13.2.4 异常规格说明 ………………………………………………… 438
    13.2.5 异常处理中的构造与析构 …………………………………… 439
  习题 ……………………………………………………………………………… 440

第 14 章　可视化程序设计初步 ………………………………………………… 442
  14.1 Windows 程序设计基本概念 …………………………………………… 442
    14.1.1 Windows 消息 ………………………………………………… 442
    14.1.2 消息的种类 …………………………………………………… 443
  14.2 Windows 程序设计举例 ………………………………………………… 444
    14.2.1 CWinApp 类 …………………………………………………… 445
    14.2.2 CFrameWnd 类 ………………………………………………… 445
    14.2.3 程序举例——框架编程实现 ………………………………… 446
    14.2.4 应用程序举例——消息框编程实现 ………………………… 448
    14.2.5 应用程序举例——菜单编程实现 …………………………… 451
    14.2.6 应用程序举例——图形、文字、图像编程实现 …………… 456
    14.2.7 应用程序举例——对话框程序的实现 ……………………… 461
    14.2.8 应用程序举例——通用对话框程序设计 …………………… 463
  习题 ……………………………………………………………………………… 477

附录 A　ASCII 表 …………………………………………………………………… 480

附录 B　运算符及其优先级汇总表 ……………………………………………… 482

附录 C　C++ 语言的保留字 ……………………………………………………… 484

附录 D　常用库函数 ……………………………………………………………… 485

第 1 章 C++ 程序设计入门

本章要点
- 面向对象的特征；
- 类的概念及类的定义；
- 类数据成员的构成及成员函数的定义；
- 对象的概念及定义；
- 对象对类成员的引用；
- C++程序的基本构成；
- Visual C++环境下 C++程序的调试方法。

本章难点
- 如何理解类与对象；
- 类中的数据封装性与数据接口；
- 类中数据访问特性；
- 如何建立面向对象的编程思想。

本章导读

计算机高级语言可分为面向过程的程序设计语言与面向对象的程序设计语言。C 是面向过程的程序设计语言，而 C++、Java 等是面向对象的程序设计语言。在面向对象的程序设计中，由对象的特征抽象为类，类将数据（特征）与函数（操作或方法）封装在一起，把对象的特征和操作作为一个整体来处理。由类通过实例化后成为对象，对象通过调用它的成员函数产生其功能。在学习面向对象的程序设计时，要时该牢记对象的概念、类的定义，以及对象如何调用成员函数。本书 C++的程序的调试环境是 Visual C++ 6.0 集成环境，希望读者掌握在 Visual C++ 6.0 环境下 C++程序的调试方法。

1.1 C++ 类

1.1.1 类的概念

在现实世界中，类是对一组相同特征对象的抽象描述。例如，作为教师对象，有张三、李四、王五等。每个对象有不同的性别、职称和学历等特征，也有讲授不同学科课程的能力等方法。教师类是对教师这类对象所具有的共同属性(特征)方法(操作)集合的抽象描述。教师这类对象应具有性别、职称和学历特征,应有讲授某学科本科生课程的能力;有些教师还有做某学科研究生导师的能力。

在面向对象方法中,类是具有相同操作功能和相同的数据格式或属性的对象的集合。它是针对某一类对象的特性描述,如图 1.1 所示。

例如,草、花、树、水稻可以归为植物类。它们具有植物的特性,并且草、花、树、水稻是植物类的对象。同理,马、狗、蛇、老虎属于动物类。它们具有动物的所有特性,并且马、狗、蛇、老虎是动物类的对象。也就是说运用抽象的方式描

图 1.1 具有相同特征对象的抽象描述——生物类

述这类对象。类通过对象的公共特征和操作抽象而成,它规定了这些对象的公共属性和方法。对象是类的一个实例。

例如要在程序中描述一种动物:猫。需要在程序中设计一种数据类型,这种数据类型能够描述猫这种动物的特性与方法。比如:猫有四只脚、一条尾巴以及猫的叫声、猫抓老鼠等方法。因而,当程序中要描述一只小花猫时,可用这种猫的类(数据类型)产生一只名叫小花猫的对象。同理,苹果是一个类,而放在桌上的那个苹果则是一个对象。

类具有抽象性。对象和类的关系相当于一般的程序设计语言中变量和变量类型的关系。面向对象方法中程序设计的主体是类。类是对具有相同属性和方法的一个或多个对象的抽象描述。

类具有继承性。子类可以在继承父类所有属性和方法的基础上,再增加自己特有的属性和方法,或在某些操作中与父类有不同的方法,因此类具有继承性。类的这种特性使面向对象方法设计的模块比传统方法设计的模块具有更高的重复使用率,从而极大地提高了面向对象方法设计的软件系统的可维护性和系统升级能力。

在面向对象的程序设计中,首先定义一个类,类中包含对象的特征即类的成员数据、对象的方法即类的成员函数。类具有模块性,类定义完成后,就可以定义类的对象。

一般认为,对象是现实世界中的一个实际存在的事物,它可以是有形的也可以是无形的。对象具有自己的静态特征与动态特征。由此可见,现实世界中的对象具有如下特征:

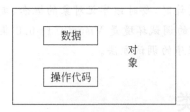

图 1.2 对象把数据与代码封装在一起

(1) 有一个名字用来唯一标识该对象。
(2) 有一组数据用来描述其特征。
(3) 有一组操作用来实现其功能。

如图 1.2 所示,对象是由数据与操作代码组成的,它是属性数据和操作代码的封装体。在 C++ 语言中,属性称作数据成员,方法称作成员函数[①]。对象是面向对象方法中最基本和最核心的概念。

---

① 函数是 C++ 中程序执行的一个独立单元,函数有函数名、函数体、函数的参数及函数的返回值。

1.1.2　C++中类的定义

类的定义包括类的数据成员的定义和类的成员函数的定义,在 C++ 中类的定义方式为:

```
class 类名
{
private:
    私有数据及成员函数;
protected:
    保护数据及成员函数;
public:
    公有数据及成员函数;
};
```

其中,class 是保留字[①],用于类定义。类名是一种标识符,类的命名规则与变量的命名规则[②]相同。一对花括号内是类的说明部分,说明该类的成员,包括数据成员和成员函数两部分。数据成员是用 C++ 基本数据类型定义的变量或已定义类的对象,用于描述某个具体对象的属性;成员函数设计成函数形式,是某个具体对象与外部程序的接口。外部程序可通过向该对象发消息即调用某个成员函数,使用该对象提供的服务。从访问权限来分,类的成员又分为公有的(public)、私有的(private)和保护的(protected)。

一般情况下,应该将数据成员设计成私有的,将成员函数设计成公有的。这里先讨论前两类数据,保护类的成员在以后的章节中进行讨论。

注意:

(1) C++ 中的常用数据类型有整型(int)、实型(double)、字符型(char)。

(2) 函数指具有独立功能的程序块。C++ 中对象的方法通常用函数描述,函数有返回值、参数、函数体等。

(3) 变量的命名规则:由字母、数字、下划线构成,并由字母与下划线开头。

(4) 关键字 private 和 public 的后面都有一个冒号":",类定义后面有一个分号";"。

关键字 public、private 和 protected 被称为访问权限修饰符或访问控制修饰符,用它们来说明类成员的访问权限。它们在类内与出现的先后顺序无关,并且允许多次出现。

类的公有成员用 public 来说明,公有部分往往是一些操作,即成员函数。它提供给用户接口功能,使用户通过这些成员函数来访问私有数据。这部分成员可以在程序中引用,如图 1.3 所示。

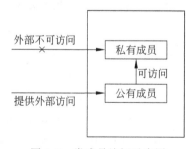

图 1.3　类成员访问示意图

---

①　在 C++ 中保留字有特殊含义,只能用于特定的场合。例如 private 用于数据隐藏,protected 用于继承的数据,public 用于外部数据访问的接口。

②　变量的命名规则:由字母、下划线开头并由字母、下划线、数字构成。

类的私有成员用 private 来说明,私有部分通常是一些数据成员。这些数据成员用来描述该类中的对象的属性。在类外部是无法访问类的私有数据的,只有类的成员函数或经特殊说明的友元函数才可以访问它们。private 成员是被用来隐藏的部分。

在一个类中若没有访问权限说明,则其类的数据成员和成员函数均为私有数据。

在 C++ 程序设计中,使用变量前必须先定义变量①。定义变量的格式为:

类型　变量名;

下面给出一个有关人类的定义。一般来说人的属性有身高、性别、年龄;人的方法有能说话,能走路,能表现自己。用下列数据与函数分别表示人的属性与方法。

例如,身高 int h,性别 char sex[3],年龄 int age;能说话 void CanSay(),能走路 void CanWalk(),能表现自己 void Show()。类名用 Human 表示,即可以把这个类定义为:

```
class Human              //class 为保留字,Human 为类名
{
  public:
    void CanSay();       //CanSay 公有成员函数,表示对象能说话
    void CanWalk();      //CanWalk 公有成员函数,表示对象能走路
    void Show();         //Show 公有成员函数,表示对象能表现自己
  private:
    int h;               //h 为私有数据,表示对象的身高
    char sex[3];         //sex[3]为私有数据,表示对象性别,sex 为字符数组名
    int age;             //age 为私有数据,表示对象的年龄
};
```

注意:在类 Human 中成员函数 CanSay、CanWalk、Show 可以访问类中的私有成员 h、sex、age,而在类的外部一律不得访问。在类外部可以通过 Human 的对象访问公有的成员函数 CanSay、CanWalk、Show。

下面说明保留字与标识符。

(1) 保留字是指 C++ 语言中有特殊含义的字,只能用于 C++ 语言中特定的场合。

例如:表 1.1 中呈现的是 C++ 中的部分保留字。

表 1.1　C++ 中的部分保留字

保留字	含　　义	保留字	含　　义
class	用于定义一个类	double	用于定义双精度变量
public	用于声明类中数据成员的访问特性	char	用于定义字符变量或字符串变量
private	用于声明类中数据成员的访问特性	if	用于判断
protected	用于声明类中数据成员的访问特性	for	用于循环
int	用于定义整型变量	while	用于循环
float	用于定义实型变量	void	用于表示函数没有参数或函数无返回值

---

① 定义变量就是在内存中给变量分配存储空间,分配空间的大小与变量前的类型相关。

C++语言中的其他保留字见附录C,其含义在以后的章节中会陆续学到。

注意：保留字只能用于特定的场合,不能用作给变量取名或用户自定义标识符。

(2) 标识符分为系统命名的标识符与用户自定义标识符。系统命名的标识符通常用于系统函数的命名,如：sqrt、strlen、fabs等。用户自定义标识符是用户为命名变量或定义函数而取名。用户自定义标识符规定由字母或下划线开头,由字母、数字、下划线组成。

注意：a_12、_12、int、sqrt、ab12等都是正确的标识符。

12a、char、a/b等都是不正确的标识符。

思考：应用class定义一个类area,类中定义两个私有数据int x,y;三个公有的成员函数void init(int a,int b)、int areas()、void print();其中class、int、void为保留字,area、x、y、init、a、b、areas、print为用户标识符,请定义此类。

1.1.3 类成员数据

在定义类的过程中,就应决定一个对象的哪些特性对外部世界是可见的,哪些特性只用于表示内部状态。禁止直接访问一个对象的特征,只能通过操作接口访问,这称为信息隐藏。事实上,信息隐藏是用户对封装性的认识,封装则为信息隐藏提供支持。封装保证了模块具有较好的独立性,使得程序维护修改较为容易。对应用程序的修改仅限于类的内部,因而可以将应用程序修改带来的影响减少到最低限度。

注意：

(1) public成员可以被任何函数使用形成类与外部交换的界面。

(2) private成员仅由声明它的类成员函数及友元函数使用,对其他函数都是隐藏的。

(3) 关键字public、private和protected在类体内与出现的先后顺序无关,并且允许多次出现。

(4) protected与private基本相同,该子类的成员函数以及友元函数可以访问它。

(5) 类中的任何成员不能用关键词extern、auto、register修饰。

(6) 在类体中不允许对所定义的数据成员进行初始化。C++规定,只有在类对象定义之后才能给数据成员赋初值。

(7) 每个对象的同名数据成员存放在不同的内存空间,可以分别存储不同的数值。

在C++语言中,对象的数据成员的封装方法是使用private和protected存取权限；对象的成员函数的封装方法是封装成员函数的实现代码。具体封装方法是：把类设计分成两个文件实现,头文件(即.h文件)只包括类定义,构成所定义对象的接口；类库文件(即.lib文件、.obj文件等)包括类方法的实现代码。类库文件是编译后的文件,用户无法看到方法的实现细节,因此也无法修改方法的实现代码。

思考：下面的类定义正确吗？为什么？

```
class kk
{
    int a,int b;
  public:
```

```
    int fun();
}
```

请区分在 C++ 语言中","与";"的不同含义。

注意：语句 int a;表示定义变量。为什么要定义变量呢？定义变量就是给变量分配空间,分配多大的空间与变量的类型有关。

1.1.4 类成员函数的定义方法

类的数据成员决定对象的属性,而类成员函数决定对象的处理方法,即 C++ 中类的接口。一个类的优劣很大程度上取决于类成员函数的功能设计。在进行面向对象的程序设计时,要很好地考虑类成员函数的设计方法和功能划分。

成员函数向外部给出了该类对象所能提供服务的接口。成员函数的定义通常有两种形式：成员函数定义在类外,成员函数定义在类内。

1. 成员函数定义在类外

当成员函数较为复杂,代码较长时,为了保证程序格式清晰,可以在类中只定义成员函数的原型,然后在类外定义成员函数本体。

使用这种方法定义成员函数时,由于不同的类可能使用同样的成员函数名,所以应在成员函数的前面加上类的名称及作用域操作符::,以说明该成员函数所属类。格式为：

返回类型 类名::成员函数名(形参表)
{
    函数体;
}

其中,返回类型是该成员函数的返回类型;类名是该成员函数所属的类名;运算符::称为作用域限定运算符,运算符::在这里用于限定该成员函数属于运算符前边的类;成员函数名是在类定义中定义的该类的一个成员函数的名字;形参表是该成员函数的形参表,形参之间用逗号分隔;函数体由该成员函数的具体实现代码组成。

例如,有下列函数定义：

```
int area::areas()        //areas 为函数名,::表示此函数属于 area 类
{
    int z;               //定义变量 z
    z=x*y;               //类成员数据 x 与 y 乘积存放在变量 z 中
    return z;            //返回变量 z 给调用处
}
```

int 表示调用函数 areas 后返回值的数据类型为整型。

area 为类名,其中::表示函数 areas 是属于 area 类的。

{为函数体开始,}为函数体结束。

语句 int z;表示定义一个整型变量。在 C++ 中使用变量前,一定要事先定义。定义

变量表示给变量分配内存空间。

语句 z=x*y;表示把 x 与 y 的乘积存放在变量 z 中。

语句 return z;表示返回变量 z 给函数调用处。

注意：返回值 z 的类型应与函数返回类型一致。

例 1.1 定义一个类 area。它有两个整型的私有数据和三个成员函数 init、print、areas，分别用于实现长方形初始化，输出长方形的面积及计算长方形的面积，把成员函数定义在类外。

```
class area
{
private:
    int x;
    int y;
public:
    void init(int a,int b);
    void print();
    int areas();
};
//成员函数定义在类外的例子
void area::init(int a,int b)        //因成员函数 init()属于 area 类
{                                    //::为作用域解析运算符
    x=a;                             //在函数前加上类名及作用域操作符
    y=b;
}
int area::areas()
{
  int z;
  z=x*y;
  return z;
}

void area::print()
{
cout<<"长方形面积"<<areas()<<endl;
}
```

注意：在 area::print()中符号::为限定符,表示成员函数 print 是属于 area 类的。

C++的注解形式有两种：

① 单行注解//：以//开始的单行注释形式。很多 C++的程序员都比较喜欢这一形式的注释。在此种注释中,编译器一遇到//就会认为从它之后直到本行尾的所有内容都是注释,通常把这种形式的注释叫做单行注释。

② 多行注解/*   */：C 语言中经常使用的以/*开始,以*/结束的注释形式,在 C++中同样适用。

2. 成员函数定义在类内

当成员函数代码较短时,可以在类定义的同时定义成员函数,即在类内定义成员函数。在例 1.1 中的成员函数是定义在类外的。也可以把成员函数定义在类内,如例 1.2。

例 1.2 重写例 1.1 中类 area 的成员函数,把此成员函数定义在类内。

```
class area
{
private:
    int x;
    int y;
public:
    void init(int a,int b){ x=a;y=b;}
    void print(){cout <<"长方形面积"<<areas()<<endl; }
    int areas(){return x * y;}
};
```

注意:为了使类定义更为清晰,建议把成员函数体定义在类外。

思考:模仿例题 1.2 描述长方体,定义一个长方体的类,功能是能求长方体的体积。

1.1.5 类对象的定义及对象对成员函数的引用方法

类定义后,可以在程序中定义类对象。在 C++ 中,类对象的定义格式为:

类名　对象;

访问对象对成员函数时,使用运算符"."。访问对象成员的一般形式为:

对象.成员函数;

例 1.3 定义一个圆类,其功能是求出圆的面积与周长。

```
#include <iostream.h>
class circle
{
private:
    double r;
public:
    void init(double rr){r=rr;}
    void show(){cout<<3.1415 * r * r<<" "<<2 * 3.1415 * r<<endl;}
};
int main()
{
    circle A;              //定义对象 A
    A.init(3.2);           //对象 A 调用成员函数 init
    A.show();              //对象 A 调用成员函数 show
```

```
    return 0;
}
```

程序中定义类：circle。

类中有私有数据：r。

类中公有的成员函数：init、show。

在 main 函数中,定义对象 A；

语句：A.init(3.2);表示对象 A 调用成员函数 init,并给私有数据赋值。

语句：A.show();表示对象 A 调用成员函数 show,输出圆的面积与周长。

注意：类中 init、show 函数一定要定义为公有的(public)属性。

1.2 C++的标准输入输出流对象

C++ 中的输入输出是应用标准输入输出流 ios 对象 cin、cout 来进行的。cin 为键盘输入类的系统默认对象,cin 对象从键盘输入的运算符为"＞＞"。cout 为屏幕输出类的系统默认对象,cout 对象屏幕输出的运算符为"＜＜"。

注意：在使用输入输出流对象 cin、cout 时,应包含输入输出流库 iostream.h,写成：

```
#include<iostream.h>
```

1.2.1 标准输入输出流对象的基本应用

标准输出流对象 cout 与流插入运算符<<联用,例如：

```
cout<<"I like C++!";
```

表示把字符串"I like C++!"插入到输出流 cout 中。

```
cout<<x;
```

表示把变量 x 的值插入到输出流 cout 中。

标准输入流对象 cin 与流提取运算符>>联用,例如：

```
cin>>x;
```

表示从输入流 cin 中提取 x 的值。例如：

```
int a;
char c;
cin>>a>>c;
```

要求从键盘上输入两个变量的值,两数之间以空格分隔。若输入：

4　　8↙

这时,变量 a 获取值为 4,变量 b 获取值为字符'8'的 ASCII 值 38(十六进制)。因为变量 c 的数据类型为 char,cin 能够知道输入的变量类型。

例 1.4 使用 cout、cin 输出、输入数据。

```
#include<iostream.h>
int main()
{
cout<<"您好!愿您喜欢 C++的输入输出。";        //表示输出一个字符串
cout<<2003;                                   //打印一个整数
cout<<"\n";                                   //换行
cout<<20.1;                                   //打印一个实数
cout<<endl;                                   //换行
cout<<"I am "<<20<<" years old student.";     //连续打印
char name[30];                                //变量的声明位置与 C 有什么区别吗?
int age;
cout<<"please give your name:";
cin>>name;                                    //表示键盘输入字符串到变量 name 中
cout<<"please tell me how old are you?";
cin>>age;                                     //表示键盘输入整型数到变量 age 中
cout<<"Your name is "<<name<<endl;
cout<<"you are "<<age<<"years old.";
return 0;
}
```

注意:在 C++中,用双引号括起来的为字符串,例:"please give your name:"。name[30]表示一个字符数组,在 C++中数组的表示为:

数组名[元素个数]

cout、cin 的用法小结:

(1) cout 是标准输出流对象,代表标准输出设备,一般指的是屏幕。它把输出运算符右侧的变量或常量的内容输出到屏幕上。

(2) 用 cout 和<<可以输出包含字符串在内的任何基本数据类型。

(3) 在输出语句中,可以通过操纵算子 endl 或换行符'\n'来回车换行。

(4) 在一个 cout 语句中,可以连续使用多个输出运算符<<。标准输入 cin 一般和输入运算符>>合用,用来输入变量的值。

(5) cin 是标准输入流对象,代表标准输入设备,一般指的是键盘。它接收用户从标准输入设备上的输入,并把接收到的数据赋给输入运算符右边的变量。

(6) 用 cin 和>>可以为包含字符串在内的任何基本数据类型的变量提供输入。

(7) 在一个 cin 语句中,可以连续使用多个输入运算符>>,例如:

cin>>a>>b;

(8) 用输入运算符>>输入信息时,不要在变量名前加上地址运算符 &。

(9)输入运算符>>对字符串的输入以空格为界。例如,执行上面程序时,如果输入名字:liu jia,当 C++ 遇到 liu 和 jia 之间的空格时,就认为输入完毕。因此,name 的值只是 liu,这一点请注意。

1.2.2 输入输出流对象的成员函数及应用

cin 与 cout 是输入输出流(ios)对象,分别与输入输出设备相关联。类通过实例化而成为对象。

ios 流对象 cin、cout 有很多成员函数,它们可以更好地控制输入输出操作。例如流对象 cin 的成员函数 getline(aLine,n)的功能是从键盘或标准输入设备读取整行文本或 n 个字符到 aLine,成员函数 gcount()的功能是测试从键盘读取的字符数。

提示:ios 流对象成员函数的查找。在 Visual C++ 6.0 环境下,输入一个程序,不论对错都先编译。然后输入 ios 流对象 cin 或 cout,再在对象后输入'.',就会出现成员函数提示,如图 1.4 所示。

例如:流对象 cin、cout 的成员函数的应用说明。

ch=cin.get();从键盘输入一个字符给 ch。

cout.put(ch);把字符 ch 输出到屏幕上。

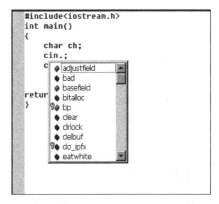

图 1.4 流对象与成员函数示意图

cin.read(buf,size);从输入流读取 size 个字符存放在首地址 buf 上。

cout.write(buf,size);把 buf 为首地址上指定的 size 个字符显示在屏幕上。

cin.getline(aLine,size);从输入流读取 size 个字符存放在首地址 aLine 上。

cout.width(size);指定输出的宽度。

cout.precision(size);指定输出的精度。

例 1.5 应用 I/O 流对象 cin 的成员函数 get(ch)、cout 的成员函数 put(ch)编写一个程序,实现从键盘输入一个字符并把此字符输出到屏幕上。

分析:要使用输入输出流对象,应该包含输入输出流库 iostream.h。键盘读入使用 cin.get(ch),输出到屏幕使用 cout.put(ch),输出换行使用 cout<<endl。因而程序设计为:

```
#include<iostream.h>
int main()
{
    char ch;
    cin.get(ch);
    cout.put(ch);
    cout<<endl;
```

```
        return 0;
}
```

注意：语句后需要有";"，这是 C++ 的语法规则。

预处理命令♯include<iostream.h>可以写成下面的等价语句：

```
#include<iostream>
using namespace std;
```

在进行大型程序开发时，很有可能在一个工程中会有相同的类名定义。为了避免类名发生混淆，最好使用名字空间。使用"名字空间::类名"的方式解决类名混淆问题。

因而例 1.5 中的程序与以下程序等价。

```
#include<iostream>
using namespace std;
void main()
{
    char ch;
    cin.get(ch);
    cout.put(ch);
    cout<<endl;
}
```

上机操作练习 1

使用流对象 cin 的成员函数 getline(aLine,n)从键盘读取整行文本或 n 个字符到 aLine，然后用成员函数 gcount()测试从键盘读取的字符数。

1. 操作步骤

步骤 1：启动 Visual C++ 6.0，选择"开始"→"程序"→Microsoft Visual C++ 6.0→Microsoft Visual C++ 6.0。如果出现"每日提示"对话框，如图 1.5 所示，即单击"关闭"按钮。

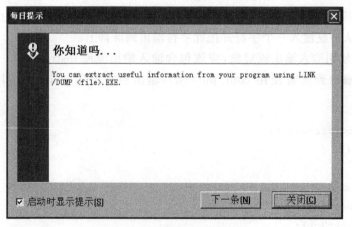

图 1.5 "每日提示"对话框

步骤 2：新建文件，选择"文件"→"新建"→"文件"→C++ Sourse File。输入文件名 ex1-1，单击"确定"按钮，如图 1.6 所示。

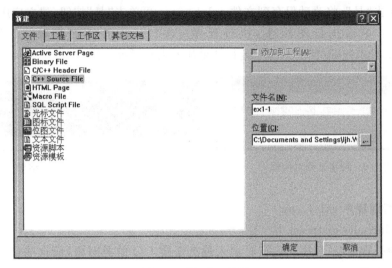

图 1.6 "新建"对话框

步骤 3：在编辑框内输入 C++ 源程序。

```
#include<iostream.h>
void main()
{
    char aLine[81],aChar;
    cin.getline(aLine,15);
    cout<<"You entered 0-14 characters is"<<aLine<<endl;
    cout<<"You entered: "<<cin.gcount()<<" characters."<<endl;
}
```

源程序如图 1.7 所示。

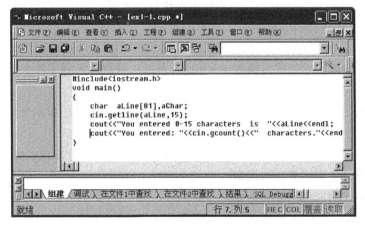

图 1.7 输入 ex1-1.cpp 源程序

步骤4：在 Visual C++ 环境下单击工具图标：出现对话框。在图 1.8 中单击"是"，建立一个工程文件。

然后单击"是"，将改动保存到文件 ex1-1.cpp。再单击"是"按钮，建立应用程序文件。

步骤5：单击执行图标，执行程序 ex1-1.exe，等待键盘输入。如果输入：abcde1234554321fghij(回车)，程序运行结果如图 1.9 所示。

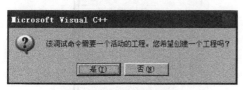
图 1.8 创建工程对话框

图 1.9 程序运行结果

2. 分析源程序 ex1-1.cpp

（1）#include<iostream.h>

这是预处理命令，程序在运行时输入输出需要 I/O 的类对象，而这些包含在 I/O 流库 iostream.h 中。

（2）void main()

C 或 C++ 程序都是从 main 函数开始执行的。在 C 或 C++ 程序中一定要有一个 main 函数，但只能有一个 main 函数。

（3）花括号{}要配对，表示 main 函数块的开始与结束。

（4）char aLine[81],aChar;

定义两个变量，变量名分别是 aLine 与 aChar。定义变量实际上给变量分配存储空间。其中变量 aLine 为数组名，可存放 81 个字符；变量 aChar 存放一个字符。

（5）语句 cin.getline(aLine,15);表示输入对象 cin 调用它的成员函数 getline()，从键盘输入不多于 14 个字符给变量 aLine。

（6）语句 cout<<"You entered 0-15 characters is"<<aLine<<endl;首先输出字符串 "You entered 0-15 characters is"，然后输出在执行语句 cin.getline(aLine,15);时输入的字符串。

（7）语句 cout<<"You entered："<<cin.gcount()<<" characters."<<endl;除输出字符串外，对象 cin 调用它的成员函数 gcount()，表示从键盘输入的字符个数。

思考：

（1）在例 ex1-1.cpp 中，如果没有 main，编译程序后出现的错误提示是什么？在 C++ 程序设计中要注意什么问题？

（2）在例 ex1-1.cpp 中，如把 main 写成了 Main，编译程序后出现的错误提示是什么？在 C++ 程序设计中要注意什么问题？

（3）在例 ex1-1.cpp 中，如 cin.getline(aLine,15);后少了"；"号，编译程序后出现的错误提示是什么？在 C++ 程序设计中要注意什么问题？

（4）在例 ex1-1.cpp 中，如没有写上预处理命令 #include<iostream.h>，编译程序后

出现的错误提示是什么？这是为什么？

上机操作练习 2

根据上机操作练习 1 的操作步骤，输入以下程序并调试执行。请问该程序有什么功能？

```
#include<iostream>
using namespace std;
void main()
{
    char ch;
    while(cin.get(ch))
        cout.put(ch);              //按 Ctrl+Z 输入结束
}
```

1.3　常量与变量

常量　在程序运行过程中，其值不能被改变的量，称为常量。在 C++ 语言中，常量有不同的类型，有整型常量（int）、实型常量（float 或 double）、字符常量（char）和字符串常量等。即使是整型常量也还有短整型（short int）、长整型（long int）和无符号型（unsigned int）常量等。

常量的定义格式：

　　类型　`const`　　常量名=常量值；

常量在定义时必须赋初值，并且其值不能被改变。

变量　变量是指在程序运行过程中，其值可以发生变化的量。变量通常用来保存程序运行过程中的输入数据、计算获得的中间结果和最终结果。变量的取名规则与用户标识符相同。给变量取名时，为了便于阅读和理解程序，一般都采用代表变量的含义或用途的标识符。

当程序运行时，每个变量都要占用若干连续的字节，所占用的字节数由变量的数据类型及机器确定。其中第 1 个字节的地址称为变量的地址。C++ 规定，程序中变量的地址是用"& 变量名"来表示的。

变量除了数据类型外，还有存储类型。变量的存储类型决定了变量的作用范围与生存期。通常涉及的存储类型如下：

- auto 存储类型：采用堆栈方式分配内存空间，属于暂时性存储，作用范围在定义的模块内，生存期在进入模块与退出模块间。
- register 存储类型：存放在通用寄存器中，存取速度更快，作用范围在定义的模块内，生存期更短。
- extern 存储类型：存放在固定存储区内，是全局变量。

- **static 存储类型**：在内存中是以固定地址存放的，在整个程序运行期间都有效。

1.3.1 整型常量

整型常量的定义格式：

int const 常量名=常量值；

或

const int 常量名=常量值；

例如：

int const x=10;

基本整型常量只用数字表示，不能带小数点。例如：12、−1、0 等都是合法的整型常量。应该注意常量的值一旦指定，在程序中就不能再改变。在上例程序中如果试图改变 x 的值，编译器就会报错。

思考：例如有程序：

```
#include<iostream.h>
void main()
{
const int x;
x=10;
cout<<"常量变量 x 的值为："<<x<<endl;
}
```

此程序有问题吗？

整型常量通常可分为十进制、八进制和十六进制常量。

十进制常量用一串连续的数字来表示，如 32 767、−32 768、0 等。

八进制常量用数字 0 开头。如：05、012、01 都是八进制数，它们分别代表十进制数 5、10、1。

十六进制常量用数字 0 和字母 x（或大写字母 X）开头。如：0x10、0xff、0X8 均是十六进制数，它们分别代表十进制数 16、255、8。

注意：

(1) 十六进制数只能用合法的十六进制数字表示，字母 a、b、c、d、e、f 既可用大写字母也可用小写字母。

(2) 常量的长度及表示数据的范围通常与机器类型有关。

思考：在 C++ 中，在 32、078、037、0xAF 这些数据中，不能表示为 int 类型的常数有哪些？请说明理由。

提示：32 为 int 型数；078 是不合法的数据，表面上看应该为八进制数，而八进制数中无 8；037 八进制数；0xAF 为十六进制数。

1.3.2 实型常量

实型常量定义：

float const 常量名=常量值；

例如：

```
float const x=2.1;
```

实型常量也称数值型常量,它们有正值和负值的区分。实型常量通常用带小数点的数字及指数形式表示,如 3.141 59、2.718 28、0.0、.54、0.3e2 等。

1.3.3 字符常量

字符常量定义：

char const 常量名=常量值；

例如：

```
char const ch='A';
```

字符常量用单引号括起来,例如'A'是字符型常量;而字符串常量用双引号括起来,例如"asfgTYN"是合法的无名字符串常量。

由此可见,常量的类型从字面形式即可区分是整型常量、字符型常量还是实型常量。C编译程序就是以此来确定数值常量的类型的。

可以用一个符号名来代表一个常量,但是这个符号名必须在程序中进行特别的"指定",即符号常量。

思考：

(1) 符号 0xA5、2.5e-2、57、'ab'中,不能作为 C++ 常量的是哪些？

提示：'ab'用单引号似乎应为字符常量,但字符常量只能是单个字符,而它包含了两个字符。

(2) 下列形式中 .45、±123、25.6e-2、4e3,在 C++ 程序中不允许出现的是哪些？

分析：C++ 程序允许出现的常数为一个确定的整数、实数(可用小数形式或指数形式)等,因此±123 不允许出现。

1.3.4 变量的数据类型及其定义

变量可以是任何一种数据类型,例如,整型、短整型、长整型、无符号整型、无符号短整型、无符号长整型、单精度型、双精度型、字符型等基本类型;也可以是数组型、结构型、共用体型等构造类型和指针型、枚举型。

通常把具有某种数据类型的变量称为该类型变量。例如,短整型变量、长整型变量、单精度型变量、双精度型变量、字符型变量等。基本数据类型符如表1.2所示。

表1.2 基本数据类型符(Visual C++6.0)

数据类型	数据类型符	占用字节数	数据类型	数据类型符	占用字节数
整型	int	4	无符号长整型	unsigned long	4
短整型	short	2	单精度实型	float	4
长整型	long	4	双精度实型	double	8
无符号整型	unsigned int	4	字符型	char	1
无符号短整型	unsigned short	2			

在该表中,整型和无符号整型所占用的字节数与编译环境相关。需要注意的是,字符串只能是常量,C++中没有字符串变量。被定义为整型数据的变量,若其值在0～127之间,就可以作为字符型变量使用。

每个变量在使用前都必须定义,定义变量的含义是给变量分配存储空间。

定义变量的格式如下:

数据类型符 变量名1,变量名2,…,变量名n;

例如:

```
int x; int y;
```

或等效为:

```
int x, y;
```

注意:

(1) 定义变量的语句必须以";"号结束。在定义变量的一个语句中也可以同时定义多个变量,变量之间用逗号隔开。

(2) 对变量的定义可以在函数体之外,也可以放在函数体中或复合语句中。

例如:定义两个整型变量及一个字符变量可写为:

```
int x,y;
char ch;
```

1.3.5 整型变量

在C++中不带小数的变量表示整型变量,整型变量所表示的整数有一定的范围。

例1.6 整型变量的定义及输出的例子。

```
#include<iostream.h>
void main()
```

```
{
    int x=020,y;                /*定义 x、y 为整型变量,并赋 x 的初值为 16*/
    y=0x32;                     /*赋 y 的值为 50,0x32 是十六进制数*/
    cout<<"x="<<x<<"     y="<<y<<endl;
}
```

1.3.6 实型变量

在 C++ 中可以用两种形式表示一个实型变量或实型常量。

1. 小数形式表示

这种形式是数学中常用的实数表示形式,由数字和小数点组成(注意:必须要有小数点),如 0.123、123、23.、0.0 等都是合法的实型常量。

2. 指数形式表示

这种形式类似数学中的指数形式。在数学中,一个数可以用幂的形式来表示,如 2.3026 可以表示为 0.23026e1,0.0002345 可以表示为 2.345e−4 等形式。C++ 语法规定,字母 e(或 E)前后必须要有数字,且 e 或 E 后面的指数必须为整数。如果写成 e3、.5e3.、e3、e 等都是不合法的指数形式。注意:在字母 e(或 E)的前后以及数字之间不得插入空格。

C++ 中实型变量分为单精度型和双精度型两类,分别用类型名 float 和 double 进行定义。

注意:

(1) 在整型变量的空间内不能存放一个实数,在实型变量的空间内也不能存放一个整数。

(2) 在计算机内存中可以精确地存放一个整数,但不能精确地存放一个实数。

(3) 在程序中一个实数可以用小数形式表示,也可以用指数形式表示。但在内存中,一律是以浮点数指数形式存放的。

1.3.7 字符变量与字符串

在 C++ 中,一个字符常量代表 ASCII 字符集中的一个字符,在程序中用单引号括起来作为字符常量。例如:'A'、'C'、't'、'!'、'?' 都是合法的字符常量。

C++ 中,字符变量用关键字 char 进行定义,在定义的同时可以赋初值。

1. 字符变量

定义形式:

char 变量名 1,变量名 2,…,变量名 n;

例如:

```
char ch;
```

注意：一个字符变量占用一个字节的内存空间,只能存放一个字符,以单引号表示。例如：

```
char c1, c2;
c1='a';
c2='b';
```

字符变量的值是该变量所代表字符的 ASCII 代码。与整数的存储形式相似,如字符'a'的 ASCII 代码为 97,其存储形式为 01100001。同理 98 也可代表字符'b',它的存储形式为二进制的 01100010。因此在 0～127 范围内的字符与整型数可以互相赋值,并且所有字符常量都可作为整型量来处理。

例 1.7 字符与整型数互相赋值。

```
#include<iostream.h>
int main()
{
    int i;                          /*定义一个整型变量*/
    char c;                         /*定义一个字符变量*/
    i='a';                          /*字符赋值给整型变量*/
    c=97;                           /*整型数赋值给字符变量*/
    cout<<i<<" "<<c<<endl;
    c=c+1;                          /*加 1 后 c 为 98,字符'b'的 ASCII 码为 98*/
    i=i+1;                          /*'a'+1 为'b'*/
    cout<<i<<" "<<c<<endl;
}
```

请读者自行上机调试。

注意：

(1) 单引号中的大小写字符代表不同的字符常量,例如,'B'和'b'是不同的字符常量。

(2) 单引号中的空格符也是一个字符常量。

(3) 字符常量只能包含一个字符。因此'abc'是非法的。

(4) 字符常量只能用单引号括起来,不能用双引号。例"a"不是字符常量而是一个字符串。

(5) 字符变量在内存中占一个字节,字符变量可以存放 ASCII 字符集中的任何字符。当把字符放入字符变量中时,字符变量中的值就是该字符的 ASCII 代码值。所以字符变量可以作为整型变量来处理,也可以参与对整型变量所允许的任何运算。例如：

68—'A'的值为 3

'A'+32 的值为'a'

'1'—'0'的值为 1

在 C++ 中,字符常量也可以进行关系运算,如：'a'<'b'。由于在 ASCII 代码表中,'a'的值 97 小于'b'的值 98,所以关系运算的结果为 1(真)。

思考：程序中定义一个字符变量 ch，并初始化为'a'，通过运算把 ch 的值转化为'B'输出。

提示：考虑表达式 ch＝ch－32＋1。

2. 转义字符

转义字符又称反斜线字符。这些字符常量总是以一个反斜线开头后跟特定的字符来代表某一个特定的 ASCII 字符。这些字符常量必须括在一对单引号内。例如：'\n'表示换行符。表1.3列出了C++言中的转义字符。

表 1.3　转义字符

字符形式	功　　能	字符形式	功　　能
\n	换行	\t	水平跳格
\b	退格	\f	换页
\v	垂直跳格	\'	单引号
\"	双引号	\0	空字符
\\	斜杠	\ddd	1～3 位八进制数 ddd 所代表的字符
\a	报警	\xhh	1～2 位十六进制数 hh 所代表的字符
\r	回车		

注意：转义字符常量，如'\n'、'\101'、'\141'只代表一个字符。反斜线后的八进制数可以不用 0 开头。如：'\101'代表的就是字符常量'A'。反斜线后的十六进制数只可由小写字母 x 开头，不允许用大写字母 X，也不能用 0x 开头。如：'\x41'代表字符常量'A'。

思考：编写一个程序，应用转义字符常量在屏幕上输出'\'、'''、'B'。

注意：'\n'与'\r'的区别。

3. 字符串

字符串常量是由双引号括起来的一串字符。如"string"就是字符串常量。在 C++ 中，系统在每个字符串的最后自动加入一个字符'\0'作为字符串的结束标志。请注意字符常量和字符串常量的区别。例如：'z'是字符常量，在内存中占一个字节；而"abcd"、"z"是字符串常量，前者占五个字节，后者占两个字节的存储空间，其中一个字节用来存放'\0'。两个连续的双引号""也是一个字符串常量，称作"空串"，但要占一个字节的存储空间来存放'\0'。

思考：下列数据中，数据'A'、"house"、How do you do. 、＄abc 中可表示为字符串常量的有哪几个？请说明理由。

提示：字符串常量是用一对双引号括起来的字符序列。

注意：

(1) 字符串的结束符'\0'占内存空间，但在测试字符串长度时不计在内，也不输出。

(2) '\0'为字符串的结束符，但遇到\0 不一定是字符串的结束，可能是八进制数组成的转义字符常量。如字符串"abc\067de"表示 6 个字符，并非 3 个，因'\067'为一个转义字符。

例1.8 求字符串"m\x42\\\tp\101qy"的长度。

解析：\x42、\\、\t、\101 分别代表一个字符,因而此字符串的长度为8。可以用以下程序在机器上测试此字符串的长度。

```
#include<iostream.h>
#include<string.h>            //字符串长度测试函数 strlen 在 string.h 库中
void main()
{
  int x;
  x=strlen("m\x42\\\tp\101qy");
  cout<<"x="<<x<<endl;
}
```

输出结果为：

x=8

思考：编写一个程序,在屏幕输出字符串："c:\Visual J++ 文件",要求应用转义字符'\\'、'\x20'、'\t'。请考虑字符串："c:\\Visual\x20J++ \t 文件"。

1.3.8 变量声明的位置

在C++中,变量可以在程序代码中的任何位置上定义,这不仅能增强程序的可读性,而且也不必在编写某一程序块的开始时就考虑要用到哪些变量。

一般来说,在某一程序块中自始至终都要使用的数据,最好把它们集中在程序块的开始处去声明；而对于那些只在小范围内临时使用的变量,例如,某一循环语句的循环控制变量,可以在使用它们的地方就近声明,这样便于阅读程序。

例1.9 C++变量声明的一个函数。

```
#include<iostream.h>
void func(int k)
{
int total;
total=0;
for(int i=0;i<k;i++)          //在此声明循环变量 i 有助于阅读程序
{
    total=total+i;
}
cout<<"total="<<total<<endl;
}
void main()
{
int x;
```

```
cin>>x;
func(x);
}
```

在进行变量声明的时候,还应该注意到以下两点:

(1) 注意变量的使用范围(即变量的作用域)。变量的作用域是从该变量被声明的地方起,直到此声明所在的程序块结束为止,包括其中的子程序块。例如,在本例中,变量 total 的作用域是从定义它的语句开始直到结束函数定义的花括号为止,该处 i 的作用域仍是从定义它的语句开始直到结束函数定义的花括号为止。

(2) 最好在靠近变量使用的地方声明变量,否则,别人很难读懂你的程序。

1.4 类对象初步

1.4.1 类对象的概念

在现实世界中,一切有形事物与无形事物、抽象概念等都是对象。有形事物如一个教师、一件衣服、一本书、一个饭店、一座楼、一个学校等;无形事物如风、电磁场等;抽象概念如学校校规、企业规定等。不同的对象具有各自不同的特征和功能。例如,饭店具有饭店的特征和功能,学校具有学校的特征和功能。

1.4.2 类对象的定义

类的定义只说明产生一种新的数据类型。要使用这种数据类型,还必须定义其对象。

1. 对象的定义格式

一般来说,对象定义在 main() 函数中,而类定义在函数外。类对象定义格式如下:

<类名> <类对象名表>;

例 1.10 类对象定义

```
#include<iostream.h>
#include<string.h>
//定义类 person
class person
  {
  private:
      int age;
      char name[10];
  public:
      void init(int i,char * str);
      void display();
```

```
};
//定义类成员函数
void person::init(int i,char * str)
{
   age=i;
   strcpy(name,str);
}
void person::display()
{
   cout <<name <<"is"<<age <<"years old."<<endl;
}
//main 函数定义
void main()
{
   person A;          //定义类的对象 A
}
```

定义多个对象名时用逗号分隔。类及类的对象定义以后,下面讨论如何通过类的对象来引用类的成员。

2. 类对象对成员的引用方法

一个对象的成员就是该对象的类所定义的成员,对象成员有数据成员和成员函数。类的对象对成员的引用形式如下。

对象名.成员名
对象名.成员函数名(参数表)

例如在类 person 中的对象 A 调用类的成员函数 display 的形式为:

A.display();

上机操作练习 3

编写程序计算长方形的面积。首先定义一个类 area 用于描述长方形的面积,类中有两个私有数据 x、y,有三个公有的成员函数 init、print、areas,分别用于初始化、输出与计算面积。程序名为 ex1-2.cpp。程序设计如下:

```
#include<iostream.h>
class area
{
private:
    int x;
    int y;
public:
    void init(int a,int b){ x=a;y=b;}
    void print(){cout <<"长方形面积"<<areas()<<endl; }
```

```cpp
    int areas(){return x*y;}
};
int main()
{
    area A;                         //定义对象
    int x,y;
    cin>>x>>y;
    A.init(x,y);                    //对象对成员函数的调用
    A.print();
}
```

按照 ex1-1.cpp 的调试过程,调试程序 ex1-2.cpp。

例 1.11 类、对象的定义及对象成员的引用方法。

```cpp
#include<iostream.h>
#include<string.h>
class person                        //定义一个类
{
private:                            //类的私有数据
    int age;
    char name[10];
public:
    void init(int i, char * str)    //成员函数,访问私有数据,给私有数据赋值
    {
        age=i;
        strcpy(name,str);
    }
    void display()                  //成员函数,访问私有数据,用于输出
    {
        cout<<name<<" is "<<age<<" years old."<<endl;
    }
};
int main()
{
    person A;                       //定义一个对象 A
    char na[10];
    int ag;
    cout<<"请输入姓名:";
    cin>>na;                        //键盘输入数据
    cout<<"请输入年龄:";
    cin>>ag;
    A.init(ag ,na);                 //对象 A 调用类的成员函数,给私有数据赋值
    A.display();                    //对象 A 调用类的成员函数
    return 0;
}
```

程序运行的结果如图 1.10 所示。

例 1.12 类、对象的定义及对象成员的引用方法。

```
#include<iostream.h>
class Person1            //类 Person1 的定义
{
private:
    int x;
public:
    void setdate(int i) {x=i*i;};
    void print();
};
class Person2            //类 Person2 的定义
{
    int y;
public:
    void setdate(int j) {y=j*j+2;};
    void print();
};
void Person1::print()
{
    cout<<"class Person1:"<<" "<<x<<"\n";
}
void Person2::print()
{
    cout<<"class Person2:"<<" "<<y<<"\n";
}
void main()
{
    Person1 s;           //定义类 Person1 的对象 s
    Person2 t;           //定义类 Person2 的对象 t
    s.setdate(5);
    s.print();
    t.setdate(5);
    t.print();
}
```

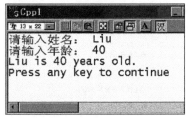

图 1.10 程序运行的结果

分析：此程序先定义两个类 Person1、Person2 及它们的成员函数,在 main 函数中分别定义它们的对象 s、t,然后调用各自的成员函数。运行结果为：

class Person1：25
class Person2：27

由以上程序可见 C++ 程序可分为三个相对独立的部分。第一部分是类的定义,第二部分是相应成员函数的具体实现,第三部分是主函数。

1.4.3 类成员函数中的构造函数与析构函数

在类定义中,已经涉及了类成员函数。成员函数既可定义在类内也可定义在类外。类中的成员函数可以分为一般的成员函数、构造函数与析构函数。

1. 构造函数

(1) 构造函数是一种特殊的成员函数,该函数的名字必须与类名相同。
(2) 构造函数的功能是给对象初始化,构造函数可以重载。
(3) 构造函数不允许有返回值,构造函数在定义对象时系统自动调用。

2. 析构函数

(1) 析构函数是一种特殊的成员函数,该函数的名字必须与类名相同,只是在函数名前加~。
(2) 析构函数的功能是释放对象,析构函数不能重载。
(3) 析构函数不允许有返回值,构造函数在释放对象时系统自动调用。

例 1.13 定义一个 circle 类。类中有私有数据 double r(描述圆半径)、公有的构造函数 circle 与析构函数~circle 及输出圆面积的成员函数 show。

分析:程序设计分成两部分。第一部分是类的定义及类成员函数的实现,这部分内容存放在文件 circle.h 中。第二部分是程序的测试部分,包含类对象的定义、对象对公有成员函数的引用等,这部分内容存放在文件 1-13.cpp 中。

```
/////////////////circle.h 清单////////////////////////////////
///////////////文件名 circle.h////////////////////////
#include<iostream.h>
#define PI 3.14159
////////定义一个宏 PI,当程序中出现符号 PI 时,用 3.14159 去代替
class circle
{
private:
    double r;
public:
    circle(double rr)        //构造函数
    {
        r=rr;                //形式参数给类的私有数据赋值
        cout<<"生成一个圆的对象"<<endl;
    }
    ~circle()                //析构函数
    {
        cout<<"释放一个圆的对象"<<endl;
    }

    void show()
```

```
        {
            cout<<"圆面积为:"<<PI * r * r<<endl;
        }
};      //////类定义结束

//////////////文件名 1-13.cpp
#include "circle.h"
void main()
{
    double x;
    cin>>x;
    circle A(x);
    A.show();
}
```

程序调试过程：

步骤 1：运行 Microsoft Visual C++，单击菜单中的"文件"→"新建"。在弹出的"新建"对话框中单击标签"工程"，选择 Win32 Console Application。在工程名称栏中输入工程名 circle，单击"确定"按钮。在 Win32 Console Application 步骤 1 中选择一个 Am empty project 工程，单击"完成"和"确定"按钮。

步骤 2：连击菜单中的"文件"→"新建"，在弹出的"新建"对话框中单击标签"文件"，选择 C/C++ Header File。在文件名中输入"circle"，注意选中"添加到工程"，单击"确定"按钮。输入 circle.h 的清单。

步骤 3：连击菜单中的"文件"→"新建"，在弹出的"新建"对话框中单击标签"文件"。选择 C++ Source File，在文件名中输入"1-13"，注意选中"添加到工程"。单击"确定"按钮。输入 1-13.cpp 的程序清单。

步骤 4：按 Ctrl+F7 编译程序，然后按 Ctrl+F5 运行程序。

步骤 5：程序运行时，如输入 4.5，并按回车键确认。程序运行结果如图 1.11 所示。

图 1.11　程序运行结果

分析：在 main 函数中，通过语句 double x;定义一个 double 型变量 x。语句 cin>>x;表示从键盘输入,本例中 x 的值为 4.5。语句 circle A(x);定义类 circle 的对象 A。定义对象时,系统自动调用构造函数 circle(double)完成对象的初始化,并输出字符串"生成一个圆的对象"。当语句 A.show();调用时,计算圆面积并输出"圆面积为：63.6172"。程序结束时,系统自动调用析构函数~circle()释放对象 A,这从运行结果中的输出字符串"释放了一个圆的对象"不难看出。

上机操作练习 4

上机操作练习例 1-13。

思考：在例 1.13 中把构造函数的访问属性定义为 private，程序能否通过编译？

1.5　Visual C++ 6.0环境下的程序调试

1.5.1　Visual C++ 6.0源程序编辑、编译、连接、运行过程

为了启动 Visual C++ 6.0 的开发平台,执行过程为:从 Windows 的"开始"菜单中,选择"程序"→Microsoft Visual Studio→Microsoft Visual C++ 6.0。用鼠标左键单击 Microsoft Visual C++ 6.0,如图 1.12 所示。弹出如图 1.13 所示的提示框,如不需要进一步了解,可单击"C结束"按钮。

图 1.12　从 Windows 开始菜单进入 Visual C++ 6.0

图 1.13　提示框

随后会进入 Developer Studio 的应用程序集成开发环境,如图 1.14 所示。

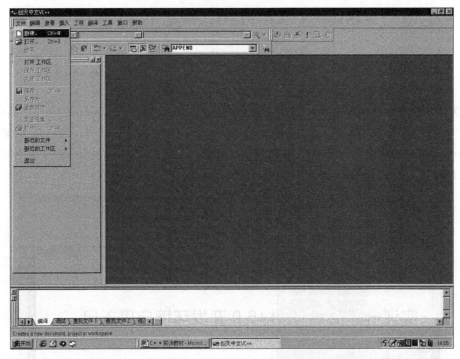

图 1.14 Developer Studio 的应用程序集成开发环境

执行 File→"新建"命令,得到"新建"对话框,如图 1.15 所示。

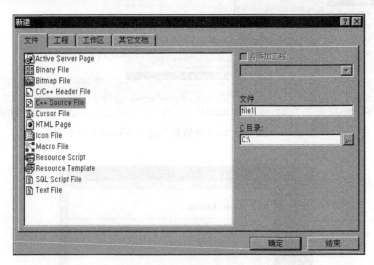

图 1.15 "新建"对话框

在"新建"对话框中单击"文件"标签,选择 C++ Source File 标签,并且在右边"文件"文本框中输入文件名:file1,存盘时系统会自动加上扩展名。此时完整的文件名为 file1.cpp,单击"确定"按钮,出现如图 1.16 所示的源程序编辑区。在编辑区光标处开始输入源程序,输入的过程中,完全可以用 Microsoft Word 的方法对文字进行插入、删除、修改、复制、粘贴、移动等操作。源程序编辑完毕,如图 1.17 所示。单击菜单栏的"编译"→"编译 file1.cpp"菜单项,出现如图 1.18 所示的对话框。编译命令需要一个活动工作区。单击"是(Y)"按钮,可建立一个默认的工作区。在图 1.19 的询问框中单击"是(Y)",将改动保存到文件 C:file1.cpp 中。

图 1.16　源程序编辑区

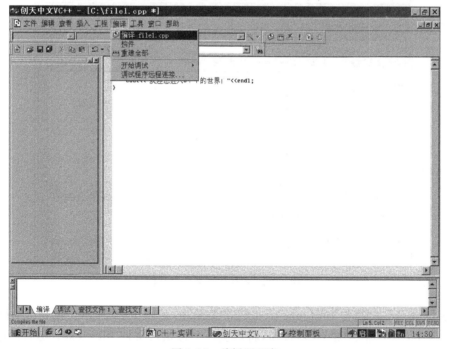

图 1.17　编译源程序

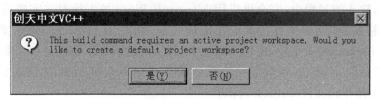

图 1.18　询问是否建立一个默认的工作区

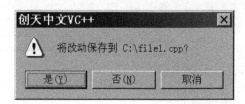

图 1.19　单击"是(Y)"按钮

此时在图 1.20 中的输出窗口中将显示：

```
Compiling...
file1.cpp
file1.obj-0 error(s),0 warning(s)
```

它表示编译成功，产生一个目标文件：file1.obj。如果程序有错误，在输出窗口中会指出每一项的错误及产生错误的原因及所在行。

图 1.20　编译成功的输出窗口

点击"编译"→"执行 file1.exe Ctrl＋F5"菜单项，如图 1.21 所示。在弹出的图 1.22 的询问框中，单击命令"是(Y)"按钮，将产生一个可执行文件 file1.exe。运行的结果如图 1.23 所示，单击窗口右上角的"关闭"按钮，关闭程序运行结果。

图 1.21　执行已编译好的文件

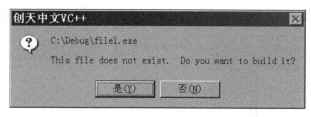

图 1.22　询问框

图 1.23　程序运行的结果

若不退出 Visual C++ 再编一个 C++ 源程序,在链接时就会出错。点击"文件"→"新建"菜单项,在"新建"对话框中选择 C++ Source File。在文件框中输入文件名 file2,再编一个名为 file2.cpp 的 C++ 源程序,如图 1.24 所示,注意此时在工作空间仍显示 file1 classes。

若该源程序编译通过且没有错误,连接时就会出现如图 1.25 所示的信息显示,显示仍表明有错误。要解决这个问题,可选择菜单的"文件"→"关闭工作区",关闭前一项目的工作空间,重新编译即可。

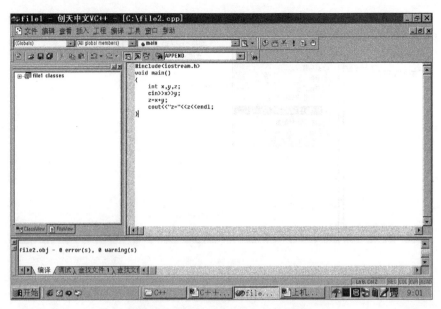

图 1.24　file2.cpp 的 C++ 源程序

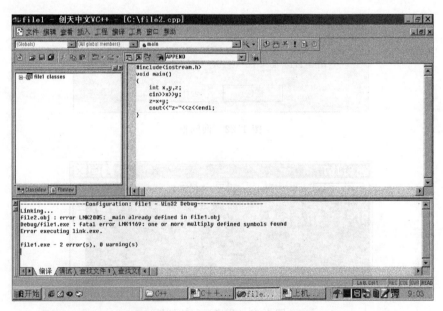

图 1.25　file2.cpp 的 C++ 源程序库

1.5.2　打开已存在的文件

　　Developer Studio 中一次只能打开一个工作空间,在同一个工作空间中可以包括多个工程。一般来说,每一个工程开发一个应用程序。这些工程相互之间可以具有联系和从属关系,也可以彼此完全独立。工作空间的打开过程为:单击"文件"→"打开工作区",

在对话框中选择要打开的工程文件,如图 1.26 所示。

图 1.26 打开一个工作空间

执行"打开"命令,又回到如图 1.26 所示的对话框。当然,运行第一个程序后,若想编辑第二个源程序,则需连击"文件"→"新建"菜单项,在"新建"对话框中,选择文件标签中的 C++ Source file,在"文件名"框中输入文件名,编辑源文件,而且必须关闭原来文件的工件区,关闭的方法是连击"文件"→"关闭工作区"菜单项。

1.5.3 C++ 程序的调试

在开发程序的过程中,经常需要查找程序中的错误,这就需要利用调试工具来进行程序的调试,集成在 Visual C++ 6.0 中的调试工具有强大功能。Visual C++ 调试器是整个产品中最具特色的一部分,它省时省力、简单易用,它可以帮助找到在 Windows 软件开发过程中可能遇到的大多数故障。下面先来介绍 Visual C++ 6.0 中的调试工具的使用。

1. 调试环境的建立

在 Visual C++ 6.0 中每当建立一个工程(Project)时,都会自动建立两个版本:Release 版本和 Debug 版本。调试与发行 Visual C++ 中的程序能产生两种类型的执行代码,称为调试与发行版本,或称之为"目标"版本。调试版本是软件开发和检测修改程序的部分,发行版本是最终的结果,将发行给客户。Debug 版本当中,包含着 Microsoft 格式的调试信息,不进行任何代码优化;而 Release 版本对可执行程序的二进制代码进行了优化,只是其中不包含任何的调试信息。

2. 程序错误的类型

编辑程序后存在一些错误是不可避免的,这些错误的发生有可能是:编译错误,如语法、输入错误等;连接错误,如函数名写错或所调用的函数没有定义;以及运行错误等。

(1) 编译错误。如在程序的编写过程中,在某个语句中少写了分号、括号等,编译后在屏幕的底部输出窗口将显示该错误,如图 1.27 所示。

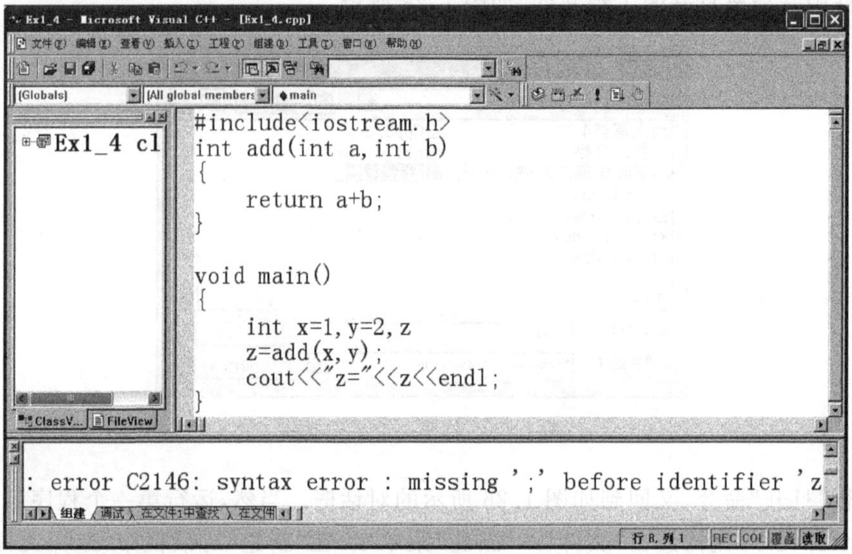

图 1.27 编译错误

如图 1.27 所示的输出窗口中的错误提示包括：

① 错误所在的行数及错误产生的原因

--------------Configuration: Ex1_4 -Win32 Debug--------------
Compiling...
Ex1_4.cpp
C:\Ex1_4.cpp(9) : error C2146: syntax error: missing ';' before identifier 'z'
Error executing cl.exe.

② 错误及警告的数量

Ex1_4.exe -1 error(s), 0 warning(s)Compiling...

此时可以按快捷键 F4 快速定位到源代码窗口中的错误位置，纠正错误。如有多个错误，可反复按 F4 键进行错误修改，或双击错误的提示也可以快速定位到错误的所在行。

（2）连接错误。连接过程中也可能发生错误，这主要是由于在连接其他函数时产生的错误。例如误将 main 函数写成 mian。此时程序会正确编译，但会在连接过程产生错误。连接过程产生错误的提示如图 1.28 所示。

（3）运行错误。有些错误是在运行时发生的，例如算法错误、被 0 除、空指针赋值等。这时最好用 Visual C++ 6.0 调试功能来监控跟踪变量的值。

3. 调试的一般过程

一个典型的调试操作由以下几步组成：首先，确定出现问题的那一段程序，然后给这段程序的第一个指令加上标记，启动调试器，运行程序，直到控制到达事先在带有疑问的程序段所设置的标记。当调试器停止程序的执行时，可以通过单步操作指令，核实每步的影响效果。调试器怎样知道什么时候中断程序呢？实际上，并不是调试器中断程序，而是

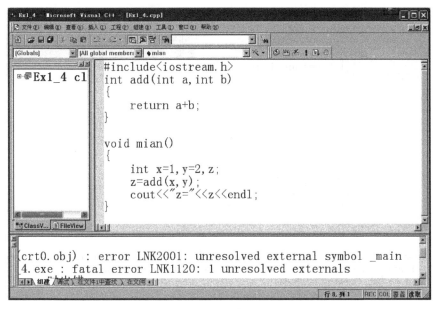

图1.28 链接错误

程序自行中断的。当程序运行到先前设置的标志时便会中断,这种标记称为断点。运行程序时,程序在设置断点处停下来,可利用各种工具观察程序的状态。程序在断点停下来后,有时需要按要求控制程序的运行,以进一步观测程序的流向,所以下面依次介绍断点的设置,以及如何控制程序的运行和各种观察工具的利用。

在 Visual C++ 6.0 中,可以设置多种类型的断点。可以根据断点起作用的方式把这些断点分为三类:与位置有关的断点、与逻辑条件有关的断点、与 Windows 消息有关的断点。

这里只介绍与位置有关的断点。

① 最简单的是设置一般位置断点。只要把光标移到要设断点的位置,当然这一行必须包含一条有效的语句;然后按 F9 键(F9 键为开关键),会看到在这一行的左边出现一个红色的圆点,表示在这一行设立了一个断点,如图1.29所示。

② 表达式满足一定条件的情况。要设置这种断点,先把光标定位在程序中的某一行,然后执行"编辑"→"断点…"命令。这时 Breakpoint 对话框将会出现(或组合键 Alt+F9 键)。选中 Breakpoint 对话框中的 Location 标签,使 Location 页面弹出,输入行号或单击 condition 按钮,弹出"断点条件"对话框,如图1.30所示。在 Expression 编辑框中写出逻辑表达式,如 x==1 或 x+y>2,最后按 OK 返回。这种断点主要是由其位置发生作用的,但也结合了逻辑条件,使之更加灵活。

4. 控制程序的运行

执行"编译"→"开始调试"→"去"命令,程序开始运行在 Debug 状态下(此时菜单"编译"改变为 Debug)。程序会由于断点而停顿下来,这时会看到有一个小箭头,它指向即将执行的代码。我们可以按要求来控制程序的运行:其中有四条命令:Step over,Step Into,Step Out,Run to Cursor。

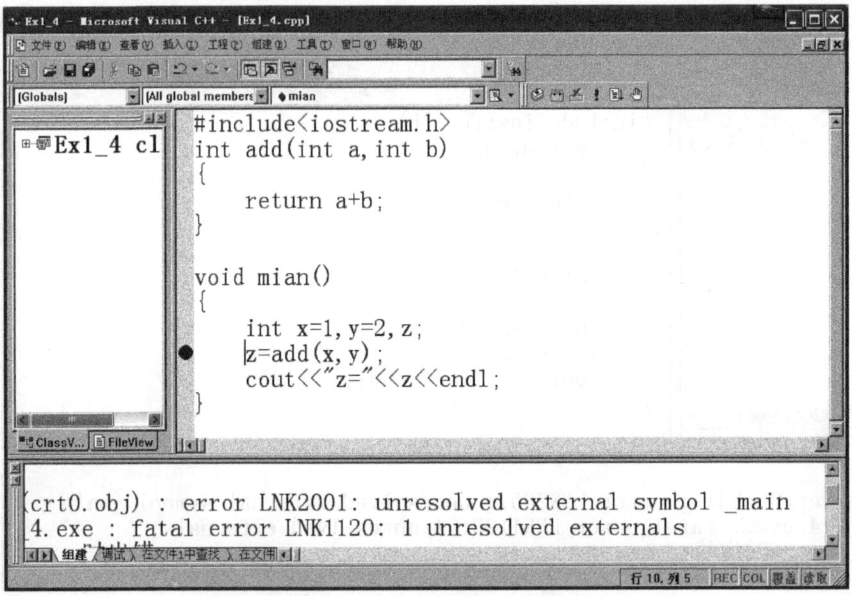

图 1.29 设置一般位置断点

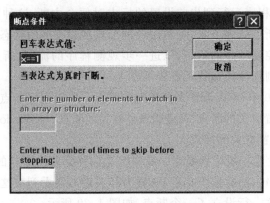

图 1.30 "断点条件"对话框

- Step Over：运行当前箭头指向的代码(只运行一条代码)。
- Step Into：如果当前箭头所指的代码是一个函数的调用，则用 Step Into 进入该函数进行单步执行。
- Step Out：如当前箭头所指向的代码在某一函数内，则用它使程序运行至函数返回处。
- Run to Cursor：使程序运行至光标所指的代码处。

程序调试举例。

步骤 1：编辑源程序，如图 1.31 所示。

步骤 2：进行调试可选择下列三种操作之一：

(1) 选择"编译"→"开始调试"→"去"。

38　　　　　C++程序设计(第 2 版)

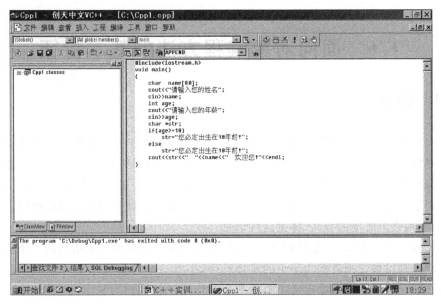

图 1.31　编辑源程序

（2）选择"编译"→"开始调试"→Step Into。

（3）选择"编译"→"开始调试"→Run to Cursor。

这时可以连击"查看"→"调试窗口"菜单项下的各窗口或按 Alt＋3 键、Alt＋4 键、Alt＋5 键、Alt＋6 键、Alt＋7 键、Alt＋8 键、Alt＋9 键,查看程序运行过程中的各种情况，如图 1.32 所示。

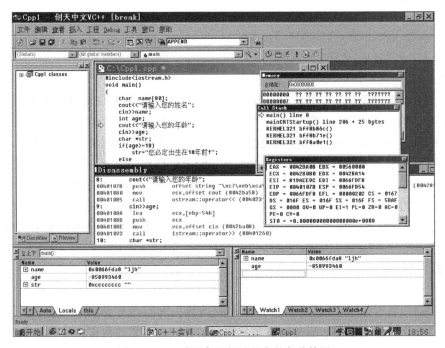

图 1.32　查看程序运行过程中的各种情况

第 1 章　C++程序设计入门

1.6 面向对象编程方法的基本特征

1.6.1 抽象

面向对象方法中的抽象是指对具体对象进行概括,抽出一类对象的公共性质并加以描述的过程;抽象也可措忽略一个与当前主题目标无关的那些方面,以便更充分地注意与当前目标有关的方面。抽象并不打算了解全部问题,而只是选择其中的一部分。比如,要设计一个学生成绩管理系统,考察学生这个对象时,程序设计中只关心他的班级、学号、成绩等,而不用去关心他的身高、体重这些信息。

抽象包括两个方面,一是过程抽象,二是数据抽象。过程抽象是指任何一个明确定义功能的操作都可被使用者作为单个的实体看待,尽管这个操作实际上可能由一系列更低级的操作来完成。数据抽象定义了数据类型和作用于该类型对象上的操作,并限定了对象的值只能通过使用这些操作修改和观察。

例如类定义:

```
class area
{
    private:
        int x,y;
    public:
        area(int a,int b){x=a;y=b;}
        void print(){cout<<"长方形面积"<<areas()<<endl;}
        int areas(){return x*y;}
};
```

定义了类的对象 ss 后,例如 area ss(2,3);过程抽象指对象 ss 可对输出方法 print 或求长方形面积 areas 等操作进行调用。数据抽象是指所定义的私有数据只能通过作用于数据上的操作 areas、print 来访问,而这些操作 areas、print 可通过对象来调用。

数据抽象最重要的是把数据类型的使用与它的实现加以分离,使得能够实现:

(1) 容易把大的系统分解成小的部分,每个部分按所处理的数据而设计接口。
(2) 每个接口的外部调用是可见的,而其内部实现是隐蔽的,外部是不可见的。
(3) 所有的保护措施放在每一个接口中。在 C++ 中数据抽象是通过类来实现的。

1.6.2 封装

在面向对象方法中,封装就是将抽象得到的数据和行为相结合,形成一个有机的整体。也就是将对象的属性和服务的实现代码封装存放在对象的内部。一个对象就像是一个黑盒子,表示对象状态的属性和服务的实现代码被封装存放在黑盒子里,从外面无法看见,更不能进行修改。对象向外界提供访问的接口,例如 print、areas 等,外界只能通过对象的接口公有成员函数来访问该对象。外界通过对象的接口访问该对象称为向该对象发送消息,对象具有的这种封装特性称为封装性。

在 C++ 中对象的数据成员的封装方法是使用 private 和 protected 存取权限,对象的成员函数的封装方法是封装成员函数的实现代码。

例如类定义:

```
class area
{
  private:
    int x,y;
  public:
    area(int a,int b){ x=a;y=b;}
    void print(){cout <<"长方形面积" <<areas()<<endl; }
    int areas(){return x * y;}
};
```

在程序设计中,为了尽量避免某一模块的行为干扰同一系统中的其他模块,可让模块仅公开必须让外界知道的内容,而隐藏其他一切内容。

例如类定义中:

```
class man
{
  …
  public:
    void GetName(void);
  protected:
    int GetAsset(int);
  private:
    void GetGuilty(void);
};
```

对一个人来说,名字是公开的,财产是受保护的,而隐私是保密的。因而在类中名字是可以公开的(public),是可以让外界知道的内容(GetName),财产是受保护的(protected),只有本人及继承者可以使用受保护的财产(GetAsset),而私有的(private)的隐私(GetGuilty)是保密的,只有本人才能访问。

封装是面向对象的特征之一,是对象和类概念的主要特性。封装是把过程和数据包围起来,对数据的访问只能通过已定义的界面,如图 1.3 所示。在图 1.3 中,表示外界可以访问公有数据及公有成员函数(用箭头表示),而不能访问类中的私有数据及保护数据(用×表示);而成员函数可以访问类的私有数据、保护数据及公有数据。

1.6.3 继承

面向对象方法中的类的继承性完全和现实世界中人们描述事物的方法相同。例如,在现实世界中,要描述猫、狗、狼、虎,由于猫、狗、狼、虎都属于哺乳类动物,所以先定义哺乳类动物,在此类中包含了哺乳类动物所共有的特征和习性;然后再分别定义猫、狗、狼、虎类动物各自特有的特征和习性。类继承示意图如图1.33所示。

图1.33 类继承示意图

一个系统中所有类按继承关系构成的结构图称作该系统的类层次或类结构。类层次是一个树状结构,提供了一种明确表述共性的方法。对象的一个新类可以从现有的类中派生,这个过程称为类继承。新类继承了原始类的特性,新类称为原始类的派生类或子类,而原始类称为新类的基类或父类。派生类可以从它的基类那里继承特性和方法,并且类可以修改或增加新的方法使之更适合特殊的需要。这也体现了大自然中一般与特殊的关系。继承性很好地解决了软件的可重用性问题。例如,所有的Windows应用程序都有一个窗口,它们可以看作都是从一个窗口类派生出来的。有的应用程序用于文字处理,有的应用程序用于绘图,这是由于派生出了不同的子类,各个子类添加了不同的特性。

类定义:

```
class manfather
{
    ⋮
  public:
    void GetName(void);
  protected:
    int GetAsset(int);
  private:
    void GetGuilty(void);
};
class manson :public manfather
{
    ⋮
  public:
    void GetNameFun(void);
  protected:
    int GetAssetFun(int);
  private:
    void GetGuiltyFun(void);
};
void main()
{
  manfather MAN1;
  manson MAN2;
  MAN1.GetName(x);
  MAN2.GetName(x);    //GetName是从类manfather继承而来,体现了实现此函数的重用性
  MAN2.GetNameFun();   //子类中添加了GetNameFun方法
    ⋮
}
```

这个简单的示例说明了 C++ 中的继承可以提高程序的复用性。

一个面向对象系统中，当类层次中的所有类只允许有一个父类时，这样的类继承称作单重继承；当类层次中的所有类允许有一个以上的父类时，这样的类继承称作多重继承。在大型程序设计中利用继承，通过修改继承和覆盖继承，可使得大型软件的功能修改和功能扩充比传统的方法容易了许多。当要对系统的一些原有功能进行补充和修改时，可以设计子类中要补充和修改的服务；当要废弃系统的一些原有功能，重新设计完全不同的新的功能时，可以覆盖继承方法重新设计子类中要更改的服务；当要对系统添加一些新的功能时，可以设计一个新的服务来实现所要添加的新功能。

对象的继承性是面向对象方法的关键性技术。这是因为对象的继承性所构成的对象的层次关系和人类认识客观世界的过程和方法吻合，从而使得人们能够用和认识客观世界一致的方法来设计软件。

1.6.4 多态性

多态性是指同一个消息被不同类型的对象或相同类型的对象接收时产生不同的方法。比如同样的加法，把两个时间加在一起和把两个整数加在一起结果肯定完全不同。又比如，同样的选择、编辑、粘贴操作，在字处理程序和绘图程序中有不同的效果。在 C++ 中多态性分为：参数多态性、包含多态性、重载多态性和强制多态性。多态性语言具有灵活、抽象、方法共享、代码共享的优势，很好地解决了应用程序函数同名的问题。

1. 参数多态性

参数多态性是指对象或函数等能以一致的形式用于不同的类型。C++ 语言中的模板就属于参数多态性。

例如：

```
Template<class T>
T fun(T * array,int size)
{
  T max=array[0];
  for(int i=1;i<size;i++)
    if(array[i]>max)
      max=array[i];
  return max;
}
```

对于函数模板 fun 可以应用于不同的类型，如 int、flaot、double、char。

2. 包含多态性

包含多态性是指一个类型是另一个类型的子类型，每一个子类中的对象可以使用父类中的属性和服务。C++ 语言中的派生类对父类数据成员和成员函数的调用就属于包含多态性。

例如类定义：

```
class fatherx
{
    int x;
  public:
    fatherx(int a){x=a;}
    void Getx(void){return x;}
    void Petx(int b){ x=b;}

  protected:
    int x;
};
class sonxy :public fatherx
{
  public:
    sonxy(int a):fatherx(a){}
    void Getx(void){return x*x;}
};
void main()
{
  sonxy MAN;
  int x;
  cin>>x;
  MAN.Petx(x);              //Petx 是从类 fatherx 继承而来
    ⋮
}
```

3. 重载多态性

重载多态性是指一个函数名可以具有多个不同的功能,这种不同的功能通过该函数名的多个重载定义体确定。C++语言中的函数重载和运算符重载就属于重载多态性。

例如:

```
double fun(double x){return x*x*x;}
int fun(int x){return x*x;}
```

程序中根据函数中的参数调用不同的函数,得到不同的运行结果,实现不同的状态。

4. 强制多态性

强制多态性是指通过语义操作把一个对象或变量类型加以变换。这种类型变换可以有显式和隐式两种。C++语言中的强制类型转换就是显式类型变换的例子。

对象的封装性、继承性和多态性是面向对象方法最重要的三大特征。这三大特征是相互关联的。封装性是面向对象方法的基础,继承性是面向对象方法的关键技术,多态性提供了面向对象方法的设计灵活性。

习 题

1. cin 与 cout 分别是什么类的对象?
2. C++中用于注解的符号是什么?
3. 在应用 cin 与 out 对象时,为什么要包含输入、输出流库 iostream.h。
4. C++中有哪些保留字? 它们分别表示什么含义?
5. 在 C++中最重要的特征是什么?
6. 类定义中,访问控制符省略时,默认是什么属性?
7. 私有数据与公有数据的访问性质在类外有什么区别?
8. 构造函数与析构函数的功能是什么? 当定义多个对象时,它们的调用顺序如何? 请编写程序论证。
9. 成员函数定义在类内与类外在形式上有什么区别?
10. 修改程序例 1-11、例 1-12,用构造函数完成对象的初始化。
11. 模仿例 1-11,定义一个圆类,其功能是输出圆周长与圆面积。
12. 定义一个长方形类,类中有私有数据长与宽,公有的成员函数中有构造函数与输出函数,其功能是输出长方形的周长与面积。

第 2 章 C++程序的文件组织与基本运算符

本章重点
- C++程序的基本构成；
- 库文件的概念；
- 函数的原型与函数的调用；
- C++中的语句；
- 常用运算符与表达式。

本章难点
- 多文件系统中C++语言程序的构成；
- 多文件系统C++程序的调试；
- 函数的原型与函数调用；
- C++中的运算符及应用。

本章导读

建议重点掌握一个C++程序可以由一个或一个以上的文件构成的概念，在这些文件中一定要有一个叫做main的函数，并且在这个C++程序中只能有一个main函数。在一个文件中可以有一个或一个以上的类定义(含成员函数的定义)。函数或成员函数由语句构成，语句由保留字、标识符、表达式构成。在学习中应注意在同一个C++程序中各文件之间的包含关系、保留字的含义、运算符的优先级等问题。

2.1 C++程序的多文件结构

在第1章的C++程序设计入门中已论述，通常情况下把类的设计分成两个文件实现。头文件(即.h文件)只包括类定义，构成所定义对象的接口；类库文件(即.lib文件、.obj文件等)包括类方法的实现代码。类库文件是编译后的文件，用户无法看到方法的实现细节，因此也无法修改方法的实现代码。

C++源程序可由一个或多个文件组成，C++程序的扩展名一般为cpp或h。下面通过实例说明C++程序的多文件组织。

例 2.1 新建两个文件,其文件名分别为 2-1.h、2-1.cpp。其中 2-1.cpp 文件定义一个 main 函数,在 2-1.h 中定义了 main 函数中所需的类。

程序功能:定义一个长方形的类 rec,有两个整型成员分别表示长方形的长与宽,有三个成员函数 rec、areas、show 分别用于对象的初始化。请计算长方形面积和输出。

分析:程序结构如图 2.1 所示。程序由两个文件构成,文件 2-1.h 用于定义类及成员函数的定义。在文件 2-1.cpp 中主要是定义 main 函数。在 main 函数中定义一个类对象,用对象调用 public 的成员函数,实现其功能。

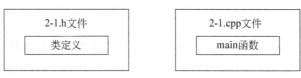

图 2.1 C++程序的多文件构成

(1) 选择"开始"→"程序"→Microsoft Visual Studio→Microsoft Visual C++ 6.0→"新建"→"文件"→C/C++ Header File,在文件对话框中输入文件名 2-1,编辑 2-1.h 的内容。

```
class rec
{
private:
    int x,y;
public:
    rec(int a,int b){x=a;y=b;}
    int areas(){ return x * y;}
    void show(){cout<<areas()<<endl;}
};
```

(2) 选择"文件"→"新建"→"文件"→C++ Source File,在文件对话框中输入文件名 2-1,编辑 2-1.cpp 的内容。

```
#include<iostream.h>
#include"2-1.h"
int main()
{
    rec A(2,3);              //定义并初始化对象 A
    A.show();
}
```

(3) 按 F5 键,编译程序(编译时 main 函数在当前窗口)。
(4) 按 Ctrl+F5 键运行程序,查看程序的运行结果。

这是读者所编辑与调试的第一个 C++程序。这个 C++程序由一个.cpp 文件及一个定义类的头文件构成。

注意：

(1) cout 是系统输出函数,要调用此函数,需要包含库文件 iostream.h。

(2) 在 main 函数中定义了 rec 类对象 A,并给对象初始化。

(3) 所有函数都以"{"开始,以"}"结束。

(4) 所有语句都用";"结束。

(5) C++程序中区分大小写。

上机操作练习 1

(1) 上机调试例 2.1 的程序。

(2) 仿照例 2.1,定义一个长方体的类,输出长方体的表面积与体积。

例 2.2 文件 2-2.cpp 中定义了 main 函数,其中在 main 函数中定义两个变量。这两个变量的值从键盘读入。在 main 函数中调用在文件 2-2-1.cpp 中定义的 add 函数做加法,在另一个头文件 2-2.h 中有两个预处理命令 #include＜iostream.h＞、#include "2-2-1.cpp",请编写程序并调试。

(1) 选择"开始"→"程序"→Microsoft Visual Studio→Microsoft Visual C++ 6.0→"新建"→"文件"→C/C++ Header File,在文件对话框中输入文件名 2-2,编辑 2-2.h 的内容。

```
#include<iostream.h>
#include "2-2-1.cpp"
```

(2) 选择"文件"→"新建"→"文件"→C++ Source File,在文件对话框中输入文件名 2-2,编辑 2-2.cpp 的内容。

```
#include "2-2.h"
int main()
{
    int a,b;
    cin>>a>>b;
    int c=add(a,b);
    cout<<a<<'+'<<b<<'='<<c<<endl;
}
```

(3) 选择"文件"→"新建"→"文件"→C++ Source File,在文件对话框中输入文件名 2-2-1,编辑 2-2-1.cpp 的内容。

```
int add(int x,int y)
{
return x+y;
}
```

(4) 调整 main 函数为当前窗口,按 F5 键,编译程序。

(5) 按 Ctrl+F5 运行程序,2 5 为程序运行时输入并回车,查看程序的运行结果。

```
2   5
2+5=7
```

这是读者所编辑与调试的第二个 C++ 程序。这个 C++ 源程序由两个 .cpp 文件构成,这两个文件分别是 2-2.cpp 与 2-2-1.cpp。因而可以说:一个 C++ 程序由一个或多个文件构成。

思考:在例 2-2 中,输入的数据可以大一些。修改 main 函数中的语句:

`cout<<a<<'+'<<b<<'='<<c<<endl;`

为:

(1) `cout<<a<<'+'<<b<<'='<<oct<<c<<endl;`
(2) `cout<<a<<'+'<<b<<'='<<dec<<c<<endl;`
(3) `cout<<a<<'+'<<b<<'='<<hex<<c<<endl;`

请观察输出结果有什么变化。

注意:常用进位制操纵算子如下,使用时要包含 iomainp.h 头文件。

- dec 输出十进制数;
- oct 输出八进制数;
- hex 输出十六进制数;
- endl 输入换行符,并刷新流;
- ends 插入空字符;
- setw(常量)设置输出域宽。

思考:定义一个整型数类,此类的功能可把此数分别转化为十、八、十六进制数输出。

2.2 C++ 中的函数

在 C++ 中,对象的方法用函数来实现。函数是 C++ 中构成程序或类方法的基本单位。在 C++ 中函数有成员函数与非成员函数之分。函数可以重载,所谓函数重载是指在同一文件中函数可以同名,当然重载函数的参数必须有区别。不管是什么函数,都有一个基本的结构,即函数原型。

2.2.1 函数原型

函数的原型是指对某个函数的说明,它规定了函数调用的规则。函数原型指明函数的返回值类型、函数名、形参的参数类型列表。注意,多个形参类型间用","号隔开。

函数返回值类型　函数名(形式参数表);

函数原型规定了函数的调用规则,函数调用时的参数必须与函数原型一致。
例如:有函数原型 int fun(int , char);说明,调用函数时其参数必须是以下形式:

```
x=fun(a,ch);
```

其中 x 是整型数;函数中第 1 个参数 a 必须是整型数,第 2 个参数 ch 必须是字符。

2.2.2　函数体定义

函数功能的实现即函数的定义。函数的定义格式为:

函数返回值类型　函数名(形式参数表)
{
　　函数体
}

例如:

```
int add(int x,int y,int z)
{
   return x+y+z;
}
```

此函数的原型是:

```
int add(int,int,int);
```

调用形式为:

```
int a,b,c,d;
cin>>a>>b>>c;
d=add(a,b,c);
```

2.2.3　函数的调用方式

函数的调用方式分成两种方式:成员函数的调用方式和一般函数的调用方式。
成员函数的调用形式为:

对象.函数名(参数)

一般函数的调用形式为:

函数名(参数)

下面是非成员函数定义的例子。该函数的功能是完成两个整型数的加法,函数返回值类型为 int。函数名为 add。函数定义如下:

```
int add(int x,int y)          /*函数返回值类型、函数名及形式参数的声明*/
{                             /*函数体开始*/
    int z;                    /*数据定义部分,给变量分配内存空间*/
    z=x+y;                    /*执行语句*/
```

```
        return z;              /* 函数结束前返回一个整型值 */
    }                           /* 函数体结束 */
```

其中{和}分别表示函数执行的起点与终点或程序块的起点与终点。函数的返回值类型为int，函数名为add，函数的形式参数定义为int x,int y。所谓参数定义是指为变量在内存中分配空间。

注意：C++语言中在使用变量前，一定要给变量分配存储空间。例如int z;给变量z分配可以存放一个整型数的空间。

对非成员函数add的调用方式为：

```
c=add(a,b);
```

其中参数a、b都为整型数，函数调用时传递给形式参数x、y，求和后返回值z传递给c。

同样道理，在文件2-2-1.cpp文件中，函数f的返回值x+y也为整型数。

一般认为：函数是构成C++程序的最基本的单位。

思考：下面这个简短的C++程序不可能通过编译，为什么？

```
#include<iostream.h>
int main()
{
    int a,b,c;
    cout<<"Enter two numbers: ";
    cin>>a>>b;
    c=sum(a,b);
    cout<<"Sum is: "<<c;
    return 1;
}
int sum(int a,int b)
{
    return a+b;
}
```

提示：不能通过编译的原因是：在程序中，当某个函数调用在前而定义在后时，必须对该函数的原型进行说明，而在本程序中缺少函数原形的说明语句。解决的方法是在预处理命令"#include<iostream.h>"后加上语句"int sum(int , int);"，即可通过编译。

2.3　C++语句

C++文件由类及函数构成，函数由语句构成，语句的结束符用";"表示。在C++中语句由保留字、标识符、运算符和表达式构成。

例如类定义：

```
class circle
{
private:
  double r;
public:
  circle(double rr)
  {
    r=rr;                //形式参数给类的私有数据赋值
    cout<<"生成一个圆的对象"<<endl;
  }
  ~circle(){ cout<<"释放了一个圆的对象"<<endl; }
  void show(){ cout<<"圆面积为:"<<PI*r*r<<endl; }
};
```

类定义中,

```
double r;
cout<<"生成一个圆的对象"<<endl;
```

等都是语句,";"号表示语句的结束。函数也由语句构成,例如下列构造函数①。

```
circle(double rr)
{
  r=rr;                //形式参数给类的私有数据赋值
  cout<<"生成一个圆的对象"<<endl;
}
```

在下列非构造函数 add 中:

```
int add(int x,int y)    /*函数返回值类型、函数名及形式参数的声明*/
{                       /*函数体开始*/
  int z;                /*变量定义语句,给变量分配内存空间*/
  z=x+y;                /*执行语句*/
  return z;             /*返回值语句,函数结束前返回一个整型值*/
}
```

语句 int z;表示在内存变量 z 分配空间。如果定义变量的同时给变量赋初值,就叫做变量的初始化。

语句由保留字、标识符、运算符和表达式构成。在函数 add 中,函数名 add、变量名 x、y、z 都是标识符,int、return 为保留字,z=x+y 叫表达式,z=x+y;叫语句。

2.4 运 算 符

在 C++ 程序中有着极为丰富的运算符。例如算术运算符、关系运算符、逻辑运算符、

---

① 构造函数与类名相同,无返回值,定义对象时系统自动调用,功能是给对象初始化。

位运算符等。有关内存分配运算符 new 与内存释放运算符 delete 将在后面的章节中学习。

2.4.1 算术运算符

算术运算符用于加、减、乘、除、取余数,它们的表达方式及含义如表 2.1 所示。

表 2.1 算术运算符

运算符	含义	例	备注
＋	加	5＋2 结果 7	
－	减	5－2 结果 3	
＊	乘	5＊2 结果 10	
/	除	5/2 结果 2	
％	取余数	5％2 结果 1	只适用于整型数
++	自增运算	y＝x++;等同 y＝x,x＝x+1 y＝++x;等同 x＝x+1,y＝x	适用于整型变数
－－	自减运算	y＝x－－;等同 y＝x,x＝x－1 y＝－－x;等同 x＝x－1,y＝x	适用于整型变数
＋＝ －＝ ＊＝ /＝ ％＝	自反运算	x＋＝y; 等同 x＝x＋(y); x－＝y; 等同 x＝x－(y); x＊＝y; 等同 x＝x＊(y); x/＝y; 等同 x＝x/(y); x％＝y; 等同 x＝x％(y);	适用于整型变数

提示:++、－－使得整型变量的值增加 1 或减小 1,它不能作用在表达式或常量上。

表达式 y＝x++;相当于 y＝x;x＝x+1;

表达式 y＝++x;相当于 x＝x+1;y＝x;

表达式 y＝x－－;相当于 y＝x;x＝x－1;

表达式 y＝－－x;相当于 x＝x－1;y＝x;

思考 1:上机调试下列程序,分析余数的符号与什么相关。

```
#include<iostream.h>
int main()
{
cout<<5% 2<<" "<<5% -2<<" "<<-5% 2<<" "<<-5% -2<<endl;
return 0;
}
```

思考 2:上机调试下列程序,分析程序输出的结果,观察 x++、++x 的含义。

```
#include<iostream.h>
int main()
```

```
{
    int x,y,z;
    cin>>x;
    y=x++;
    z=++x;
    cout<<"y="<<y<<" z="<<z<<" x="<<x<<endl;
}
```

思考 3：把程序中的++改为--，再次调试程序，观察程序运行的结果。

2.4.2 关系运算符

关系运算符主要用于比较，它有大于、大于等于、小于、小于等于、判断等于、不等于。它们的表达方式及含义如表 2.2 所示。

表 2.2 关系运算符

运算符	含义	举例	运算符	含义	举例
>=	大于等于	20>=20 结果 1 代表真 10>=20 结果 0 代表假	<=	小于等于	20<=30 结果 1 20<=10 结果 0
>	大于	20>20 结果 0 20>10 结果 1	==	判断等于	20==20 结果 1 20==10 结果 0
<	小于	20<30 结果 0 20<10 结果 0	!=	不等于	20!=20 结果 0 20!=10 结果 1

注意：运算符的优先级。

例如：从键盘输入一个整数给 x，求此数的绝对值。

```
int x;
cin>>x;
if(x<0)
    x=-x;
cout<<"fabs(x)="<<x<<endl;
```

上述程序段中，如果 ch 为大写字母，则输出为 1，否则输出为 0。

2.4.3 逻辑运算符

逻辑运算符主要用于逻辑判断，包括逻辑与、逻辑或、逻辑非。其表达方式及含义如表 2.3 所示。

例如：从键盘输入一个字符给 ch，判断此字符是否为大写字母。

```
char ch;
cin>>ch;
cout<<(ch>='A' && ch<='Z')<<endl;
```

上述程序段中,如果 ch 为大写字母,则输出为 1,否则输出为 0。

表 2.3 逻辑运算符

逻辑运算符	含义	举例	逻辑运算符	含义	举例
!	逻辑非	!20 结果 0 !0 结果 1	||	或	20||0 结果 1 0||0 结果 0
&&	与	20&&45 结果 1 20&&0 结果 0			

思考:

(1) 写出判断 x 大于 0 并且小于 10 的表达式。

(2) 写出判断 ch 是小写字母的表达式。

(3) 写出判断 ch 是字母的表达式。

(4) 写出整型数 a、b、c 能构成一个三角形的表达式。

例 2.3 按照以下操作过程,编辑下列程序。仔细阅读程序,思考程序运行的结果。在终端调试此程序,比较与所思考的程序运行结果是否相一致。

(1) 选择"开始"→"程序"→Microsoft Visual Studio→Microsoft Visual C++ 6.0→"新建"→"文件"→C/C++ Source File,在文件对话框中输入文件名 2-3。

(2) 编辑 2-3.cpp 文件。

```
#include<iostream.h>
int main()
{
  int x=20,y=3,z=0,a;
  a=x>y;
  cout<<x<<">"<<y<<"="<<a<<endl;
  a=x/y;
  cout<<x<<"/"<<y<<"="<<a<<endl;
  a=x%y;
  cout<<x<<"% "<<y<<"="<<a<<endl;
  a=x==y;
  cout<<x<<"=="<<y<<"="<<a<<endl;
  a=x!=y;
  cout<<x<<"!="<<y<<"="<<a<<endl;
  a=x&&y;
  cout<<x<<"&&"<<y<<"="<<a<<endl;
  a=x||y;
  cout<<x<<"||"<<y<<"="<<a<<endl;
  a=!x>y;
  cout<<"!"<<x<<">"<<y<<"="<<a<<endl;
}
```

2.4.4 位运算符

在 C++ 中,可以对整型数据与字符数据进行位运算。位运算的对象是二进制数。位运算符如表 2.4 所示。

表 2.4 位运算符

运算符	含义	举例	运算符	含义	举例
~	按位反	~1 结果 0 ~1010 结果 0101	^	按位异或	1100&1010 结果 0110
&	按位与	1100&1010 结果 1000	<<	按位左移	0010<<1 结果 0100
|	按位或	1100|1010 结果 1110	>>	按位右移	0010>>1 结果 0001

思考:下列程序段的运行结果是什么?

(1)
```
int x,y=3;
x=~y;
cout<<hex<<x<<' '<<y<<endl;
```

(2)
```
int x,y=3;
x=y|~y;
cout<<hex<<x<<endl;
```

(3)
```
int x,y=3;
x=y&~y;
cout<<hex<<x<<endl;
```

(4)
```
int x,y=3;
x=y<<2+1;
cout<<oct<<x<<endl;
```

2.4.5 引用

引用指对变量或对象取一个别名,也就是说引用和原变量共用一个地址,把原变量的地址看作是该变量的别名。其功能主要用来向函数传递参数,以及从函数中返回参数值。当初始化一个引用时就将它和一个变量联系起来,这个引用将一直与变量相联系,以后就不能将它改变为其他变量的引用。引用可应用在下列方面：

（1）定义变量或对象的别名。

（2）定义函数的引用类型参数。

（3）定义函数的引用类型返回值。

引用的声明：

类型 & 引用名=变量名；

其中：引用名是为引用型变量所起的名字，它必须遵循变量的命名规则。前面的数据类型就是它所引用目标的数据类型。引用不是值，不占存储空间。声明引用时，目标的存储状态不会改变。

在此要特别说明的是，引用在声明时必须进行初始化，即指出该引用是哪一个对象的别名。这里的目标名可以是变量名，也可以是以后将要介绍的对象名。而且引用一旦声明，就以对应目标的内存单元地址作为自己的地址，并且不再改变，从一而终。

例如：

```
int &x
```

可读成 x 是对一个整型变量的引用。例如：

```
int num;
int &x=num;
x++;                    //用 num 的别名 x 把 num 自增 1
```

这两条语句声明了一个名为 num 的整数，又声明 x 是对 num 的引用。以后对作用于这两个名字上的所有操作都具有相同的结果。

为了加深对独立引用的理解，首先请阅读以下程序。

例 2.4 引用的例子。

```
#include <iostream.h>
void main()
{
    int num=50;
    int &x=num;
    x=x+10;
    cout<<"num="<<num<<" ";
    cout<<"x="<<x<<endl;
    num=num+20;
    cout<<"num="<<num<<" ";
    cout<<"x="<<x<<endl;
}
```

程序的运行结果为：

```
num=60   x=60
num=80   x=80
```

从上例中可以看出：作用于 num 的操作，实际上就是作用于引用 x，它们是指同一个变量，只不过 x 是 num 的别名而已。语句"int &x=num;"在执行时并没有在内存中建立一个新的变量 x，而只是告知编译器 num 又有了一个名字 x。

引用和指针非常相似，但也有区别。指针变量的内容是一个地址，而引用为变量的别名。

思考：编写一个程序，输出例 2.4 中变量 num 及 x 在内存中的地址，并分析其结果。

注意：在构造 C++ 的类时，会大量用到引用。有关引用要注意以下几点：

(1) 引用是实际变量的别名。

(2) 引用必须被初始化，且不能被修改。

(3) 当向函数传递用户声明的数据类型及从函数中返回值时，使用引用是比较方便的。

(4) 如对一个 const 修饰的变量引用，则编译器首先建立一个临时的变量，然后将该常量的值置入临时变量中，对引用的操作就是对临时变量的操作。

思考：下列程序段有问题吗？请解释为什么。

(1)

```
const int num=100;
int &x=num;
cout<<x;
x=x+20;
cout<<x;
cout<<num;
```

(2)

```
int num=100;
const int & x=num;
cout<<x;
num=num+20;
cout<<x;
cout<<num;
```

习　　题

1. 如有定义：int a=1,b=2,c=3;写出下列表达式的值。

(1)

c>b==a

(2)

c>b||b>=a

(3)

!c>b==a

(4)

a|c-b==a

(5)

a^b && c

(6)

a|b & c

(7)

a&b|c

2. 新建两个文件,其文件名分别为 ex2-1.h、ex2-1.cpp。在 ex2-1.cpp 文件中定义一个 main 函数。定义一个梯形类的对象,从键盘输入三个整数,作为梯形的长、宽、高,输出梯形的周长与面积。在 ex2-1.h 中定义梯形类及成员函数。

程序功能:定义梯形类,有三个整型数据成员,分别表示梯形的长、宽、高。有三个成员函数 rec、areas、show 分别用于对象的初始化、计算长方形面积和输出。

3. 新建三个文件,其文件名分别为 ex2-2.h、ex2-2-1.cpp、ex2-2-2.cpp。在 ex2-2-1.cpp 文件中定义一个 main 函数,在 main 函数中从键盘输入数据,定义类对象时作为对象的参数。在 ex2-2.h 中定义对象的类。在 ex2-2-2.cpp 中定义类中所有的成员函数。

程序功能:

(1) 定义三角形类,可计算三角形周长与面积。

(2) 定义一个学生类,描述两门课的成绩,可求得两门课的总分。

(3) 定义一个菱形类,输入菱形的两条对角线,类中可求得菱形的周长与面积。

(4) 定义一个三角形类,从键盘输入三角形的三条边,求三角形的三个角与三角形的面积。

第 3 章 循环程序设计

本章重点
- 循环的概念；
- while、do-while 及 for 循环的使用；
- while、for 循环的执行过程；
- 循环的嵌套。

本章难点
- 循环条件判断；
- 循环的执行流程；
- 循环嵌套的使用。

本章导读

建议重点掌握 while、for 以及 do-while 语句的格式，while、for 语句的执行过程；应用 while、for 语句来编写程序，在程序编写过程中应注意循环变量的变化情况及循环体的模块结构；掌握 break 与 continue 的区别；了解循环嵌套。

3.1 while 循环程序设计

当程序执行到 while 循环时，首先判断循环条件。当循环条件为真时，执行循环体，直到循环条件为假时结束循环。

while 语句的格式

while(循环条件)
{
循环体
}

其中各参数的含义如下：
(1) 循环体：程序中反复执行的一段程序被称为循环体，一般以{ }括起来。
(2) 循环条件：执行循环的条件，一般为关系表达式或逻辑表达式。
(3) while 语句的执行过程是：

① 判断循环条件(表达式)。
② 若循环条件为假(即为 0),则 while 循环结束,然后执行循环后面的语句。
③ 若循环条件为真(即非 0),则执行循环体中的语句。
④ 返回到第①步。

while 循环的流程图如图 3.1 所示。

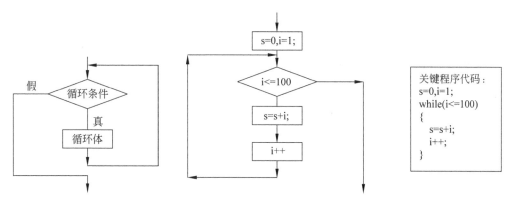

图 3.1　while 循环的流程图　　　　图 3.2　例 3.1 的流程图

例 3.1　应用 while 循环求 $1+2+\cdots+100$ 的和。

分析:定义变量 s、i,变量 s 存放加法的和,变量 i 为计数器。设置 s=0,i 从 1 开始。每循环一次,执行 s=s+i;然后 i++,反复执行 100 次,流程图如图 3.2 所示。循环结束后,输出结果。

(1) 选择"开始"→"程序"→Microsoft Visual Studio→Microsoft Visual C++ 6.0→"新建"→"文件"→C/C++ Source File,在文件对话框中输入文件名 3-1。

(2) 编辑 3-1.cpp 文件。

```
/////////////////////////////////////
///////// 文件名 3-1.cpp /////////////////
/////////////////////////////////////
#include<iostream.h>
int fun(int n)          //函数 fun,功能是通过循环计算 1+2+3+…+n
{
    int i=1,s=0;
    while(i<=n)
    {
        s=s+i;
        i++;
    }
    return s;           //返回到所调用的函数,在此是 main 函数
}

int main()
{
```

```
    int n,s;
    cin>>n;
    s=fun(n);            //s 的值来自于 fun 函数的返回值
    cout<<n<<"!="<<s<<endl;
    return 0;
}
```

(3) 按 F5 键,编译程序。

(4) 按 Ctrl+F5 键运行程序,查看程序的运行结果。

在例 3.1 中,文件 3-1.h 与文件 3-1.cpp 也可以写成定义类与对象的形式,定义一个自然数加法类 add。程序代码如下,请读者自行调试。

```
///////// 文件名 3-1.h ////////////////
#include<iostream.h>
class add
{
private:
    int n;
public:
    add(int x){n=x;}
    int sum()
    {
        int i=1,s=0;
        while(i<=n)
        {
            s=s+i;
            i++;
        }
        return s;
    }
    void print()
    {
        cout<<"1+2+…+"<<n<<"="<<sum()<<endl;
    }
};
//////////////////// 文件名 3-1.cpp ////////////////////////////
#include "3-1.h"
int main()
{
    add A(100);
    A.print();
}
```

注意:在循环中有可能出现循环条件永远为真的情况,这个时候程序将无限循环下去,称为死循环。除非强制退出程序,否则程序无法结束。在程序设计过程中应该避免这种情况。

下面的程序是一个死循环的例子,条件永远都是成立的。

```
#include<iostream.h>
int main()
{
    int i=1;
    while(i)
    {
      cout<<i;
      i++;
    }
    return 0;
}
```

上机操作练习 1

定义一个类,类中有两个私有的整型数据。定义一个成员函数求这两个整数之间所有自然数的和,定义必要的构造函数、成员函数。

例 3.2 定义一个类,类中有两个整型数 a、b。类中有构造函数与成员函数 exec,此函数的功能是输出这两个数 a、b 之间的所有奇数。

分析:设输入的两数为奇数,循环变量 i 从 a 开始。每循环 1 次,输出 i,之后将 i 的值增 2。循环的条件是 i<=b,输出的 i 即为 a~b 之间的奇数。流程图如图 3.3 所示。

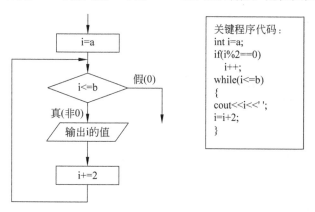

图 3.3 例 3.2 的流程图

相关知识介绍:判断整型数 i 是奇数还是偶数可用 if 语句。如条件 i%2==0 为真,则 i 为偶数,否则为奇数。

if 语句的格式一:

if (条件)
  语句块 1

此格式中如果条件为真,则执行语句块 1。如果条件为假,则跳过语句块 1。通常情况下语句块 1 用花括号括起来①。

(1) 选择"开始"→"程序"→Microsoft Visual Studio→Microsoft Visual C++ 6.0→"新建"→"文件"→"C++ Header File 及 C/C++ Source File 中建立头文件与应用程序文件",在文件对话框中输入文件名 3-2。

(2) 编辑 3-2.h 及 3-2.cpp 文件。

```cpp
//////////// 文件名 3-2.h ////////////////////////
#include<iostream.h>
class data
{
private:
    int a,b;
public:
    data(int x,int y){a=x;b=y;}
    void exec()
    {
        int i=a;
        if(i%2==0)
            i++;
        while(i<=b)
        {
            cout<<i<<' ';
            i=i+2;
        }
        cout<<endl;
    }
};
/////////////////// 文件名 3-2.cpp ////////////////////
#include "3-2.h"
int main()
{
    int x,y;
    cin>>x>>y;
    data A(x,y);
    A.exec();
    return 0;
}
```

(3) 按 F5 键,编译程序。
(4) 按 Ctrl+F5 键运行程序,查看程序的运行结果。

---

① 例如:要求输出整型数为 i 的奇数,if 语句写为:
```
if(i%2==1)
    cout<<i<<endl;
```

思考：若要输出 1～100 之间的所有偶数,程序该如何更改?

例 3.3 求数列 s＝1＋1/2＋1/3＋1/4＋…＋1/n 的和,直到精度达到 0.0001 为止。要求输出数列的和及 n 的值。

分析：定义一个类,类中有三个私有数据 ex、sum、n,分别表示该类序列的精度、和及计算到第 n 项才达到精度。流程图如图 3.4 所示。

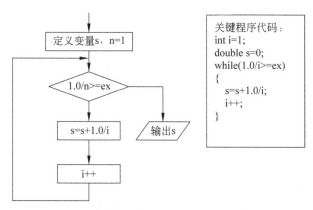

图 3.4 例 3.3 的流程图

(1) 选择"开始"→"程序"→Microsoft Visual Studio→Microsoft Visual C++ 6.0→"新建"→"文件"→"C++ Header File 及 C/C++ Source File 中建立头文件与应用程序文件",在文件对话框中输入文件名 3-3。

(2) 编辑 3-3.h 及 3-3.cpp 文件。

```
/////////// 文件名 3-3.h ///////////////////////////
#include<iostream.h>
class caldata
{
private:
    double ex;
    double sum;
    int n;
public:
    caldata(double a){ex=a;}
    void show(){cout<<"sum="<<sum<<" n="<<n<<endl;}
    void cla()
    {
        int i=1;
        double s=0;
        while(1.0/i>=ex)
        {
            s=s+1.0/i;
            i++;
        }
```

```
            sum=s;
            n=--i;
        }
};
//////////////////// 文件名 3-3.cpp
#include "3-3.h"
int main()
{
    double e;
    cin>>e;
    caldata A(e);
    A.cla();
    A.show();
    return 0;
}
```

(3) 按 F5 键,编译程序。

(4) 按 Ctrl+F5 键运行程序,查看程序的运行结果。

注意:程序中的 1.0/n 不能写成 1/n,请读者自己思考为什么。

上机操作练习 2

仿照程序 3.3,求数列 s=1-1/2+1/3-1/4+1/5-…+1/n 的和,直到精度达到 0.0001 为止。输出数列的和及 n 的值。

3.2　do-while 循环程序设计

do-while 循环与 while 循环不同。后者是前测试循环,即条件测试在进入循环前进执行;而 do-while 是先执行一次循环,然后再测试条件。如果条件为"真"则继续执行循环,否则退出循环。由此说明 do-while 至少将执行一次循环,而 while 循环则可能一次循环都不执行。do-while 循环的流程图如图 3.5 所示。

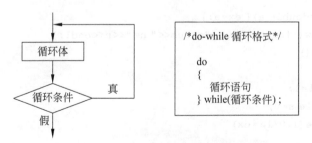

图 3.5　do-while 循环的流程图

注意:在 do-while 循环中,while 括号后面不能忘记";"。

大部分情况下,能用 while 循环实现的功能也能用 do-while 循环实现,但有的时候用 do-while 循环实现较简单,具体要根据实际情况来判定。有时候用 while 循环和用 do-while 循环会得到不同的结果。

以下两个程序分别使用了 while 和 do-while 循环。程序在运行时,输入 1 时,条件都满足输出结果一样,当输入 11,while 循环的程序,循环条件不满足,输出结果不同。

```
#include<iostream.h>
int main()
{   int sum=0, i;
    cin>>i;
    while(i<=10)
    {   sum+=i;
        i++;
    }
    cout<<"sum="<<sum<<endl;
    return 0;
}
```

```
#include<iostream.h>
int main()
{   int sum=0, i;
    cin>>i;
    do
    {   sum+=i;
        i++;
    } while(i<=10);
    cout<<"sum="<<sum<<endl;
    return 0;
}
```

运行情况 1：

1 ↙
sum=55

1 ↙
sum=55

运行情况 2：

11 ↙
sum=0

11 ↙
sum=11

分析：在第一种情况下,开始时循环条件都满足,两个程序运行结果相同；在第二种情况下,循环条件不满足,第一个程序不执行循环体,而第二个程序执行了一次循环体。

例 3.4 定义一个类,类中有一个整型的私有数据,此类的功能是按低位开始输出它各个位置上的数字。例如：531 输出 135。

分析：先求出 531 除以 10 的余数,得到 1；将 531 除以 10 得到 53；再求 53 对 10 的余数,得到 3；将 53 除以 10,得到 5。这样可将 1,3,5 全部分解出来。

执行过程：设被除数 m,余数 n。

(1) 当 m 不为 0 时,执行循环体转(2),否则循环结束。

(2) n＝m％10；

(3) m＝m/10；

(4) 重复(1),直到 m＝0 为止。

所有得到的 n 便为分解得到的数字,循环的条件为 m!＝0。

操作步骤如下：

(1) 选择"开始"→"程序"→Microsoft Visual Studio→Microsoft Visual C++ 6.0→"新建"→"文件"→"C++ Header File 及 C/C++ Source File 中建立头文件与应用程序文件",在文件对话框中输入文件名 3-4。

(2) 编辑 3-4.h 及 3-4.cpp 文件。

程序设计为：

```cpp
//////////// 文件名 3-4.h ////////////////////////
#include<iostream.h>
class invdata
{
private:
    int m;
public:
    invdata(int a){ m=a;}
    void show()
    {
        while(m)
        {
            cout<<m%10;
            m=m/10;
        }
        cout<<endl;
    }
};

//////////// 文件名 3-4.cpp////////////////////////
#include "3-4.h"
void main()
{
    int m;
    cin>>m;
    invdata A(m);
    A.show();
}
```

(3) 按 F5 键，编译程序。

(4) 按 Ctrl+F5 键运行程序，查看程序的运行结果。

上机操作练习 3

模仿例 3.4 的程序，定义一个类，类的功能是把一个整型数逆序后构成一个新的整型数，然后调用成员函数输出的程序。

3.3 for 循环程序设计

3.3.1 for 循环结构

C++ 语言中的 for 循环语句应用比较灵活，虽然主要用于定数循环，但也可用于不定数循环,它完全可以替代 while 循环。

for 语句格式：

for(初始化表达式;条件表达式;增量表达式)
　循环体语句块

其中：
- 初始化表达式：一般是赋值表达式,通常用来给循环变量赋初值。循环变量控制循环是否进行。如果在 for 语句外给循环变量赋初值,此时可以省略该表达式。
- 条件表达式：通常是循环条件,一般为关系表达式或逻辑表达式。
- 增量表达式：通常可用来修改循环变量的值,一般是赋值语句。控制循环变量每循环一次后按什么方式变化。

for 语句的执行过程是：

(1) 计算初始化表达式的值。
(2) 计算条件表达式的值。若值为真(非 0),则执行循环体中的语句,转(3);若值为假(0),则转(4)。
(3) 计算增量表达式的值,转(2)重复执行。
(4) 结束循环。

程序流程图如图 3.6 所示。

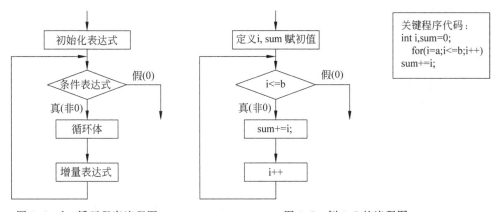

图 3.6　for 循环程序流程图　　　　图 3.7　例 3.5 的流程图

例 3.5　用 for 语句来处理加法的问题。定义一个类,类中有两个整型数 a、b,并有必要的构造函数及成员函数。其中一个成员函数的功能是将 a、b 之间的所有整数相加并输出。

分析：循环变量 i 从 a 开始。在计算求和时,采用循环的方法,把 i 加到 sum,i++后,再把 i 加到 sum,一直加到 b,然后循环结束。程序设计中首先把存放结果的变量 sum 置零,循环变量 i 初值为 a。把 i 加到 sum 中,每循环一次,i 增 1。其流程图如图 3.7 所示。

(1) 选择"开始"→"程序"→Microsoft Visual Studio→Microsoft Visual C++ 6.0→

"新建"→"文件"→"C++ Header File 及 C/C++ Source File 中建立头文件与应用程序文件",在文件对话框中输入文件名 3-5。

(2) 编辑 3-5.h 及 3-5.cpp 文件。

```
/////////// 文件名 3-5.h
#include<iostream.h>
class data
{
private:
    int a,b;
public:
    data(int x,int y){a=x;b=y;}
    void exec()
    {
        for(int sum=0,int i=a;i<=b;i++)
            sum=sum+i;
        cout<<sum<<endl;
    }
};
/////////////// 文件名 3-5.cpp ////////////////////
#include "3-5.h"
int main()
{
    int x,y;
    cin>>x>>y;
    data A(x,y);
    A.exec();
    return 0;
}
```

(3) 按 F5 键,编译程序。

(4) 按 Ctrl+F5 键运行程序,查看程序的运行结果。

例 3.6 用 for 语句来处理定积分的问题。定义用于定积分的类 intf,此类可以应用任何函数求定积分,只需要改写 double f(double x)函数即可。类中有两个私有数据 double left,right;分别表示积分的下上限。积分函数 sum 中用 for 语句,把一系列微梯形相加,最后得到积分值。本程序可以更改函数 f,求出任何函数的积分。

分析:在积分函数 sum 中,把积分区间分成 n 个梯形。n 越大,积分精度越高。循环变量 i 从 left 开始到 right 结束。在计算面积求和时,采用循环的方法,把微梯形加到 s。程序代码为:

```
#include<iostream.h>
#include<math.h>
double f(double x)
```

```
{
    return x;
}

class intf
{
    private:
        double left,right;
    public:
        intf(double a,double b){left=a;right=b;}
        double sum();
};
double intf::sum( )
{
    int n=100,i;
    double s=0,h=(right-left)/n;
    for(i=0;i<n;i++)
        s=s+(f(left+i*h)+f(left+(i+1)*h))*h/2;
    return s;
}

int main()
{
    double left,right;
    cin>>left>>right;
    intf A(left,right);
    cout<<"\n积分值为:"<<A.sum()<<endl;
    return 0;
}
```

思考：

（1）求函数 $y=5e^x$ 在 1～3 之间的定积分。

（2）下列程序的输出是什么？

```
#include<iostream.h>
#include<iostream.h>
#include<iomanip.h>
void fib(int n)
{
    int a=1,b=1,j,f;
    for(j=3;j<=n+2;j++)
    {
        f=a+b;
```

```
            a=b;
            b=f;
            cout<<setw(6)<<f;
            if((j-2)%5==0)
                cout<<endl;
        }
}
int main()
{
        int n;
        cin>>n;
        fib(n);
        return 1;
}
```

上机操作练习 4

(1) 定义一个类,类中有一个整型的私有数据 n。如 n 为偶数,求表达式 $2+4+6+\cdots+n$ 的和;如 n 为奇数,求表达式 $1+3+5+\cdots+n$ 的和。

(2) 定义一个求阶乘的类,用 for 语句求这个数的阶乘。在测试的应用程序中输入一个 1~10 间的自然数。例如输入 5,输出为: 5!=120。

(3) 用 for 循环求 $s=1!+2!+3!+4!+5!$。

3.3.2 for 语句的几种变形

for 语句中的各表达式都可是逗号表达式,也可都省略,但分号作为间隔符不能少。

例 3.7 将从键盘输入的正整数按逆序输出在屏幕上。例如输入 3456,输出为 6543。

分析:将从键盘输入的正整数对 10 取余数,先输出最低位,然后将这个正整数除以 10,再将余数输出,再除 10,直到这个数为 0。

(1) 选择"开始"→"程序"→Microsoft Visual Studio→Microsoft Visual C++ 6.0→"新建"→"文件"→"C++ Header File 及 C/C++ Source File 中建立头文件与应用程序文件",在文件对话框中输入文件名 3-7。

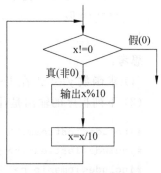

图 3.8 例 3.7 的流程图

(2) 编辑 3-7.h 及 3-7.cpp 文件。

```
//////////////// 文件名 3-7.h ////////////////
#include<iostream.h>
class data
{
```

```cpp
private:
    int x;
public:
    data(int a){x=a;}
    void invshow()
    {
        for(; x; )
        {
            cout<<x%10;
            x=x/10;
        }
        cout<<endl;
    }
};
////////////////// 文件名 3-7.cpp //////////////////
#include "3-7.h"
int main()
{
    int a;
    cin>>a;
    data A(a);
    A.invshow();
    return 0;
}
```

(3) 按 F5 键,编译程序。

(4) 按 Ctrl+F5 键运行程序,查看程序的运行结果。

3456 ↲
6543

在循环变量已赋初值时,可省去初始化表达式。

思考:输入一行字符并计算出字符个数,要求循环体是空语句的 for 语句实现。

提示:程序中的循环条件为 getchar( )!='\n',判断从键盘输入的字符是不是回车。增量表达式用于字符计数,而不是用来修改循环变量。所有的工作在表达式中都已完成,循环体是空语句了,注意此时空语句的分号不可少。关键的语句可写为:

```cpp
for(;getchar()!='\n';n++);
```

3.4　break 语句和 continue 语句

break 语句可以应用于 switch 语句与循环语句中。在循环体中,当程序执行到 break 后,立即退出循环。

continue 语句只能位于循环体内。执行 continue 语句后,continue 语句到循环体末尾之间的语句会被跳过,但会接着执行下一次循环。break 语句和 continue 语句往往与 if 语句一起使用。if 语句将在以后的章节中详细讲到,其中一个格式如下:

```
if (条件)
    语句块 1
else
    语句块 2
```

当括号中的条件(逻辑值)为真时,执行语句块 1;条件为假时,执行语句块 2[①]。

例 3.8 判断某整数 m 是否是素数,m 从键盘输入。

分析:采用这样的算法:让 m 被 $2\sim\sqrt{m}$ 除。如果 m 能被 $2\sim\sqrt{m}$ 之中的任何一个整数整除,则提前结束循环,此时 i 必然小于或等于 $\sqrt{m}$;如果 m 不能被 $2\sim\sqrt{m}$ 之间的任何一个整数整除,则在完成最后一次循环后,i 再加上 1,因此 $i=\sqrt{m}+1$,然后才终止循环。在循环之后判别 i 的值是否大于或等于 $\sqrt{m}+1$。若是,则表明未曾被 $2\sim\sqrt{m}$ 之间的任意整数整除过,因此输出是素数。程序流程图如图 3.9 所示。

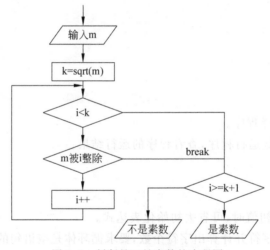

图 3.9 判断是否是素数的流程图

(1) 选择"开始"→"程序"→Microsoft Visual Studio→Microsoft Visual C++ 6.0→"新建"→"文件"→C/C++ Source File,在文件对话框中输入文件名 3-8。

(2) 编辑 3-8.cpp 文件。

```
#include<iostream.h>
```

---

① 例如:对时间中的分钟 m 进行描述时,每过 1 分钟,分针就增 1;当 m 到 59 分钟时,时钟 h 加 1,分针清 0。
```
if(m>=59)
    {h++; m=0; }
else
    m++;
```

```
#include<math.h>
int main()
{
    int i, m, k;
    i=2;
    cin>>m;
    k=sqrt(m);
    while (i<=k)
    {
        if (m%i==0)
            break;
        i++;
    }
    if (i>=k+1)
        cout<<m<<"是素数"<<endl;
    else
        cout<<m<<"不是素数"<<endl;
    return 0;
}
```

(3) 按 F5 键,编译程序。

(4) 按 Ctrl+F5 键运行程序,查看程序的运行结果。

13 ↙
13 是素数

思考：上题中为什么只判断 m 是否能被 $2\sim\sqrt{m}$ 之间的某一整数整除,而不需要判断 m 能否被 $2\sim m-1$ 之间的某一整数整除,请读者自行思考。

例 3.9 随机产生 100 个数,然后把小于等于 50 的数相加,最后输出结果。程序可设计为：

```
#include<iostream.h>
#include<stdlib.h>
#include<time.h>
void main()
{
int n,i,sum=0;
srand((int)time(0));
for(i=0;i<100;i++)
  {
  n=100*rand()/32767;
  if(n>50)
  continue;
  sum=sum+n;
  }
cout<<sum<<endl;
}
```

分析：srand 是产生随机种子的函数,函数 rand 是产生 0~32 767 之间的一个数。经过 100 * rand()/32 767 转换后的表达式产生是 0~100 之间的数。语句 if(n>50) continue;表示当 n>50 时,回到 for 循环的 i++处,跳过语句 sum＝sum＋n；

请阅读下列程序,写出程序的执行功能。

```
#include<iostream.h>
#include<stdlib.h>
#include<time.h>
class srandsum
{
private:
    int a,b;
public:
    srandsum(int x,int y){a=x;b=y;}
    int exec()
    {
    int n,i,sum=0;
    srand((int)time(0));
    for(i=0;i<b;i++)
    {
        n=100*rand()/32767;
        if(n>a)
            continue;
        sum=sum+n;
    }
    return sum;
    }
};

int main()
{
    int a,b;
    cin>>a>>b;
    srandsum A(a,b);
    cout<<A.exec()<<endl;
    return 0;
}
```

3.5 循环嵌套的应用

循环嵌套是一个循环之中包含了另一个循环。C 语言对循环嵌套没有任何限制,只是每个内部循环必须完全位于外部循环中,而不能相互交叠。

例 3.10 编写一个程序,可以根据用户的需要连续判断一批整数是否为素数。例如:输入一个整数,判断它是否为素数后,系统提示用户是否还需判断其他整数。程序可以根据用户的输入进行操作。

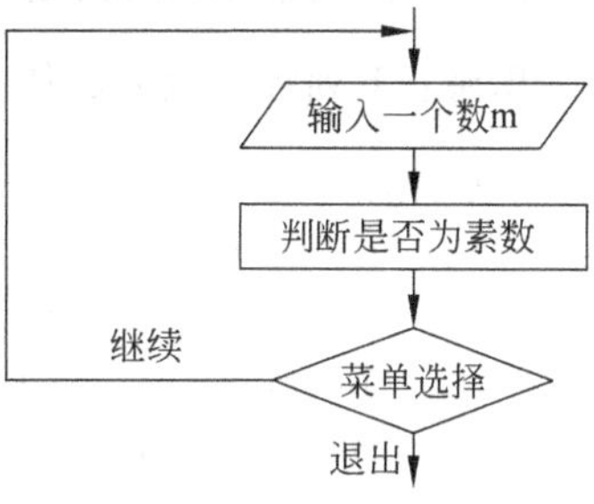

分析:设计一个无限循环,当输入 1 时继续测试数字,输入 0 则退出循环。流程图如图 3.10 所示。

(1) 选择"开始"→"程序"→Microsoft Visual Studio→Microsoft Visual C++ 6.0→"新建"→"文件"→C/C++ Source File,在文件对话框中输入文件名 3-10。

(2) 编辑 3-10.cpp 文件。

图 3.10 流程图

```
#include<iostream.h>
#include<math.h>
int main()
{
int i,m,k,c;
do
{  i=2;
cout<<"请输入要判断的数";
cin>>m;
k=sqrt(m);
while (i<=k)
{
  if (m%i==0) break;
    i++;
}
if (i>=k+1)
  cout<<m<<"是素数\n";
else
  cout<<m<<"不是素数"<<endl;
cout<<"输入 1 继续,输入其他数字退出:";
cin>>c;
if (c==1)
  continue;
else
  break;
}while(1);              /*无限循环*/
}
```

(3) 按 F5 键,编译程序。
(4) 按 Ctrl+F5 键运行程序,查看程序的运行结果。

4 ↙
4 不是素数
输入 1 继续,输入其他数字退出:1 ↙

11 √
11是素数
输入1继续,输入其他数字退出 0

思考:下列程序段完成什么功能?为什么?

```
int i,j;
for(i=3;i<=100;i++)
{
    for(j=2;j<=i-1;j++)
        if(i%j==0)
            break;
        if(i==j)
            cout<<i<<" ";
}
cout<<"\n";
```

例3.11 设计一个类,类定义为:

```
class graphic
{
private:
    int n;
    char ch;
public:
    graphic (int a,char c);
    void show();
};
```

在main函数中定义一个对象graphic A(5,'*');,对象调用函数A.show()时,程序输出为:

```
* * * * *
  * * * *
    * * *
      * *
        *
```

定义对象graphic A(3,'#');,初始化对象时,程序输出为:

```
###
##
#
```

分析:设graphic A.(5,'*');初始化对象时,外循环5次,循环语句为for(i=0;i<5;i++);然后循环空格,循环语句为 for(j=0;j<i;j++);内层循环5次,循环语句为for(k=0;k<5-i;k++) cout<<" * ";。

程序的关键代码如下：

```
for(i=0;i<5;i++){
   for(j=0;j<i;j++)
cout<<" ");
   for(k=0;k<5-i;k++)
cout<<"*";
   cout<<endl;
}
```

(1) 选择"开始"→"程序"→Microsoft Visual Studio→Microsoft Visual C++ 6.0→"新建"→"文件"，在 C++ Header File 及 C/C++ Source File 中建立头文件与应用程序文件，在文件对话框中输入文件名 3-11，编辑 3-11.h 及 3-11.cpp 文件。

(2) 编辑 3-11.h 及 3-11.cpp 文件。

```
///////3-11.h/////////////
#include<iostream.h>
class graphic
{
private:
    int n;
    char ch;
public:
    graphic(int a,char c);
    void show();
};

graphic::graphic(int a,char c)
{
n=a;ch=c;
}

void graphic::show()
{
for(int i=0;i<n;i++){
    for(int j=0;j<i;j++)
        cout<<' ';
    for(int k=0;k<n-i;k++)
        cout<<ch;
    cout<<endl;
}
}

///////3-11.cpp/////////////
#include "3-11.h"
```

第 3 章 循环程序设计

```
int main()
{
    int a;
    cout<<"请读入一个整数"<<endl;
    cin>>a;
    cout<<"请读入一个字符"<<endl;
    char ch;
    cin>>ch;
    graphic A(a,ch);
    A.show();
    return 0;
}
```

(3) 按 F5 键,编译程序。

(4) 按 Ctrl+F5 键运行程序,查看程序的运行结果。

思考:下列程序有什么功能?

```
#include<iostream.h>
const SIZE=100;
void main()
{
int i,j,data[120],temp;
int min_a;
cout<<"\n Please input "<<SIZE<<" int: ";
for(i=0;i<SIZE;i++)
    cin>>data[i];
for(i=0;i<SIZE;i++)
{
    min_a=i;
    for(j=i;j<SIZE;j++)
        if(data[j]<data[min_a])
            min_a=j;
    temp=data[min_a];
    data[min_a]=data[i];
    data[i]=temp;
}
```

```
cout<<"\n After sorted:";
for(i=0;i<SIZE;i++)
    cout<<" "<<data[i]<<" ";
}
```

习　　题

1. 请改正下列程序的错误,改正后的程序写在右边的空白处,并上机调试检验。
(1)

```
#include<iostream.h>
void main()
{
 int i,s;
 i=1;
 while(i<=100);
    s=s+i;
    i++;
 cout<<"1+2+3+…+99+100="<<s<<endl;
}
```

(2)

```
#include<iostream.h>
void main()
{
 int i,s;
 i=1;
 s=0;
 while(i<=100)
    s=s+i;
    i++;
 cout<<"1+2+3+…+99+100="<<s<<endl;
}
```

(3)

```
#include<iostream.h>
void main()
{
 int i,s;
 for(i=1;s=0;i<=100;i++);
 {
    s=s+i;
    i++;
```

```
    }
     cout<<"1+2+3+…+99+100="<<s<<endl;
}
```

2. 定义一个类,类的功能是计算一个整数的阶乘,整数从应用程序(main)中输入。

3. 应用习题 2 中的阶乘类,在应用程序中输入一个 5~10 之间的整数 n,求 1!+2!+3!+…+n!。例如输入 5,输出为:1!+2!+3!+…+5!=153

4. 编写一个类,类的功能是将一个十进制数转换成二进制数。

5. 编写一个程序,对给定的一维整型数组 a,数组元素个数为 20 个,现要求把数组中的最大元素和 a[0]进行交换,其他位置的元素都不动。

6. 定义一个类,类的功能是求二维整型数组中元素的最小值。二维数组的元素在应用程序中从键盘输入,输出数组中的最小值。

7. 假如班级里有 15 个同学,请将这 15 个同学的成绩输入数组,然后统计不及格的人数。

8. 在屏幕上输出以下内容:

1
12
123
1234
12345
123456
1234567
12345678
123456789

9. 输入一个自然数,输出它的因子。如输入 12,输出 2,2,3;输入 7,输出 7。

10. 猜数字游戏。编写一个程序,随机产生一个正整数,让人猜这个数字。每猜一次,计算机会告诉他是大了还是小了。当猜对了,计算机将祝贺他,并告诉他一共猜了多少次。

提示:程序中 num 将产生随机产生一个正整数。

```
#include <math.h>
#include <stdlib.h>
#include <time.h>
int main(void)
{
    int num;
    clrscr();
    srand((unsigned) time(NULL));
    num=rand();
     ⋮
```

第 4 章 分支程序设计

本章重点
- if 语句的三种形式；
- if 语句的应用；
- if-else 语句的应用；
- if-else if 语句的应用；
- if 嵌套语句的应用；
- switch 语句的程序流程；
- switch 语句的应用。

本章难点
- if-else if 的使用；
- if 嵌套语句的使用；
- if 语句与循环语句的联合使用；
- switch 语句的程序流程；
- 嵌入到循环中的 switch 语句的使用。

本章导读

建议着重理解 if 语句的语法，if 括号中的条件表达式。因此，要正确理解 if 语句中表达式的用法，在实际应用中 if 语句通常与循环语句一起使用。switch 语句的用法虽然简单，但使用过程中也容易犯错。建议在学习过程中着重理解 break 语句的使用，注意 case 后面的常量或表达式。应注意关系运算表达式、逻辑运算表达式所引起的错误，要注意 switch 中表达式的类型与常量的类型必须一致，同时要注意在 case 分支后是否有 break 语句所引起的程序走向。

4.1 if 语句的应用

在现实生活中，每天都会根据实际情况进行某种选择。例如，早上去教室上课，如果出门时下雨，就撑一把雨伞去教室。也就是说，人会根据条件进行行为选择。而计算机也会根据不同情况做出各种逻辑判断，进行一定的选择。在 C++ 语言程序设计中，这样的选择通常是通过判断(if)语句实现的。if 语句形式之一：

if(表达式)
 语句块

功能：如果表达式为"真"(非 0)，则执行语句；否则执行 if 后面的语句。程序流程图如图 4.1 所示。

例 4.1 编写函数 fun，其功能是从键盘输入一个数。如果该数大于 0，输出该数的平方根，当输入 0 时结束。设函数返回值类型为 void，并进行调度。

分析：首先要给定一个变量，假设给定的变量是 x；然后接收键盘输入的数，再判断该数的值是否大于零。如果大于零，则输出该数的平方根，输入 0 时结束。

流程图如图 4.2 所示。

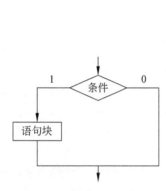
图 4.1 if 语句流程图

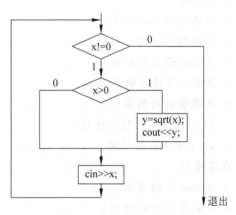
图 4.2 单分支程序流程图

(1) 选择"开始"→"程序"→Microsoft Visual Studio→Microsoft Visual C++ 6.0→"新建"→"文件"→C/C++ Source File，在文件对话框中输入文件名 4-1。

(2) 编辑 4-1.cpp 文件。

```
#include<iostream.h>
#include<math.h>
void fun(double x=0)
{
    double y;
    cout<<"请输入一个数:"<<endl;
    cin>>x;
    while(fabs(x)>1e-6)
    {
        if(x>0)
        {
            y=sqrt(x);
            cout<<x<<"平方根是"<<y<<endl;
        }
```

```
        cin>>x;
    }
}

int main()
{
fun();
return 0;
}
```

(3) 按 F5 键，编译程序。

(4) 按 Ctrl+F5 键运行程序，查看程序的运行结果。

注意：当输入的数小于等于 0 时，程序无任何输出。

思考：程序中判断不为 0 的数时为什么用语句：fabs(x)>1e-6？

在例 4.1 中，使用了 if 语句最简单的一种形式。

注意：条件成立时，如果要执行的语句不止一条，而是多条语句，这时就需要把这多条语句用"{ }"括起来，组成复合句或语句块。

扩展阅读：

```
#include <iostream.h>
#include<math.h>
class xsqrt
{
private:
    double x;
public:
    xsqrt(double a=0 ){x=a;}
    void fun();
};

void xsqrt::fun()
{
    double y;
    cout<<"请输入一个数:"<<endl;
    cin>>x;
    while(fabs(x)>1e-6)
    {
        if(x>0)
        {
        y=sqrt(x);
        cout<<x<<"平方根是"<<y<<endl;
        }
        cin>>x;
    }
```

}
int main()
{
    xsqrt A;
    A.fun();
    return 0;
}
```

**上机操作练习 1**

统计某个学生的 8 门课程中有几门课程的成绩是优秀。如果成绩大于或等于 85 分，则该门课程的成绩为优秀。要求在程序中输入某课程的成绩大于或等于 85 分时，输出"该课程成绩优秀!"，同时输出目前已经有几门课程的成绩是优秀了。最后输出该学生的总分和平均分。

## 4.2 if-else 语句的应用

if 语句形式之二：

```
if(表达式)
  语句块 1
else
  语句块 2
```

功能：如果表达式的结果为"真"(非 0)，则执行语句 1，否则执行语句 2。
流程图如图 4.3 所示。

例 4.2 判断从键盘输入的数是正数还是负数，输入数 0 结束程序运行。

分析：数从键盘输入。输入的数如果大于 0，则输出"输入的数是正数"；如果小于 0，则输出"输入的数是负数"；如果等于 0，则程序运行结束。

(1) 选择"开始"→"程序"→Microsoft Visual Studio→Microsoft Visual C++ 6.0→"新建"→"文件"→C/C++ Source File，在文件对话框中输入文件名 4-2。

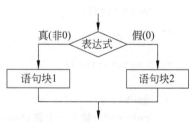

图 4.3 if-else 语句流程图

(2) 编辑 4-2.h 及 4-2.cpp 文件。
程序设计为：

```
//////////////////////文件名 4-2.h/////////////////////
#include<iostream.h>
#include<math.h>
```
```

```cpp
class judge
{
private:
    double x;
public:
    judge(double a=0){x=a;}
    void print()
    {
        if(x>0)
            cout<<x<<"大于 0"<<endl;
        else
            cout<<x<<"小于 0"<<endl;
    }
};
```

(3) 选择"文件"→"新建"→"文件"→C++ Source File,在文件对话框中输入文件名 4-2,编辑 4-2.cpp。

```cpp
////////////////////////文件名 4-2.cpp////////////////////////
int main()
{
    double a;
    cout<<"请输入一个数：";
    cin>>a;
    while(fabs(a)>1e-6)
    {
        judge A(a);
        A.print();
        cin>>a;
    }
    return 0;
}
```

(4) 按 F5 键,编译程序。

(5) 按 Ctrl+F5 键运行程序,查看程序的运行结果。

请输入一个数：
3
3大于 0
5
5大于 0
-8
-8小于 0
0

例 4.3 设计一个类,类中有个成员函数处理来自从键盘输入的数据。如果该数大于 0,输出该数的平方根,否则输出"该数小于 0"。当输入 0 时结束。请在 main 函数中调试。

分析:首先要给定一个变量,假设给定的变量是 x;然后接收键盘输入的数,要判断该数的值是否大于零。如果大于零,则输出该数的平方根,否则输出"该数小于 0"。输入 0 时结束。程序流程图如图 4.4 所示。

(1) 选择"开始"→"程序"→Microsoft Visual Studio→Microsoft Visual C++ 6.0→"新建"→"文件"→C/C++ Source File,在文件对话框中输入文件名 4-3。

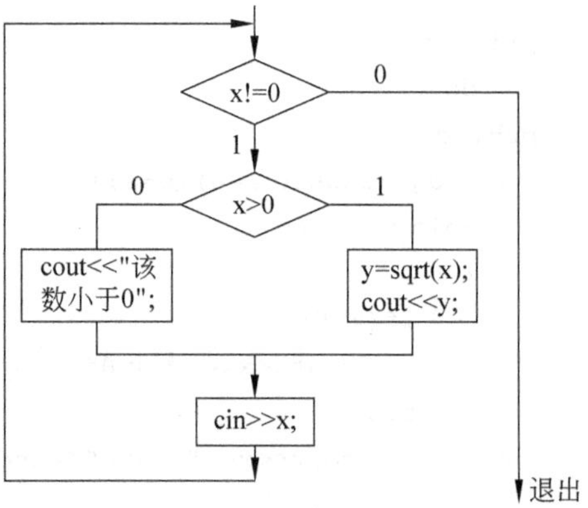

(2) 编辑 4-3.cpp 文件。

图 4.4 双分支程序流程图

```
#include <iostream.h>
#include<math.h>
class xsqrt
{
private:
    double x;
public:
    xsqrt(double a=0){x=a;}
    void fun();
};

void xsqrt::fun()
{
    double y;
    cout<<"请输入一个数:"<<endl;
    cin>>x;
    while(fabs(x)>1e-6)
    {
        if(x>0)
        {
        y=sqrt(x);
        cout<<x<<"平方根是"<<y<<endl;
        }
        else
            cout<<"数"<<x<<"小于 0,无平方根"<<endl;
        cin>>x;
    }
}

int main()
```

```
{
    xsqrt A;
    A.fun();
    return 0;
}
```

(3) 按 F5 键,编译程序。

(4) 按 Ctrl+F5 键运行程序,查看程序的运行结果。

上机操作练习 2

编写一个加法类。在测试的 main 函数中应用 stdlib.h 中的随机函数 rand,随机产生 1~100 中的两个数,传给类中的成员让练习者求出两数的和。每题练习次数不超过 3 次。答对了则打印"真棒,恭喜您答对了",否则显示"真遗憾,答错了"。在测试函数中的测试题目数量由测试者控制。程序参考代码为:

```
#include<iostream.h>
#include<stdlib.h>
class addnum
{
private:
    int a,b;
public:
    addnum(int x,int y){a=x;b=y;}
    void print()
    {
        int i=0,c;
        cout<<"给出题目后请输入答案"<<endl;
        while(i<3)
        {
            cout<<a<<"+"<<b<<"=";
            cin>>c;
            if(a+b==c)
            {
                cout<<"真棒,恭喜您答对了"<<endl;
                break;
            }
            else
                cout<<"真遗憾,答错了"<<endl;
            i++;
        }
    }
};
```

```
#include<time.h>
void main()
{
    int i,j,sum;
    char ch;
    while(1)
    {
        srand((unsigned)time(NULL));
        i=rand()%100;
        j=rand()%100;
        addnum A(i,j);
        A.print();
        cout<<"继续下一题(y/n):";
        cin>>ch;
        if(ch=='n')
            break;
    }
}
```

上机操作练习 3

1. 调试程序,下列程序是用二分法求解 $f(x)=0$ 的根,函数为 $f(x)=2x^3-2x^2-6x-3$,求区间 $-10 \sim 10$ 之间的根。

```
#include<iostream.h>
#include<math.h>
float f(float x)
{
    return 2*x*x*x-2*x*x-6*x-3;
}
int main()
{
    float left,right,middle,ym,yl,yr;
    do
    {
        cout<<"请输入左、右边界:"<<endl;
        cin>>left>>right;
        yl=f(left);
        yr=f(right);
    }while(yl*yr>0);
    do
    {
        middle=(right+left)/2;
        ym=f(middle);
```

```
        if(yr*ym>0)
        {
            right=middle;
            yr=ym;
        }
        else
        {
            left=middle;
            yl=ym;
        }
    }while(fabs(ym)>=1e-6);
    cout<<"\n方程的根是:"<<middle<<endl;
}
```

上机操作练习 4

1. 改写上述程序,用类的方式求解方程,把类定义为:

```
#include<iostream.h>
#include<math.h>
float f(float x)
{
    return 2*x*x*x-2*x*x-6*x-3;
}

class funroot
{
    private:
        float left,right;
    public:
        funroot(float a,float b){left=a;right=b;}
        float root();
};
float funroot::root()
{
    float left,right,middle,ym,yl,yr;
    do
    {
        cout<<"请输入左、右边界: "<<endl;
        cin>>left>>right;
        yl=f(left);
        yr=f(right);
    }while(yl*yr>0);
    do
    {
```

```
            middle=(right+left)/2;
            ym=f(middle);
            if(yr*ym>0)
            {
                right=middle;
                yr=ym;
            }
            else
            {
                left=middle;
                yl=ym;
            }
        }while(fabs(ym)>=1e-6);
        return middle;
}
```

把含有main函数的应用程序设计为：
```
int main()
{
    float left,right;
    funroot A(left,right);
    cout<<"\n方程的根是:"<<A.root()<<endl;
    return 0;
}
```

请编写类的成员函数root，并调试程序。

2. 编写程序求解函数 $f(x)=x*x-2*x-6$ 的根。

4.3　if-else if 语句的应用

if 语句形式之三：

if(表达式 1)
　　语句 1
else if(表达式 2)
　　语句 2
else if(表达式 3)
　　语句 3
　　　⋮
else if(表达式 m)
　　语句 m
else
　　语句 n

功能：如果表达式 1 的结果为"真"，则执行语句 1，退出 if 语句；否则去判断表达式 2。如果表达式 2 的结果为"真"，则执行语句 2，退出 if 语句；否则去判断表达式 3。如果表达式 3 的结果为"真"，则执行语句 3，退出 if 语句；否则去判断表达式 3 后面的表达式……，如果表达式 m 的结果为"真"，则执行语句 m，退出 if 语句；否则去执行语句 n。

程序流程图如图 4.5 所示。

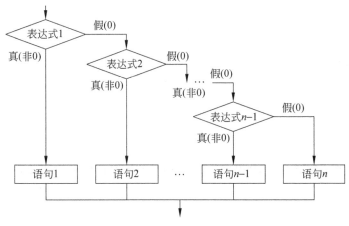

图 4.5 if-else if 流程图

例 4.4 设计 count 类。类的功能是分别统计字符串 str 中字母字符、数字字符、空格字符及其他字符的个数。

分析程序中需要用：

```
if(条件表达式 1)
else if(条件表达式 2)
else if(条件表达式 3)
…
if
```

假定字母字符个数为 a，数字字符个数为 n，空格字符个数为 s，其他字符个数为 o，类中私有数据为字符数组 str，公有成员函数为构造函数及统计函数。

```
#include<iostream.h>
#include<string.h>
#include<stdio.h>
class count
{
    private:
        char str[100];
    public:
        count(char s[]){strcpy(str,s);}
        void computer();
};
```

```
void count::computer()
{
    int a=0,n=0,o=0,s=0,i=0;
    while(str[i])
    {
        if(str[i]>='A' && str[i]<='Z' || str[i]>='a' && str[i]<='z')
            a++;
        else if(str[i]>='0' && str[i]<='9')
            n++;
        else if(str[i]==' ')
            s++;
        else
            o++;
        i++;
    }
    cout<<"字母字符:"<<a<<" 数字字符:"<<n<<" 空格字符:"<<s<<" 其他字符:"<<o<<endl;
}

int main()
{
    char s[100];
    gets(s);
    count A(s);
    A.computer();
    return 0;
}
```

思考：从键盘输入一个数给 x，然后根据 x 的值求下列分段函数的值。

$$y = \begin{cases} 10 & (x>0) \\ 0 & (x=0) \\ -10 & (x<0) \end{cases}$$

输入的数分三种情况：正数、负数、零。流程图如图 4.6 所示。

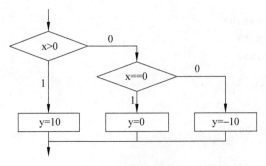

图 4.6 程序流程图

```
#include <iostream.h>
int fun(int x)
{
    int y;
    if(x >0)
        y=10;
    else if(x ==0)
        y=0;
    else
        y=-10;
    return y;
}

int main()
{
    int x;
    cout<<"输入一个数值："<<endl;
    cin>>x;
    cout<<"y="<<fun(x)<<endl;
    return 0;
}
```

4.4　if 嵌套语句的应用

if 语句的嵌套是指 if 语句中又包含了一个或多个 if 语句。

例 4.5　编写一个程序，由键盘输入三个整数作为三角形的三条边，判断是否能构成一个三角形。如能构成，则判断是等边三角形、等腰三角形、直角三角形，还是其他一般的三角形。

分析：设三个整数分别为 a、b、c，构成三角形的条件为：a+b>c&&a+c>b&&b+c>a；构成等边三角形的条件为：a==b&&b==c；构成等腰三角形的条件为：a==b‖b==c‖a==c；构成直角三角形的条件为：a*a+c*c==b*b‖a*a+b*b==c*c‖c*c+b*b==a*a。

(1) 选择"开始"→"程序"→Microsoft Visual Studio→Microsoft Visual C++ 6.0→"新建"→"文件"→C/C++ Source File，在文件对话框中输入文件名 4-5。

(2) 编辑 4-5.cpp 文件。

```
#include <iostream.h>
int fun(int a,int b,int c)
{
    if( a+b>c&&a+c>b&&b+c>a)
    {
```

```
            cout<<"能构成一个三角形"<<endl;
        if (a==b&&b==c)
            cout<<"能构成一个等边三角形"<<endl;
        else if(a==b||b==c||a==c)
            cout<<"能构成一个等腰三角形"<<endl;
        else if(a*a+c*c==b*b||a*a+b*b==c*c||c*c+b*b==a*a)
            cout<<"并且是一个直角三角形"<<endl;
        else
            cout<<"能构成一个一般的三角形"<<endl;
    }
    else
        cout<<"不能构成一个三角形"<<endl;
    return 0;
}

int main()
{
    int a,b,c;
    cout<<"请输入三角形的三条边:"<<endl;
    cin>>a>>b>>c;
    fun(a,b,c);
    return 0;
}
```

(3) 按 F5 键,编译程序。

(4) 按 Ctrl+F5 键运行程序,查看程序的运行结果。

上机操作练习 5

仿照例 4.5,定义一个类。此类的功能是在初始化时给定 3 个参数,类中有成员函数判断这 3 个参数能否构成一个三角形,能构成什么样的三角形。

4.5　switch 的应用

在嵌套使用 if 语句时,如果有特别多的分支,就要对各分支分别进行判断,程序执行效率不高,并且形式复杂。在这种情况下,可考虑使用 switch 语句。

格式:

```
switch(常量表达式)
{
    case 常量表达式 1:
        语句序列 1
```

```
        [break;]
    case 常量表达式 2：
        语句序列 2
        [break;]
          ⋮
    case 常量表达式 n；
        语句序列 n
        [break;]
    default：
        语句序列 n+1
}
```

当执行 switch 语句时，首先计算紧跟其后的一对括号中的表达式的值，然后在 switch 语句体内寻找与该值吻合的 case 标号。如果有与该值相等的标号，则执行该标号后开始的各语句，包括在其后的所有 case 和 default 中的语句，直到 break 语句或 switch 语句体结束。如果没有与该值相等的标号，并且存在 default 标号，则从 default 标号后的语句开始执行，直到 switch 语句体结束。如果没有与该值相等的标号，且不存在 default 标号，则跳过 switch 语句体，什么也不做。流程图见图 4.7。

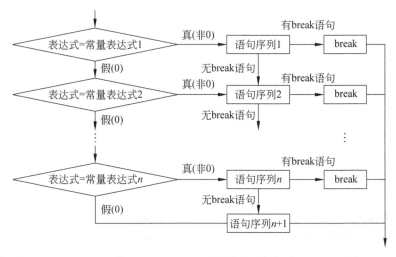

图 4.7　switch 语句执行的流程图

注意：

(1) switch、case、default 是关键字。

(2) switch 语句后面用花括号括起来的部分称为 switch 语句体。

(3) switch 的表达式可以是整型表达式、字符表达式、枚举型表达式等。

(4) case 中常量表达式的类型必须与 switch 的表达式类型相同。各 case 语句标号的值应该互不相同。

(5) default 代表所有 case 标号之外的那些标号。default 标号可以出现在语句体中任何标号位置上。在 switch 语句体中也可以没有 default 标号。

(6) 每个选择支路都以 case 开头。case 的标号后要有":"。每个支路后可以有多个语句。

(7) 必要时,case 语句标号后的语句可以省略不写。

(8) 在关键字 case 和常量表达式之间一定要有空格。

例如,case 10：不能写成 case10：。

例 4.6　求执行下列程序段后 k 的值。

```
char c='2';int k=1;
switch(c+1-'0')
{
    case 2:k+=1;
    case 2+1:k+=2;
    case 4:k+=3;
}
```

解析：switch 中表达式的值为 3,从 case 2+1 入口,执行语句 k+=2;得 k=3,由于此语句后无 break;语句,继续执行 case 4 后语句：k+=3;最后 k=6。

例 4.7　求执行下列程序段后 k 的值。

```
char c;
int k=2;
cin>>c;
switch(c-'A')
{
    case 0:k++;
    case 1:k+=2;break;
    default:k*=k;
    case 4:k*=3;
}
```

问：当程序执行时输入分别为：A、B、C、E 时 k 的值。

解析：当输入'A'时,从 case 0 入口,k 为 3,由于 k++;后无 break;又从 case 1：入口 k 为 5,然后退出 switch 语句;同理当输入'B'时,k 为 4;当输入'C'时,转入 default：k 为 4；k*=k;后无 break;语句,继续执行 case 4 后语句：k*=3;最后 k=12。当输入'E'时,从 case 4 入口,k 为 6。

例 4.8　输入一个数字,用中文输出其对应星期几的程序。假设用 0、1、2…6 分别表示星期日、星期一……星期六。如果输入 3,输出"星期三",用 switch 结构的程序实现更好,使程序运行更有效、结构更简单、程序更能理解。

(1) 选择"开始"→"程序"→Microsoft Visual Studio→Microsoft Visual C++ 6.0→"新建"→"文件"→C/C++ Source File,在文件对话框中输入文件名 4-8。

(2) 编辑 4-8.cpp 文件。

```
#include <iostream.h>
```

```cpp
#include<string.h>
int main()
{
    int day;
    char str[80];
    cout<<"请输入星期的数字编号(0-6): "<<endl;
    cin>>day;
    while(day>6||day<0)
    {
        cout<<"输入有误,请重新输入!"<<endl;
        cin>>day;
    }
    
    switch(day)
    {
        case 0: strcpy(str,"星期日"); break;
        case 1: strcpy(str,"星期一"); break;
        case 2: strcpy(str,"星期二"); break;
        case 3: strcpy(str,"星期三"); break;
        case 4: strcpy(str,"星期四"); break;
        case 5: strcpy(str,"星期五"); break;
        case 6: strcpy(str,"星期六"); break;
    }
    cout<<"今天是: "<<str<<endl;
    return 0;
}
```

(3) 按 F5 键,编译程序。

(4) 按 Ctrl+F5 键运行程序,查看程序的运行结果。

例 4.9 编写一个菜单程序,显示一个菜单,把菜单的选择程序用 switch 语句来实现。

(1) 选择"开始"→"程序"→Microsoft Visual Studio→Microsoft Visual C++ 6.0→"新建"→"文件"→C/C++ Source File,在文件对话框中输入文件名 4-9。

(2) 编辑 4-9.cpp 文件。

```cpp
#include<iostream.h>
int main()
{
    int c;              /* c用于接收键盘输入的菜单编号 */
    do{
        cout<<"*********************菜单*********************"<<endl;
        cout<<"         0. 输入记录"<<endl;
        cout<<"         1. 显示全部记录"<<endl;
        cout<<"         2. 查找记录"<<endl;
```

```
            cout<<"            3.删除记录"<<endl;
            cout<<"            4.插入记录"<<endl;
            cout<<"            5.退出程序"<<endl;
            cout<<"*******************************************"<<endl;
            cout<<"请输入 0-5 选择相应的菜单："<<endl;
            cin>>c;
            cout<<"你选择了"<<c<<endl;
            switch(c)
            {
                case 0: cout<<"0.输入记录"<<endl; break;
                case 1: cout<<"1.显示全部记录"<<endl; break;
                case 2: cout<<"2.查找记录"<<endl; break;
                case 3: cout<<"3.删除记录"<<endl; break;
                case 4: cout<<"4.插入记录"<<endl; break;
                case 5: cout<<"5.退出程序"<<endl; break;
                default: cout<<"\n输入有误！"<<endl;
            }
            cout<<endl;
        }while(c!=5);
        return 0;
    }
```

(3) 按 F5 键,编译程序。

(4) 按 Ctrl+F5 键运行程序,查看程序的运行结果。

```
**********************菜单**********************
            0.输入记录
            1.显示全部记录
            2.查找记录
            3.删除记录
            4.插入记录
            5.退出程序
*************************************************
请输入 0-5 选择相应的菜单：4 ↙
你选择了：4.插入记录
```

上机操作练习 6

调试下列程序,观察程序输出结果,分析程序的功能。

```
#include<iostream.h>
class data
{
private:
    int x,y;
```

```
        char ch;
public:
    data(int a,int b,char c)
    {
        x=a;y=b;ch=c;
    }
    void opre()
    {
        switch(ch)
        {
        case '+':cout<<x<<' '<<ch<<' '<<y<<'='<<x+y<<endl;break;
        case '-':cout<<x<<' '<<ch<<' '<<y<<'='<<x-y<<endl;break;
        }
    }
};
int main()
{
data x(23,45,'+');
x.opre();
}
```

要求改写程序,能运算＋、—、*、/、％,能对除数为 0 的情况进行判断。

注意:

(1) switch 中的常量表达式和 case 语句中的常量表达式数据类型必须一致。常量表达式中不能包含变量。

(2) 多个 case 可以共同使用相同的语句。例如 case 4、case 2 共同使用一个语句,case 3、case 5 共同使用一个语句。

```
switch (s)
{
    case 4:
    case 2: cout<<x<<endl;break;
    case 3:
    case 5: cout<<x*x<<endl;break;
}
```

(3) 每个常量表达式应不相等。case 部分与 default 的顺序可自由书写。

(4) switch 语句可以嵌套,即在一个 switch 语句中可嵌套另一个 switch 语句,但是要注意 break 只能跳出属于同一结构的 switch 语句。

上机操作练习 7

(1) 根据输入字符('0'～'9'及'A'～'F')显示与该字符所表示的十六进制数相对应的十进制数(例如输入'A',输出 10;输入'0',输出 0)。

（2）编写程序实现一个简易计算器。要求先选择运算类型,然后从键盘输入两个数,再输出运算式和运算结果。

习 题

1. 定义一个求绝对值的类,类中有一个私有数据a、三个成员函数(构造函数、求绝对值的函数、输出函数)。在main函数中输入一批数,输出这些数的绝对值,当输入0时结束。

2. 定义一个类,类的功能是求比相邻数大的数据个数。类中有三个私有数据a、b、c,两个成员函数(构造函数、求比相邻数大的数并输出的函数)。在main函数中定义一个对象。输入一批数,类对象用循环的方法调用类的成员函数,输出结果,当输入0时结束。

3. 定义一个把大写字符转换成小写字符的类。类中有一个字符型的私有数据ch、三个成员函数(构造函数、转换函数、输出函数)。在main函数中输入一个字符串,输出转换后的字符串,当输入回车时结束。

4. 输入一批字符,按回车时结束。统计小写字符、大写字符、数字字符及其他字符的个数。

5. 编写一个程序,根据输入的百分制按五分制的成绩输出。百分制与五分制的关系见表4.1。

表4.1 百分制与五分制的关系

百分制	五分制	百分制	五分制
90～100	5	60～69	2
80～89	4	<60	1
70～79	3		

6. 定义一个求百分制与五分制转换的类,此类还有计算绩点的功能。类中有两个私有数据a、b,三个成员函数(构造函数、转换函数、输出函数)。在main函数中输入一批用百分数表示的学生成绩,输出这些成绩所对应的五分制成绩与绩点,当输入0时结束。

7. 定义一个选择函数的类。类中有两个私有数据a、flag,a表示函数的自变量,flag表示函数的选择标志(1,则计算sin(a);2,则计算cos(a);3,则计算tan(a));两个成员函数(构造函数及输出函数)。在main函数中输入一批数,输出这些数的函数值,当输入0时结束。

8. 定义一个类divisor,类中有两个私有整型数据及构造函数与输出函数。请编写程序求这两个整数的最大公约数和最小公倍数。

提示：假定两个整数分别为i,j,最大公约数可由下列函数求得：

```
int fn(int i,int j)
{
```

```
    int t;
    if(i<j)
    {
        t=i;i=j;j=t;
    }
    while(j!=0)
    {
        t=i%j;
        i=j;
        j=t;
    }
    return i;
}
```

最小公倍数可由下列表达式求得：

i*j/fn(i,j)

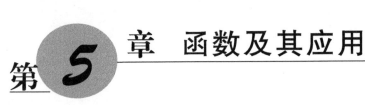
第5章 函数及其应用

本章重点
- 函数的概念；
- 函数的参数传递；
- 默认的函数参数；
- 函数重载与内联函数；
- 变量存储类型与变量生存期、作用域；
- 函数的嵌套调用与递归调用。

本章难点
- 函数的原型；
- 函数的参数传递；
- 函数的定义与默认参数的函数；
- 变量的存储类型与变量的作用域、生存期；
- 函数的递归调用。

本章导读

学习中需要关注为什么要自定义函数以及函数的分类、成员函数与非成员函数、系统函数与自定义函数之分。系统函数调用时要包含相应的库函数，自定义函数定义时一定要认真关注此函数的返回值类型、函数名、函数的参数及参数的适用范围以及函数调用中的实参与函数定义中的形参的对应关系。

5.1 函数的基本概念

函数对读者来说已比较熟悉。类对象中的方法是用函数来实现的，一个实用的C++语言源程序总是由许多函数组成。在这些函数中，可以调用C++语言本身所提供的库函数，也可以调用由用户自己或他人编写的自定义函数。

函数的分类方法很多，可按下列方法来分类：
(1) 自定义函数与系统函数。
(2) 成员函数与非成员函数。

(3) 外部函数与内部函数。

一个 C++ 语言源程序无论包含了多少个函数，C++ 程序总是从 main() 函数开始执行，最后回到 main() 函数。

1. 函数原型

C++ 中的函数不论是系统函数、自定义函数还是类中的成员函数都有一定的格式，即函数原型，它决定了函数的调用规则，其形式为：

函数返回值类型　函数名(形式参数类型列表)；

注意：在函数原型中，函数返回值类型是指调用函数后返回值的类型。函数名取名要符合标识符命名的规则，形式参数列表要标明参数的类型。在函数原型说明中可省略参数名，参数类型之间用','隔开。不论是成员函数、非成员函数、系统函数还是自定义函数都有函数类型。

在函数原型说明中，重要的是给出各形式的类型，而不是形式参数的名字。例如下列两个函数原型的说明效果是相同的。

```
int fun(int x,char ch);
int fun(int,char);
```

思考：

(1) 以下两个函数的原型是否等价？

```
float fun(int a,float b,char c);
float fun(int,float,char);
```

(2) 以下两个函数的原型是否等价？

```
int fun();
int fun(void);
```

2. 函数调用

函数原型只是说明如何对函数进行调用，函数调用时必须严格按照类型吻合的原则调用。例如对函数原型：

```
float fun(int,float,char);
```

必须按以下方式调用：

```
float x ,y;
int a;
char ch;
…
y=fun(a,x,ch);          //函数调用
```

如果是类成员函数或自定义函数，调用前必须先定义函数。函数的定义见 5.3 节。

5.2 系统函数的应用

C++语言提供了丰富的库函数。这些函数包括常用的数学函数、字符函数、字符串函数、时间函数等,如求正弦值的 sin 函数、求平方根值的 sqrt 函数。读者应该学会正确调用这些已有的库函数,而不必自己编写。

调用 C++语言标准库函数时要包含函数库。对每一类库函数,用户都应在源程序中用命令 include 包含该函数相应的函数库。例如,调用数学库函数时,要求程序在调用数学库函数之前包含:♯include<math.h>命令。

例 5.1 求 $z=x^y+c$ 的值,在 C++语言中 x^y 可以通过调用 pow 函数来求得。

分析:计算 x^y 需要应用 pow 函数,pow 函数的函数原型为:

```
double pow(double x,double y)
```

它表示 pow 函数有两个 double 型的形式参数 x、y,调用后的返回值也为 double 型,在表达式调用中可表示为:

```
z=pow(x,y)+c;
```

当 y 为 1.5,x 为 2.3,c 为 3.2 时;其程序设计步骤如下:

(1) 选择"开始"→"程序"→Microsoft Visual Studio→Microsoft Visual C++ 6.0→"新建"→"文件"→C/C++ Source File,在文件对话框中输入文件名 5-1,编辑 5-1.cpp 文件。

```
#include<iostream.h>
#include<math.h>
int main()
{
    double x,y,z,c;
    cout<<"please input x y c"<<endl;
    cin>>x>>y>>c;
    z=pow(x,y)+c;                    /*表达式形式调用函数 pow */
    cout<<"z="<<z<<endl;
    return 0;
}
```

(2) 按 F5 键,编译程序。
(3) 按 Ctrl+F5 键运行程序,查看程序的运行结果。
此程序执行后在屏幕上输出:

```
please input x y c
2.3  1.5  3.2
z=6.688123
```

例 5.2 从键盘输入两个字符串,把这两个字符串连接后输出在屏幕上。

分析：从键盘输入字符串用库函数 gets，应用 strcat 函数连接两个字符串，此函数在 string.h 库中。

（1）选择"开始"→"程序"→Microsoft Visual Studio→Microsoft Visual C++ 6.0→"新建"→"文件"→C/C++ Source File，在文件对话框中输入文件名 5-2，编辑 5-2.cpp 文件。

```
/*功能  连接两个字符串并输出 */
#include<iostream.h>
#include<string.h>
#include<stdio.h>
int main()
{
  char s1[80],s2[80];
  gets(s1);
  gets(s2);
  strcat(s1,s2);
  puts(s1);
  return 0;
}
```

（2）按 F5 键，编译程序。

（3）按 Ctrl+F5 键运行程序，查看程序的运行结果。

上机操作练习 1

应用系统函数计算表达式 $a*\sin(x)+b*x^y$ 的值。

5.3 自定义函数

虽然在 C++ 中提供了大量的系统函数，但不可能提供所有的函数。有些函数需要用户自己定义，即所谓的自定义函数。

5.3.1 函数定义的形式

函数定义需要遵循一定的规则，函数定义的形式如下：

数据类型　函数名(形式参数声明)
{
　　函数体；　　　　　//根据函数功能而定
}

在第 1 章的学习过程中，也曾涉及到自定义函数，例如：

```
int add(int x,int y)        //函数名为add,x、y为int型参数,函数返回值类型为整型
{
  int z;
  z=x+y;
  return z;                 //返回值为x、y的和
}
```

在此函数中函数返回值的类型为int,函数名为add,函数有两个形参x、y。

思考：有下列源程序：

```
#include<iostream.h>
int add(int x,int y)
{
  int z;
  z=x+y;
  return z;
}
void main()
{
  int a,b,c;
  cin>>a>>b;
  c=add(a,b);
  cout<<"c="<<c<<endl;
}
```

写出在add函数中能使用的变量,在main函数中能使用的变量。如果main函数与add函数定义的位置交换一下,程序能通过编译吗?

5.3.2 函数的参数

在C++语言中,函数调用时实参作为参数传递给形参有以下三种方法。

(1) 传递变量自身。在此种情况下,函数形参获得实参的一份拷贝,即在栈上生成该实参的一份新的拷贝。对于大型的结构来说,这种方法不太适用,因为它的传递速度较慢。

(2) 传递变量的地址。在此种情况下,函数仅得到变量的地址,利用这个地址就可访问主调用函数中的相应变量。对于大型的结构来说,这种方法更适用,因为它的传递速度较快。

(3) 传递对变量的引用。此种情况下,被调函数接受的是主调者中相应变量的一个别名。

1. 数据复制方式传递数据

例5.3 函数值传递的例子。

(1) 选择"开始"→"程序"→Microsoft Visual Studio→Microsoft Visual C++ 6.0→"新

建"→"文件"→C/C++ Source File,在文件对话框中输入文件名 5-4。

（2）编辑 5-4.cpp 文件。

```cpp
#include<iostream.h>
int add(int x,int y)
{
    int z;
    z=x+y;
    return z;
}

int main()
{
    int a,b,c;
    cin>>a>>b;
    c=add(a,b);
    cout<<"c="<<c<<endl;
    return 0;
}
```

（3）按 F5 键,编译程序。

（4）按 Ctrl+F5 键运行程序,查看程序的运行结果。

```
20 30
c=50
```

注意：在值传递时,形参具有以下特点：

（1）函数 add 被调用时,形参变量 x、y 被创建,main 函数中变量 a、b 分别传递给被调函数 add 中的变量 x、y,实参与形参占用不同的存储空间。

（2）形参变量的值是从实在参数中一一对应复制得到的。

（3）在 main 函数中可以使用的变量有 a、b、c,在函数 add 中使用的变量为 x、y、z。

2. 地址传送方式传递数据

地址方式传递的参数可以是变量的地址、指针、数组名。下面是函数地址传递的例子。

例 5.4 在 main 函数中读入一个字符串,调用一个函数 fun,在函数 fun 中输出字符串中的大写字符。

分析：由于在 main 函数中输入的是一个字符串,函数 fun 传递的是字符串的首地址,因而函数参数是属于地址传递。程序用 cin.getline(s1,99);语句读入字符串,函数调用形式为 fun(s1);,函数原型可写为：int fun(char * p);或 int fun(char p[]);。

整个程序代码写为：

```cpp
#include<iostream.h>
int fun(char *p)
```

```
    {
        int i=0;
        while(p[i])
        {
            if(p[i]>='A' && p[i]<='Z')
                cout<<p[i];
            i++;
        }
        return 1;
    }

    int main()
    {
        char s1[100];
        cin.getline(s1,99);
        fun(s1);
        cout<<endl;
        return 1;
    }
```

思考：在main函数中读入一个由数字字符组成的字符串，调用一个函数，把它转换为一个整型数。

分析：用表达式 *p-'0'把一个数字字符转化为数字。如字符串"12"，计算'1'—'0'得到1，然后乘10，再加上'2'—'0'。程序的流程如图5.1所示。

程序代码可写成：

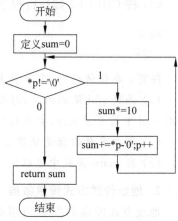

图5.1 程序流程图

```
#include<iostream.h>
int ctoi(char * p)
{
  int sum=0;
  while(*p)
  {
  sum *=10;
  sum+= * p-'0';
  p++; }
  return sum;
}
int main()
{
  char str[5];
  int x;
  cin>>str;
  x=ctoi(str);
```

```
  cout<<"x="<<x<<endl;
  return 0;
}
```

注意：语句 x=ctoi(str);中数组名 str 作为函数的实参,函数的原型中 int ctoi(char *p)指针作为函数的形参。

将实参中的地址 str 复制到形式参数中。在函数 ctoi 内部,通过对指针 p 所指地址上内容的操作实现对外部数据的引用。在函数结束时,形式参数 p 所占存储空间被系统收回,此函数对数据的处理结束。

3. 引用方式传递数据

C++语言有了引用类型后,使用引用非常方便。在进行引用类型参数传递时,系统只是把实际参数的标识传给了引用类型的形式参数,使得引用类型形式参数标识的是实际参数变量(或对象),这样,任何对形式参数的修改就是对实际参数的修改。

例 5.5 用传递变量引用的方法,编写互换两个整数的函数。

```
#include <iostream.h>
void SwapInt(int &a,int &b)
{
  int temp;
  temp=a;
  a=b;
  b=temp;
}
void main()
{
  int num1,num2;
  num1=5;
  num2=10;
  cout<<"num1="<<num1<<"  ";
  cout<<"num2="<<num2<<endl;
  SwapInt(num1,num2);
  cout<<"num1="<<num1<<"  ";
  cout<<"num2="<<num2<<endl;
}
```

输出结果为:

num1=5   num2=10
num1=10   num2=5

当将一个引用作为参数传递时,编译器实际上传递了相应变量的地址。因此,传递引用的效率与传递指针的效率一样高。尤其是在传递大型结构时,此种方法更有效。

思考：在 SwapInt 函数中增加语句：cout<<&a<<"   "<<&b<<endl;在 main 函数中增加语句：cout<<&num1<<"   "<<&num2<<endl;观察变量与变量的引用是否在

相同的内存空间。

此外,传递对某个变量的引用与传递变量本身是完全相同的。在函数调用语句中,无须使用地址符 &。在函数中使用参数,也无须使用指针。当将某个引用作为参数传递时,对该参数的所有修改实际上都是对调用者中的相应变量进行的。这个特点是非常重要的。

在编写参数传递的函数时,应遵循下面原则:

(1) 如果传递的是基本数据类型,参数按值传递比较有效。

(2) 如果传递的是较大的参数,并且在函数中要改变参数,可选用指针来传递。

(3) 如果传递的是较大的参数,而在函数中不需要改变参数,可采用对常量的引用来传递。

5.4 默认的函数参数

调用函数而没有给出实际参数时,函数会自动把一个隐含值传入函数。这一点在 C++ 中是可以做到的,只要给出如下方式的函数原型:

```
int add(int x=5,int y=10)
{
   int z;
   z=x+y;
   return z;
}
```

在调用 add() 函数时,既可以给出其参数值,也可以不给出参数值。当没有给出参数值时,编译器会自动为参数传递一个缺省值 x 为 5,y 为 10,这种函数的参数就称为默认的函数参数。此种功能会给程序设计带来很大的灵活性,但在使用默认的函数参数时,应该注意以下几个问题。

(1) 在函数声明中给出默认的函数参数,函数调用时如果省略参数,默认的参数会自动传递给被调用的函数。

例 5.6 默认参数的例子。

```
#include<iostream.h>
void display(int x=1000)
{
    cout<<x<<endl;
}
void main()
{
    display();   //函数在调用时可以缺省参数,这时 x 的默认参数为 1000,程序输出为 1000
}
```

函数在调用中如果给出了参数,则以给出的参数为准。例如:

```
#include<iostream.h>
void display (int x=1000)
{
    cout<<x<<endl;
}

void main()
{
    display(500);    //函数在调用时给出了参数 500,这时 x 的参数以 500 为准,程序输出为 500
}
```

(2) 一个函数可以有多个默认参数,但是,所有的默认参数必须列在参数表的最后。即:应注意只能从右往左缺省。例如:

```
int f1(int x,int y=0,int z=0);            //正确
int f2(int x,int y=0,int z);              //错误
```

以下的函数原型定义是错误的。

```
void fun(int a,int b=1,int c,int d=2);    //此写法是错误的
```

在函数调用时参数 a、c 不能缺省,而 c 在可默认参数 b 的后面,所以产生错误。下面的函数原型定义是正确的。

```
void fun(int a ,int b ,int c=1,int d=2);
```

因为在函数调用时参数 a、b 是不能缺省的,而 c、d 为默认参数,所有的默认参数必须列在参数表的最后。换句话说,调用函数时,参数应连续给出,不能间断。

例如,若有函数原型定义:

```
void fun(int a=0,int b=0,int c=0,int d=0);
```

那么,下面的各种调用形式都是正确的。

```
fun();
fun(1);
fun(1,2);
fun(1,2,3);
fun(1,2,3,4);
```

上机操作练习 2

定义一个类 date,类中只有一个 init 函数和一个输出函数,已给出 main 函数,请补充完整类中成员函数的定义,并调试程序。程序运行时对象对成员函数的调用参数为:

```
A.init();
A.print();                    //今天是 2008 年 5 月 1 日
```

时输出为：

今天是 2008 年 5 月 1 日

```
#include<iostream.h>
class date
{
private:
    int year;
    int month;
    int day;
public:
    …

};

int main()
{
    date A;
    A.init();
    A.print();                    //今天是 2008 年 5 月 1 日
    A.init(2006);
    A.print();                    ///2006 年 5 月 1 日
    A.init(2003,9);
    A.print();                    ///2003 年 9 月 1 日
    A.init(2009,10,6);
    A.print();                    ///2009 年 10 月 6 日
    return 0;
}
```

5.5 函数重载

  C++ 语言可实现函数重载,所谓函数重载是指同一个函数名可以对应多个函数的实现。即多个函数在同一作用域可以用相同的函数名,编译器在编译时可以根据实参的类型来选择应该调用的函数。例如,在 C 语言的数学函数库中,求绝对值的函数有 abs、fabs 等,分别用于不同类型的参数;而在 C++ 中,对相同功能但参数类型不同的函数可以使用相同的函数名,在调用时无需记忆多个函数名,而由编译器根据参数类型选择。

  又如,可以给函数 add() 定义多个函数实现,该函数的功能是求和,即求两个操作数的和或者三个操作数的和,也可以一个函数实现的是求整型数之和,另一个函数实现的是求浮点型数之和,再一个函数实现的是求两个复数的和。每种实现对应着一个函数体,这些函数的名字相同,但是函数的参数个数或类型不同。这就是函数重载的概念。即在 C++ 中,几个函数可以共享同一个名字,只要这些同名函数的参数表有所区别。

例 5.7 函数重载的例子。

```cpp
#include<iostream.h>
int f(int i)
{
    return i*i;
}
float f(float x ,float y)
{
    return x*x+y*y;
}
double f(double d )
{
    return d*d*d;
}
void main()
{
    int a=2;
    float b=3.0,c=4.0;
    double d=5.0;
    cout<<f(a)<<endl;
    cout<<f(b,c)<<endl;
    cout<<f(d)<<endl;
}
```

程序的运行结果是：

4
25
125

从程序运行的结果来分析，f(a)调用了函数：int f(int i);f(b,c)调用了函数：float f(float x,float y);f(d)调用了函数：double f(double d);因而在 C++ 中函数可以同名，这些同名函数叫重载函数。

注意：

(1) 多个函数共享同一个名字时，这些函数的参数声明必须能互相区别。也就是说要么参数个数不同，要么参数类型不同。如果只有函数返回类型不同，则不足以区分重载函数。

(2) 不能用引用类型来重载函数。例如：

```cpp
int f(int i);
int f(int &ref);        //此两个函数不能作为重载函数，编译时会出错
```

(3) 同名函数的参数类型和个数都相同，但返回类型不同，不能用于重载函数。因为编译器不能依据返回类型区分函数，对函数功能不相干的函数，最好不要用重载函数。

下面给出使用函数重载时容易犯的几种错误。

(1) int fun(int i);和 int fun(int k);不能作为重载函数。

原因：不同名字的形式参数,不等于参数的类型不同。

(2) typedef INT int; int fun(int i);和 int fun(INT i);不能作为重载函数。

原因：int 和 INT 本质上是相同的数据类型。

(3) int fun(int i);和 void fun(int i);不能作为重载函数。

原因：不能用返回类型区分函数。

(4) int fun(int i);和 int fun(const int i);不能作为重载函数。

原因：试图用 const 修饰词来区分参数类型。

(5) int fun(int i);和 int fun(int &i);不能作为重载函数。

原因：试图用引用来区分参数类型。

上机操作练习 3

在 main 函数中读入一个整型数组,编写两个同名的函数 inv,其中之一是反序所有的元素并输出,另一个反序前 n 个元素。请把类补充完整,并调试程序。

```
#include<iostream.h>
class inve
{
private:
    int a[10];
public:
    inve(int x[]);
    void inv();              //反序所有元素
    void inv(int n);         //反序前 n 个元素
    void print();
};
void inve::print();
{
    for(int i=0;i<10;i++)
        cout<<a[i]<<" ";
    cout<<endl;
}
//请补充完整重载的 2 个成员函数 inv

int main()
{
    int x[10];
    for(int i=0;i<10;i++)
        cin>>x[i];
    inve A(x);
    A.print();
```

```
    A.inv();
    A.print();
    int n;
    cin>>n;
    A.inv(n);
    A.print();
    return 0;
}
```

5.6 内 联 函 数

引入内联函数的原因及目的是为了解决程序中函数调用的效率问题。它的引入使得编程者只需关心函数的功能和使用方法,而不必关心函数功能的具体实现。当调用一个函数时,参数要装入堆栈中,各个寄存器的内容和状态都需要保存。当函数返回时,还要恢复它们的内容和状态。所以函数的调用需要一定的开销。而使用内联函数时,函数的调用是进行代码的扩展,而不是简单的函数调用。这将提高程序的运行效率,所以把那些使用频繁的函数声明成内联函数是非常有用的。

5.6.1 内联函数的声明方法

声明内联函数的方法是在函数定义的开头前加上关键字 inline,代码的写法与一般函数一样。例如:

```
inline int max(int x,int y)
{
    return x>y?x:y;
}
```

其中,inline 是关键字,此时声明 max(int,int)是一个内联函数。

5.6.2 内联函数的特点

编译器将在内联函数被调用的每个地方都插入它的一份代码拷贝,而不是编译为一个单独的可调用的代码。这样可以减少调用函数所需要的时间开销,从而使程序更高效地运行。当然,这样做的结果会使程序代码变得更长。

从运行的效率来看,内联函数与宏定义类似,然而内联函数可以被编译程序所识别,而宏则是通过简单的正文替换来实现的。内联函数的优点如下:

(1) 编译程序可以对其参数作类型检查。
(2) 内联函数的行为与普通的函数一样,没有宏定义带来的那些副作用。

请分析以下列程序。

例 5.8 内联函数的例子。

```
#include<iostream.h>
inline int doub(int x)
{
    return(x*x);
}
void main()
{
    for (int i=1;i<=5;i++)
    {
        cout<<i<<" double is "<<doub(i)<<endl;
    }
    cout<<"1+2 double is "<<doub(1+2);
}
```

程序的运行结果为：

```
1 double is 1
2 double is 4
3 double is 9
4 double is 16
5 double is 25
1+2 double is 9
```

思考：下列程序运行的结果是什么？与函数调用有什么差异？

```
#include<iostream.h>
#define doub(x) (x*x)
void main()
{
    for (int i=1;i<=5;i++)
    {
        cout<<i<<" double is "<<doub(i)<<endl;
    }
    cout<<"1+2 double is "<<doub(1+2)<<endl;
}
```

在使用内联函数时，应注意以下几点：

（1）内联函数只是对小函数有作用。如果函数有许多行，可能就起不到内联函数的作用。

（2）内联函数不能包含任何静态变量，不能使用任何循环语句、switch 语句、goto 语句，不能递归，不能有数组。

（3）由于内联函数的调用是进行代码的扩展，这必将造成重复代码的生成，而使程序过长。所以最好对那些小的函数使用内联函数。

思考：下列程序的输出结果是什么？

```cpp
#include <iostream.h>
#include <iomanip.h>
inline int max(int a,int b)
{
    if(a>b)
        return a;
    else
        return b;
}

void main()
{
    int a,b,c,d;
    cin>>a>>b>>c;
    d=max(a,b);
    d=max(d,c);         //编译时两个调用处均被替换为max函数体语句
    cout<<"The biggest of "<<" "<<a<<" "<<b<<" "<<c<<" is "<<d<<endl;
}
```

5.7 域分辨操作符::

通过以前的学习,读者已认识到,变量的使用是有一定范围的,即只能在其作用范围中使用该变量。例如:

```cpp
int x=5;
void f()
{
    int x=3;
    cout<<x<<endl;
}
```

在此例中,变量声明语句:

int x=5;

在函数之外,因而它是一个全局变量,而声明语句:

int x=3;

在函数内,因而它是一个局部变量。在函数中输出的结果为3。如果在局部变量的作用域内需访问同名的全局变量,可以通过域分辨操作符告诉编译器去使用全局变量,只要在变量名前加上作用域分辨符(::)即可。例如:

```cpp
int x=5;
void f()
```

```
{
    int x=3;
    cout<<::x<<endl;
}
```

此时函数输出的结果为 5。

例 5.9 通过作用域分辨符::访问全局变量。

```
#include <iostream.h>
double a;
void main()
{
    int a;
    a=1;
    cout<<a<<endl;
    {
        int a=2;
        cout<<a<<endl;
        ::a=0.5;
    }
    cout<<"局部变量 int a="<<a<<endl;
    cout<<"全局变量 double a="<<::a<<endl;
}
```

输出结果为：

1
2
局部变量 int a=1
全局变量 double a=0.5

注意：作用域分辨符(::)只能用来访问全局变量。如果在某一局部变量的作用域外还有一个同名的变量，但它不是全局变量，就不能用作用域分辨符去访问它。

例如：在上题中不能用作用域分辨符(::)来访问值为 1 的变量 a。

*5.8 变量存储类型与变量生存期、作用域

当定义一个变量时，C++语言编译系统就要给该变量在内存中分配若干个字节，用来存放该变量的值。可以把变量存放在寄存器、内存中的一般数据区或堆栈区。把变量存放在何处称为变量的存储类型，变量的存储类型影响到变量的生存时间与作用空间。

定义变量存储类型的语句格式如下：

存储类关键字　数据类型符　变量名 1,变量名 2,…;

存储类关键字包括：auto，extern，static，register，mutable，volatile，restrict 以及 typedef。对于编译器来说，多个存储类关键字不能同时使用。

在表 5.1 中给出 4 种存储类型，自动型(auto)、静态型(static)、寄存器型(register)、外部参照型(extern)，不同的存储类型直接影响着变量在函数中的作用域与生存期。

表 5.1 存储类型符表

存储类型	存储类型符	存储地点	存储类型	存储类型符	存储地点
自动型	auto	内存堆栈区	静态型	static	内存数据区
寄存器型	register	CPU 的通用寄存器	外部参照型	extern	内存静态存储区

1. 自动型 auto

自动型又称堆栈型。自动型变量是分配在内存的堆栈区。堆栈区内存在程序运行中是重复使用的。在某个函数中定义了自动型变量后，C++语言就在堆栈区中给该变量分配字节，用于存放该变量的值。当退出该函数时，C++语言就释放该变量，即从堆栈区中收回分配给该变量的字节，以便重新分配给其他自动型变量，这样做的目的就是为了节省内存。

用户对于只在某函数中使用的变量应该将其定义成自动型变量，以便充分利用内存。当定义自动型变量时，通常省略存储类型符 auto，以前所涉及的大多是自动变量。

2. 寄存器型 register

寄存器型变量分配在 CPU 的通用寄存器中。由于 CPU 具有的通用寄存器数量有限，C++程序中允许定义的寄存器变量一般以两个左右为宜。如果定义为寄存器型变量的数目超过所提供的寄存器数目，编译系统自动将超出的变量设为自动型变量。对于占用字节数多的变量，如 long、float、double 类型的变量不能定义为寄存器型变量。

寄存器型变量一般是在函数中定义的，退出该函数后就释放它所占用的寄存器。

3. 静态型 static

静态型变量是分配在内存的数据区中，它们在程序开始运行时就分配了固定的字节，在程序运行过程中不释放。只有程序运行结束后，才释放所占用的内存。

4. 外部参照型 extern

外部变量即全局变量，是在函数的外部定义的。它的作用域为从变量的定义处开始，到本程序的末尾。编译时将外部变量分配在静态存储区。extern 并不用于定义变量，而只是用于将外部变量作用域扩展到其他文件中。C++语言允许将一个源程序存放在若干个程序文件中，采用分块编译方法编译生成一个目标程序。其中每个程序文件称为一个"编译单位"。

5.8.1　auto 存储类型的变量与作用范围

定义自动变量时，可在函数内或复合语句内指定存储类型说明符 auto 或省略，系统

都认为所定义的变量具有自动类别。因此,在函数内部定义变量:

    float a;

就等价于:

    auto float a;

auto 变量的存储单元被分配在内存的动态存储区中。每当进入函数体(或复合语句)时,系统自动为 auto 变量分配存储单元;退出时自动释放这些存储单元另作他用。这类局部变量的作用域是从定义的位置开始,到函数体或复合语句结束为止。

例如:

```
int sub(float a)
{
  int i=2;
  if(i>0)
  {
    int n=1;           n 的作用范围
    cout>>n>>endl;
  }                                    i 的作用范围
  return 0;
}
```

这里,变量 i、a 和 n 都是 auto 变量。但 i 和 a 的作用域是整个 sub 函数;而 n 的作用域仅限于 if 子句内。

5.8.2 static 存储类型的变量与作用范围

静态变量可分为内部静态变量和外部静态变量。

格式:

    static 数据类型 变量名(=初始化常数表达式);

(1) 内部静态变量是指定义在函数内,只在本函数内有效。外部静态变量是指定义在函数外,限定在本文件内有效。

(2) 外部静态变量与外部变量的区别是:外部变量在本文件及其他文件内都有效,而外部静态变量只在本文件内有效。

(3) 对未赋初值的静态局部变量,C 编译程序自动给它赋初值 0。

例 5.10 应用内部静态变量的例子。

(1) 选择"开始"→"程序"→Microsoft Visual Studio→Microsoft Visual C++ 6.0→"新建"→"文件"→C/C++ Source File,在文件对话框中输入文件名 5-10,编辑 5-10.cpp 文件。

```
#include<iostream.h>
int kk()
{
  int x=4;
  static int y=5;
  x*=2;
  y*=2;
  return (x+y);
}
int main()
{
  int j,s=0;
  for ( j=0; j <2; j ++)
    s=kk();
  cout<<" s ="<<s<<endl;
  return 0;
}
```

(3) 按 F5 键,编译程序。

(4) 按 Ctrl＋F5 键运行程序,查看程序的运行结果。

s=28

分析：在函数 kk 中,变量 x 被定义为自动变量。函数调用结束后将释放存储空间,而变量 y 被定义为内部静态变量。函数调用结束后,它并不释放空间。因此,第一次调用 kk 函数时参数数情况如图 5.2(a)所示,x 的初值为 4,y 的初值为 5,返回值 18 给 s,第一次函数调用结束时 x 被释放,此时的参数情况如图 5.2(b)所示。接着第二次调用 kk 函数,x 被重新赋值为 4,而 y 由于是局部静态变量,其值为上次调用 kk 函数结束后的值 10,故第二次函数调用结束时的参数情况如图 5.2(c)所示,返回值为 28,即程序运行结果为 s＝28。

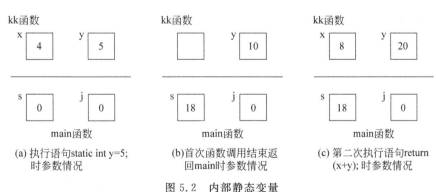

(a) 执行语句static int y=5; 时参数情况　　(b)首次函数调用结束返回main时参数情况　　(c) 第二次执行语句return (x+y); 时参数情况

图 5.2　内部静态变量

5.8.3　register 存储类型的变量与作用范围

寄存器变量的特点：
- register 变量具有局部寿命，与 auto 相同。
- 只用于自动型变量及函数的形式参数说明，不适用于外部变量和静态变量。
- 寄存器变量不能用 & 运算符取其地址。

5.8.4　extern 存储类型的变量与作用范围

外部变量是在函数外部任意位置上定义的变量。定义时，在变量的类型前不能用 extern 标识，定义在函数外部即可。它的作用域是从变量定义的位置开始，到整个源文件结束为止。

一般来说，外部变量是全局变量，从定义时开始生效。它不仅在本文件中有效，还可以在其他文件中存取，因而外部变量也可叫做全局变量。

外部变量的特点是：

（1）外部变量在整个程序中都可存取，外部变量是永久性的。

（2）若外部变量和某一函数中的局部变量同名，则在该函数中，此外部变量被屏蔽。在该函数内，访问的是局部变量，与同名的全局变量不发生任何关系。

（3）外部变量在函数外部只能初始化，而不能赋值。

例 5.11　外部变量的举例。

（1）选择"开始"→"程序"→Microsoft Visual Studio→Microsoft Visual C++ 6.0→"新建"→"文件"→C/C++ Source File，在文件对话框中输入文件名 5-14。

（2）编辑 5-11.cpp 文件。

```
#include<iostream.h>
int z;
int p(int *x,int y)
{
  ++*x;
  y--;
  z=*x+y;
  cout<<*x<<" "<<y<<" "<<z<<endl;
  return 0;
}
int main()
{
  int x=2,y=6,z=10;
  p(&x,y);
  cout<<x<<" "<<y<<" "<<z<<endl;
  return 0;
}
```

分析：程序中，p()函数中的指针 x 指向 main()函数中的变量 x，它的值为 2，如图 5.3(a)所示。执行语句++*x;后它的值变为 3。

p()函数中的 z 为外部变量，执行语句 z=*x+y;后它的值变为 8。因而在 p()函数中输出为 3 5 8。当返回 main()函数后，p()函数中的指针 x、y 被释放，参数的情况如图 5.3(b)所示，此时输出的 z 为自动变量。输出为：3 6 10。

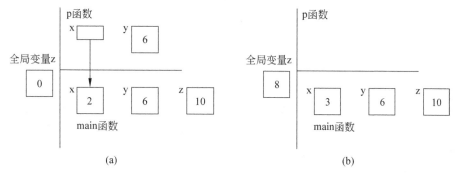

图 5.3 程序运行过程中变量变化情况

因而，本例中程序的运行结果为：

3 5 8
3 6 10

注意：如果要定义一个外部变量，在函数外定义就行，不需要用 extern 标识。extern 只能用来说明外部变量。在什么情况下需要说明外部变量呢？当一个外部变量使用在先，定义在后面时，需要用 extern 说明。

5.9 函数的嵌套与递归调用

一个函数调用另一个函数，叫做函数的嵌套调用。一个函数直接或间接地调用自己叫做递归调用。

5.9.1 函数的嵌套调用

C 语言不允许在一个函数体内定义另一个函数，各函数间都应平行，即在一个函数内不能嵌套另一个函数，函数只能嵌套调用而不能嵌套定义。函数的嵌套调用是指一个函数调用另一个函数。

注意：嵌套调用的各函数，应当是分别独立定义的函数，互不从属。

图 5.4 是函数嵌套调用的示意图。程序的执行从 main 函数开始，执行到调用 f(a)函数时，转去执行函数 f。执行到调用 q(y)函数时，转去执行函数 q。执行完 q 函数时，回到调用 q(y)处的下一行继续执行完 f 函数，最终回到 main 函数调用 f(a)处的下一行继续执

行完 main 函数,按照如图 5.4 中的序号顺序执行。

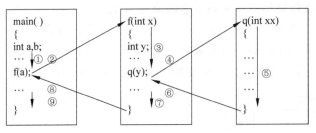

图 5.4 函数嵌套调用示意图

例 5.12 求函数 $f(x)=e^x+1$ 在 $[1,3]$ 区间的定积分。

分析:在程序中编写了函数 double f(double x)、double sum(double a,double b, double esp)及 main()函数。main()调用 sum(),而 sum()又调用 f(),形成函数的嵌套调用。调用的示意图如图 5.4 所示。

编辑源程序代码 5-12.c:

```
#include<iostream.h>
#include<math.h>
double f(double x)
{
  return exp(x)+1;
}

double sum(double a,double b)
{
  int i,n=30;
  double h,x,sum1=0;
  h=(b-a)/n;x=a;;
  for(i=1;i<=n;i++)
    { sum1+=(f(x)+f(x+h))*h/2;
      x+=h;
    }
  return sum1;
}

int main()
{
  cout<<sum(1,3)<<endl;
  return 0;
}
```

编译程序 5-12.c,并执行程序,程序执行后在屏幕上输出:

19.373687

程序运行的结果 19.373687,请读者自行分析。

思考：求函数 $y=2x^2+3x+1$ 在 $[1,3]$ 区间的定积分。

提示：只需对上例中的 f 函数作一修改即可。

```
double f(double x)
{
return 2*x*x+3*x+1;
}
```

上机操作练习 4

有一质点，它的加速度为 $2m/s^2$。请编写程序给出质点在 $10\sim15$ 秒内所通过的路径。

5.9.2 函数递归调用

有一种函数调用比较特别，即在函数内部直接或间接地对自身调用，这种调用称为递归调用。被递归调用的函数称为递归函数。递归函数常用于解决那些需要分多次求解，并且每次求解过程基本类似的问题。递归函数内部对自身的每一次调用都会导致一个与原问题相似而范围上要小一点的新问题。构造递归函数的关键在于寻找递归算法和终结条件。一般来说，只要对问题的每一次求解过程进行分析归纳，就可以找出问题的共性，获得递归算法。终结条件是为了终结函数的递归调用而设置的一个标记。递归调用不应也不能无限制的执行下去，所以必须设置一个条件来检验是否需要停止递归函数的调用。终结条件的设置可以通过分析问题的最后一步求解而得到。递归可分为直接递归和间接递归。

例如：

```
int f(int x)
{
    if(x>=2)
        f(x/2);
    cout<<x%2;
    return 0;
}
```

在 f 函数中，如果 x 大于等于 2，将再次调用函数 f()，即调用它自己，这叫做函数的递归调用。函数递归调用时，借助于堆栈。最初堆栈为空，当函数再次调用自己前，需把相关的变量放入堆栈；最后又从堆栈中弹出，直到堆栈空为止。

注意：为了有限次地调用，该程序中一定要有控制语句。当满足一定条件时，退出递归调用。上例中，$(x>=2)$ 条件为假时，不再递归。

假定为 f(5) 调用，第 1 步 x 为 5，把 5 放入堆栈。调用 f(2)，此时 x 为 2，if 语句成立，把 2 放入堆栈。调用 f(1)，此时 x 为 1，if 条件不成立，输出 x%2(1)；堆栈中有数据 5、2，2 从堆栈中弹出，在终端输出 0；5 从堆栈中弹出，在终端输出 1，程序结束。

第 5 章 函数及其应用

例 5.13 编写程序,求阶乘 n!。

分析:因为 n!=n(n-1)!

设:n!=facto(n),即(n-1)!=facto(n-1)。函数 facto 调用 facto 函数本身,这里只是参数不同而已,所以 facto(n)=n*facto(n-1)。

从以上分析可以看出,函数 facto(n)要调用它本身 facto(n-1),因而可以用递归的方法编写此程序。

编辑源程序代码 5-13.c。

```
#include<iostream.h>
#include<stdlib.h>
int facto(int n)
{
    if(n<0){
        cout<<"n<0,data error !"<<endl;
        exit(0);
    }
    if(n==1||n==0)
        return(1);
    else
        return (n*facto(n-1));
}
int main()
{
    int n;
    long y;
    cout"input a integer number:"<<endl;
    cin>>n;
    y=facto(n);
    cout<<n<<"!="<<y<<endl;
    return 0;
}
```

编译程序 5-13.c,并执行程序,程序执行后在屏幕上输出:

input a integer number:7
7!=5040

如在执行时程序读入 5 给 n,则递归调用过程如下:
- main 函数调用 facto(5);
- 第一次调用 n=5,返回 5*facto(4)时,把 5 放入堆栈,再调用 facto(4),如图 5.5(a);
- 第二次调用 n=4,返回 4*facto(3)时,把 4 放入堆栈,再调用 facto(3),如图 5.5(b);
- 第三次调用 n=3,返回 3*facto(2)时,把 3 放入堆栈,再调用 facto(2),如图 5.5(c);
- 第四次调用 n=2,返回 2*facto(1)时,把 2 放入堆栈,再调用 facto(1),如图 5.5(d);
- 第五次调用 n=1,返回 1;

- 回到第四次调用,从堆栈取出 2,返回 2 * 1,如图 5.5(e);
- 回到第三次调用,从堆栈取出 3,返回 3 * 2,如图 5.5(f);
- 回到第二次调用,从堆栈取出 4,返回 4 * 6,如图 5.5(g);
- 回到第一次调用,从堆栈取出 5,返回 5 * 24,如图 5.5(h);
- 最后回到 main 函数,main 函数得到的值为 120。

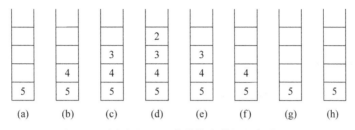

图 5.5 递归调用过程中堆栈中数据的存放过程

思考:用递归的方法求 0+2+4+6+8+…+98+100 的和。
分析:请考虑函数:

```
int fun(int n)
{
    int sum=0;
    if(n>=0)
        sum=n+fun(n-2);
    return sum;
}
```

上机操作练习 5

从键盘输入一个整数,用递归的方法把它转化为八进制数。

习 题

1. 程序阅读题
(1) 阅读程序,写出程序的功能,并上机调试。

```
#include<iostream.h>
class circle
{
private:
    double area()
    {
        return 3.14159 * r * r;
    }
```

```cpp
        double girth()
        {
            return 2 * 3.14159 * r;
        }
    public:
        circle(double rr)
        {
            r=rr;
        }
        void print()
        {
            cout<<"圆面积是"<<area()<<"圆周长是"<<girth()<<endl;
        }
    private:
        double r;
};

int main()
{
    double r;
    cin>>r;
    circle A(r);
    A.print();
    return 0;
}
```

(2) 应用系统函数,定义了把输入小写字母转化为大写字母的类及成员函数,请调试程序。

```cpp
#include<iostream.h>
#include<string.h>
#include<ctype.h>
class upper
{
public:
    upper(char * s){strcpy(str,s);}
    void display()
    {
        int i=0;
        while(str[i])
        {
            if(islower(str[i]))
                str[i]=str[i]-32;
            i++;
        }
        cout<<str<<endl;
```

```
private:
    char str[100];
};

int main()
{
    char s[100];
    cin.getline (s,100);
    upper A(s);
    A.display();
    return 0;
}
```

(3) 程序运行时,从终端输入一行字符,观察程序的输出结果,写出程序的功能。

```
#include <iostream.h>
#include <string.h>
#include <ctype.h>
class upper
{
public:
    upper(char *s){strcpy(str,s);}
    void display()
    {
        int i=0;
        while(str[i])
        {
            if(islower(str[i])&&isspace(str[i-1])||i==0)
                str[i]=str[i]-32;
            i++;
        }
        cout<<str<<endl;
    }
private:
    char str[100];
};

int main()
{
    char s[100];
    cin.getline (s,100);
    upper A(s);
    A.display();
    return 0;
}
```

(4) 阅读下列程序并调试,写出程序的功能。此程序可以应用在文字编辑的哪个方面?

```cpp
#include <iostream.h>
#include <string.h>
#include <ctype.h>
class upper
{
public:
    upper(char *s){strcpy(str,s);}
    void display()
    {
        int i=0;
        while(str[i])
        {
            if(islower(str[i])&&str[i-1]=='\n'||i==0)
                str[i]=str[i]-32;
            i++;
        }
        cout<<str<<endl;
    }
private:
    char str[100];
};

int main()
{
    char s[1000]={"gffd fgfdg fdgfdg \nfdgf\ndgf fdgfdg\ndsfsdf 324dsfds \ndffds "};
    upper A(s);
    A.display();
    return 0;
}
```

(5) 阅读程序,写出程序的执行结果。

```cpp
#include <iostream.h>
class date
{
public:
    date(int y=2012,int m=05,int d=30)
    {
        year=y;month=m;day=d;
    }
    void display()
    {
```

```
        cout<<"今天是"<<year<<"年"<<month<<"月"<<day<<"日"<<endl;
    }
private:
    int year,month,day;
};

int main()
{
    int yy,mm,dd;
    cin>>yy>>mm>>dd;
    date A(yy,mm,dd),B(yy,mm),C(yy),D;
    A.display();
    B.display();
    C.display();
    D.display();
    return 0;
}
```

(6) 阅读程序,根据输入写出程序的执行情况。

```
#include<iostream.h>
#include<math.h>
class data
{
public:
    data(int n,int m)
    {
        x=n;y=m;
    }
    void display()
    {
        int i,t,k;
        if(x>y)
            {t=x;x=y;y=t;}
        for(i=x;i<=y;i++)
        {
            t=2;
            k=(int)sqrt(i);
            while(t<=k)
            {
                if(i%t==0)
                    break;
                t++;
            }
            if(t>=k+1)
```

```
            cout<<i<<"  ";
        }
        cout<<endl;
    }
private:
    int x,y;
};

int main()
{
    int yy,mm;
    cin>>yy>>mm;
    data A(yy,mm);
    A.display();
    return 0;
}
```

(7) 写出以下程序的执行结果。

```
#include<iostream.h>
int x;
void fun()
{
    cout<<x++<<endl;
}
void main()
{
    int x=1;
    if(x==1)
    {
        int x=2;
        cout<<x++<<endl;
    }
    {
        extern int x;
        cout<<++x<<endl;
    }
    fun();
}
```

(8) 写出以下程序的执行结果。

```
#include<iostream.h>
int kk()
{ int x=4;
  static int y;
```

```
    y=5;
    x*=2;
    y*=2;
    return(x+y);
}
void main()
{ int j,s=0;
  for(j=0;j<2;j++)
  s=kk();
  cout<<"s="<<s<<endl;
}
```

(9) 阅读程序,写出程序的执行结果。

```
#include<iostream.h>
void p(int x,int *y)
{
  *y=x++;
}
void main()
{
  int x=0,y=0;
  p(10,&y);
  cout<<x<<" "<<y<<endl;
  p(y,&x);
  cout<<x<<" "<<y<<endl;
}
```

(10) 阅读程序,写出程序的执行结果。

```
#include<iostream.h>
void sort(int b[],int n,int x)
{
    int k;
    for(k=n-1;k>=0;k--)
        if(b[k]<x)
            b[k+1]=b[k];
        else
            break;
        b[k+1]=x;
}
void main()
{
    int i,j;
    static int a[5]={8,5,4,1,6};
    int b[8];
```

```
        b[0]=a[0];
        for(i=1;i<5;i++)
        {
            sort(b,i,a[i]);
            for(j=0;j<=i;j++)
                cout<<b[j]<<" ";
            cout<<endl;
        }
}
```

(11) 写出以下程序的执行结果。

```
#include<iostream.h>
int fun(int x)
{ int p;
  if(x==0||x==1)
  return 3;
  else
  p=x-fun(x-2);
  return p;
}

void main()
{
  cout<<fun(9);
  cout<<endl;
}
```

(12) 写出以下程序的执行结果,并说明其作用是什么?

```
#include<iostream.h>
void main()
{
  void f(int);
  f(1234);
  cout<<endl;
}
void f(int n)
{
  if(n>=6)
    f(n/6);
  cout<<n%10;
}
```

(13) 写出以下程序的执行结果。

```
#include<iostream.h>
```

```
int fun(int n)
{
if (n>0)
    return( n +fun( n -2 ));
else
    return 0;
}
void main()
{
    int n=10;
    int fun(int n);
    cout<<fun(n)<<endl;
}
```

(14) 写出以下程序的执行结果。

```
#include<iostream.h>
void fun( char * s)
{
  if(! * s) return;
  fun(s+1);
  cout<< * s;
}
void main()
{
    char * s="3726785";
    fun(s);
    cout<<endl;
}
```

2. 编程题

(1) 编写一个函数,计算 x^n。

(2) 编写一个函数,计算对角线上元素之和。

(3) 编写一个函数 void invert(char str[ ]),将一个字符串的内容颠倒过来。

(4) 编写一个 C++ 函数,交换数组 a 和数组 b 中的对应元素。

(5) 输入一行文字,找出其中大写字母、小写字母、空格、数字以及其他字符各有多少。

(6) 编写函数,把一个字符串复制到另一存储单元中。要求调用的函数能进行字符串的复制。

(7) 编写一个函数,输入一个字符串,内有数字和非数字字符。将其中连续的数字作为一个整数,依次存放到数组 a 中,并统计有多少个整数。

(8) 编写函数,删除字符串中从指定位置 m 开始的 n 个字符。若删除成功,则函数返回被删除字符串;否则返回空的值。

第 5 章 函数及其应用

(9) 编写函数 strmcpy(s,t,m),将字符串 t 中从第 m 个字符开始的全部字符复制到字符串 s 中去。

(10) 编一个程序,测试字符串 s1 中第一次出现在字符串 s2 中的字符的位置。要求定义一个函数,返回出现这个字符的位置;若 s1 中不含有 s2 的字符,则返回 -1。

(11) 编写一个能从键盘输入的字符串,从中删去非数字字符,且转换成数值。

(12) 输入 10 个学生 5 门课的成绩,分别用函数求:①每个学生的平均成绩;②最高分所对应的学生和课程。

(13) 用递归的方法编写一个函数 sum(int n),求 1~n 的累加和。

(14) 用递归的方法编写一个函数,求:
$$x_1 = \frac{1}{2}\left(x_0 + \frac{a}{x_0}\right)$$

(15) 用递归的方法编写一个函数,求:
$$y(x) = \sqrt{x + \cdots \sqrt{x + \sqrt{x}}}$$

第 6 章 指针与数组

本章重点
- 指针变量对一维数组元素的引用方法；
- 指针在一维数组中的应用；
- 指针变量对字符串的引用；
- 数组指针在二维数组中的应用；
- 指针数组的概念；
- 指针数组在命令行中的应用。

本章难点
- 如何用指针变量来表示数组元素及元素的地址；
- 指针变量在一维数组中的移动；
- 字符指针变量的赋值方法及运用；
- 数组指针的理解与应用；
- 数组指针与指针数组的区别。

本章导读

在 C++ 中，除了经常要使用 int、double、char 等基本类型的数据外，还要用到自定义的一些数据类型，如类、数组、结构体类型等。在 C++ 中数组与指针的应用十分重要。在学习中要掌握数组的定义、数组元素的表示、数组的赋值方法、字符数组的赋值与输入输出、数组指针与指针数组的概念与应用。

6.1 一 维 数 组

数组是一种用户自定义的构造类型，是有序数据的集合。数组有以下主要特点：
(1) 数组中的每个元素类型必须一致。
(2) 用不同的下标来区分数组的元素，数组元素下标从 0 开始。
(3) 数组在内存中占有连续的存储单元，数组名表示数组在内存中的首地址。
(4) 数组和指针有着极密切的联系，可以通过指针移动来对数组元素进行操作。

6.1.1 一维数组的定义

类型说明符 数组名[整型常量表达式];

类型说明符表示数据存放的类型,整型常量表达式表示数组元素的个数。例如:

int a[5];

它表示定义 5 个元素的整型数组,数组名为 a,a 也是这 5 个元素存储区的首地址,因而 a 的地址值不能改变。

例 6.1 数组及数组元素的表示方法,下列程序表示给数组初始化。

(1) 选择"开始"→"程序"→Microsoft Visual Studio→Microsoft Visual C++ 6.0→"新建"→"文件"→C/C++ Source File,在文件对话框中输入文件名 6-1。

(2) 编辑 6-1.cpp 文件。

```
#include<iostream.h>
int main()
{
 int i,a[10]={1,2,3,4,5,6};      /*定义一个整型数组,数组名为 a,并给数组初始化*/
 for(i=0;i<10;i++)
    cout<<"a["<<i<<"]="<<a[i]<<" ";    /*a[i]为数组的第 i 个元素*/
 cout<<endl;
 return 0;
}
```

(3) 按 F5 键,编译程序。

(4) 按 Ctrl+F5 键运行程序,程序的运行结果为:

a[0]=1 a[1]=2 a[2]=3 a[3]=4 a[4]=5 a[5]=6 a[6]=0 a[7]=0 a[8]=0 a[9]=0

从程序的运行结果分析,数组可以初始化,初始化时按顺利进行,赋值以外的数据默认为 0。

注意:

(1) 常量表达式中可以包括常量和符号常量。

(2) C++ 语言不允许对数组作动态定义。

例如:

int n;
cin>>n;
int a[n];

以上程序段是错误的,它对数组大小作了动态定义。

6.1.2　一维数组的引用、初始化与赋值

C++语言规定不能一次引用整个数组,只能对逐个元素进行引用,如例6.1所示。又如,有数组定义:

```
int i,a[10];
```

可用以下语句逐个从键盘输入:

```
for(i=0;i<10;i++)
    cin>>a[i];
```

可用以下语句输出到计算机屏幕上:

```
for(i=0;i<10;i++)
    cout<<a[i]<<' ';
```

在程序中,应用 a[i] 或 *(a+i) 表示数组的元素。

如何给一维数组赋值呢?可以有三种方法:数组的初始化,在程序中赋值,从键盘中读入。

1. 数组的初始化

数组的初始化,指在定义数组时可赋给数组一组最初的值。如:

```
static int a[10]={0,1,2,3,4};
```

定义的数组有10个元素,但只对其中前5个元素赋了初值,后5个元素的初值为0。

2. 程序中给数组的元素赋值

对其中已知的数组对未知的数组赋值。例如,下列程序完成矩阵的转置。

```
#include<iostream.h>
void main()
{
    int i,j;
    static int a[3][4]={1,2,3,4,5,6,7,8,9,10,11,12};
    int b[4][3];
    for(i=0;i<3;i++)
        for(j=0;j<4;j++)
            b[j][i]=a[i][j];

    for(i=0;i<4;i++){
        for(j=0;j<3;j++)
            cout<<b[i][j]<<' ';
        cout<<endl;
        }
    cout<<endl;
```

}

例 6.2 设计一个程序,在程序中定义两个数组,其中一个初始化的数组给另一个数组的元素赋值,并输出数组元素的值。

分析:数组 s 在定义时赋值;数组 a 在程序中赋值。s[2]的 3 赋给 a[0],s[4]的 5 赋给 a[1],s[7]的 8 赋给 a[2],程序运行的结果为:a[0]=3 a[1]=5 a[2]=8。

(1) 选择"开始"→"程序"→Microsoft Visual Studio→Microsoft Visual C++ 6.0→"新建"→"文件"→C/C++ Source File,在文件对话框中输入文件名 6-2。

(2) 编辑 6-2.cpp 文件。

```
#include<iostream.h>
int main()
{
int s[10]={1,2,3,4,5,6,7,8,9,10};
int i=2,a[3];
a[0]=s[i];
a[1]=s[2+i];
a[2]=s[2*i+3];
cout<<"a[0]="<<a[0]<<" "<<"a[1]="<<a[1]<<" "<<"a[2]="<<a[2]<<endl;
return 0;
}
```

(3) 按 F5 键,编译程序。

(4) 按 Ctrl+F5 键运行程序,程序运行结果为:

a[0]=3 a[1]=5 a[2]=8

3. 程序运行时从键盘输入

例 6.3 定义一个数组,程序运行时从键盘输入数据,给数组的元素赋值,最后输出数组元素的值。

(1) 选择"开始"→"程序"→Microsoft Visual Studio→Microsoft Visual C++ 6.0→"新建"→"文件"→C/C++ Source File,在文件对话框中输入文件名 6-3。

(2) 编辑 6-3.cpp 文件。

```
#include<iostream.h>
int main()
{
 int i,a[10];
 cout<<"请输入 10 个整型数,以空格隔开"<<endl;
 for(i=0;i<10;i++)
     cin>>a[i];
 cout<<"输入的数组为:"<<endl;
 for(i=0;i<10;i++)
     cout<<"a["<<i<<"]="<<a[i]<<" ";
```

```
    cout<<endl;
    return 0;
}
```

（3）按 F5 键，编译程序。

（4）按 Ctrl+F5 键运行程序，查看程序的运行结果。

例 6.4 编写一程序定义具有 10 个元素的一维数组，通过数组元素的方法从键盘输入数据，找出比相邻元素大的元素个数（头、尾元素不计在内）。

分析：如数组定义为：int a[10];数组的元素可表示为：a[i]，其元素的地址可表示为：a+i、&a[i]。统计比相邻元素大的元素个数（头、尾元素不计在内）时可用语句：

```
for(k=0,i=1;i<9;i++)
  if(a[i]>a[i+1]&&a[i]>a[i-1])
    k++;
```

完整的程序代码为：

```
#include<iostream.h>
int main()
{
  int a[10],i,k;
  for(i=0;i<10;i++)
    cin>>a[i];
  for(k=0,i=1;i<9;i++)
      if(a[i]>a[i+1]&&a[i]>a[i-1])
    k++;
  cout<<"k="<<k<<endl;
  return 0;
}
```

例 6.5 将数组 a 中的 n 个整数按相反顺序存放。

分析：将 a[0] 与 a[n−1] 对换，再将 a[1] 与 a[n−2] 对换……，直到将 a[(n−1/2)] 与 a[n−int((n−1)/2)] 对换。现用循环处理此问题。设两个位置指示变量 i 和 j，i 的初值为 0，j 的初值为 n−1。将 a[i] 与 a[j] 交换，然后使 i 的值加 1，j 的值减 1。再将 a[i] 与 a[j] 交换，直到 i=(n−1)/2 为止，如图 6.1 所示。

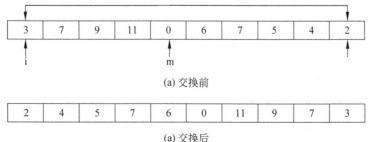

(a) 交换前

(a) 交换后

图 6.1 交换前与交换后的示意图

用数组元素的方法程序设计如下：

```cpp
#include<iostream.h>
int inv(int x[ ],int n)          /*形参x是数组名*/
{
    int temp,i,j,m=(n-1)/2;
    for(i=0;i<=m;i++)
        {
            j=n-1-i;
            temp=x[i];x[i]=x[j];x[j]=temp;
        }
    return 0;
}
int main()
{
    int i,a[10]={3,7,9,11,0,6,7,5,4,2};
    cout<<"The original array:"<<endl;
    for(i=0;i<10;i++)
        cout<<a[i]<<" ";
    cout<<endl;
    inv(a,10);
    cout<<"The array has benn inverted:"<<endl;
    for(i=0;i<10;i++)
        cout<<a[i]<<" ";
    cout<<endl;
        return 0;
}
```

上机操作练习 1

编一个程序，最多读入 10 个数，读入 0 表示结束。将读入的非零的数放在一个数组里，按从小到大的顺序排序输出。参考下列程序代码。

```cpp
#include<iostream.h>
void main()
{
    int a[10],j=0,temp;
    cout<<"输入 10 个整数："<<endl;
    cin>>a[0];
    while((j<9)&&(a[j]!=0))
    {
        j++;
        cin>>a[j];
    }
    if(a[j]==0)
```

```
            j--;
        cout<<"排序前："<<endl;
        for(int b=0;b<=j;b++)
            cout<<a[b]<<" ";
        cout<<endl;
        for(int k=1;k<=j;k++)
            for(int h=k-1;h>=0;h--)
            {
                if(a[h]>a[h+1])
                {
                    temp=a[h+1];
                    a[h+1]=a[h];
                    a[h]=temp;
                }
            }
        cout<<"排序后："<<endl;
        for(int u=0;u<=j;u++)
            cout<<a[u];
        cout<<endl;
}
```

思考：阅读下列程序，分析程序的功能。

```
#include<iostream.h>
#define N 100
class ArraySort
{
private:
    int n,a[N];
public:
    ArraySort(int m,int a[N]);
    void OutputArray();
    void SortArray();
};

ArraySort::ArraySort(int nn,int aa[N])
{
    int i;
    n=nn;
    for(i=0;i<n;i++)
        a[i]=aa[i];
}
void ArraySort::OutputArray()
{
    int i;
```

```
    for(i=0;i<n;i++)
        cout<<a[i]<<' ';
    cout<<endl;
}
void ArraySort::SortArray()
{
    int k,h,temp;
    for( k=0;k<n-1;k++)
      for(h=k;h>=0;h--)
      {
          if(a[h]>a[h+1])
          {
              temp=a[h+1];
              a[h+1]=a[h];
              a[h]=temp;
          }
      }

}

void main()
{
    int n,a[N],i;
    cout<<"请输入数组元素的个数";
    cin>>n;
    cout<<"请输入数组元素";
    for(i=0;i<n;i++)
        cin>>a[i];
    ArraySort A(n,a);
    A.OutputArray();
    A.SortArray ();
    A.OutputArray ();
}
```

例 6.6 设计一个最多可以存放 100 个整数的类。要求这些整数按照从小到大的顺序存放在类中的数组里。可以删除数组中的数据,也可以向数组中插入数据,但是要保持从小到大的顺序;可以求出数据的多少,可以判断数组的空和满,可以显示数组中的整数。当然刚生成对象时,对象中的数组没有数据,只有一个一个地向对象中插入数据。

分析:设计一个 Data 类,类中有两个私有数据 A[MaxInt]、Last 分别用于数组元素及元素最大下标。成员函数 Inset(int) 用于插入元素,Delete(int) 用于删除元素,IsEmpty() 用于判断数组是否为空,IsFull() 用于判断数组存放已满,函数 Display(int i) 用于显示数组中的元素。程序设计为:

```
#include<iostream.h>
```

```
#include<stdlib.h>
#include<stdio.h>
#include<time.h>
const int MaxInt=100;
class Data
{
private:
    int A[MaxInt];
    int Last;
public:
    Data(){Last=0;}
    int Inset(int);
    int Delete(int);
    int IsEmpty();
    int IsFull();
    void Display(int i);
    void Display();
    ~Data(){ };
};
int Data::IsEmpty()
{
    if(Last==0)
        return 1;
    else
        return 0;
}
int Data::IsFull()
{
    if(Last==MaxInt)
        return 1;
    else
        return 0;
}
int Data::Inset(int x)
{
    if(IsFull())
    return 0;
    int i=0;
    while(i<Last)
    {
        if(x<A[i])break;
        else i++;
    }
    int j=Last;
```

```cpp
        while(j>i){A[j]=A[j-1];j--;}
            Last++;
        A[i]=x;
        return 1;
}
int Data::Delete(int x)
{
    if(IsEmpty())return 0;
    int i=0;
    while(i<Last)
    {
        if(A[i]==x) break;
        else i++;
    }
    if(i>=Last)
        return 0;
    for(int j=i;j<Last-1;j++)
        A[j]=A[j+1];
    Last--;
    return 1;
}

void Data::Display(int i)
{
    cout<<"A[i]="<<A[i]<<endl;
}
void Data::Display()
{
    int j=0;
    for(int i=0;i<Last;i++)
    {
        cout<<'\t'<<A[i];
        j++;
        if(j==8){cout<<endl;j=0;}
    }
    cout<<endl;
}

void main()
{
    Data Obj;
    int i,x,n;
    cout<<"请输出元素个数：";
    cin>>n;
```

```
    for(i=0;i<n;i++)
    {
        cin>>x;
        Obj.Inset(x);
    }
    Obj.Display();
    cout<<"请输入要删除的元素个数：";
    cin>>n;
    for(i=0;i<n;i++)
    {
        cin>>x;
        Obj.Delete(x);
    }
    Obj.Display();
}
```

思考：阅读下列程序，写出程序的运行结果。设类名为 List，数组变量为 int * Array，数组元素个数为 Count，数组存放的最大元素个数为 Last。主要成员函数有普通构造函数和拷贝构造函数，构造函数担负申请数组存储单元和计数器 Count 初始化的任务。数据交换函数 Change(int &p,int &q)，当整型数 p 的值大于 q 的值时进行交换，数据交换函数不需要对象在外部使用，所以设置为私有。排序函数 Bubble，它对含有 Count 个元素的数组 Array[]进行冒泡排序。还有输入数组元素函数 Input、删除数组元素函数 Delete、数组显示函数 Display。私有函数 Member(int)判断一个整数是否已经在数组里。析构函数释放动态存储单元。

在主程序中定义数组 number[]，由用户输入数组元素的数目及它们的值。调用函数 bubble 显示每次排序循环的结果。

```
#include<iostream.h>
class List
{
private:
    int * Array;
    int Count,Last;
    void Change(int &p,int &q)
{
int x=p;p=q;q=x;
}
    int Member(int);
public:
    List(int x=10)
    {
        Array=new int[x];
        Count=0;Last=x;
```

```cpp
    }
    List(List &L)
    {
        Array=new int[L.Last];
        Count=L.Count;
        Last=L.Last;
        for(int i=0;i<Count;i++)
            *(Array+i)=*(L.Array+i);
    }
    void Bubble();
    int Input(int);
    int Delete(int);
    void Display();
    ~List(){delete[]Array;}
};
int List::Member(int x)
{
    for(int i=0;i<Count;i++)
        if(Array[i]==x)
            return 1;
    return 0;
}
int List::Input(int x)
{
    if(Count==Last)
        return 0;
    for(int i=0;i<Count;i++)
        if(Member(x))
            return 1;
    Array[Count]=x;
    Count++;
    return 1;
}
int List::Delete(int x)
{
    int i;
    for( i=0;i<Count;i++)
        if(Array[i]==x)
            break;
    if((i<Count)&&(Array[i]==x))
    {
        Array[i]=Array[Count-1];
        Count--;
        return 1;
```

```cpp
    }
    return 0;
}
void List::Bubble()
{

    for(int i=0;i<Count;i++)
        for(int j=Count-1;j>i;j--)
            if(Array[j]<Array[j-1])
Change(Array[j],Array[j-1]);
}
void List::Display()
{
    for(int i=0;i<Count;i++)
    {
        cout<<Array[i]<<"\t";
        if((i+7)%6==0) cout<<endl;
    }
    cout<<endl;
}
void main()
{
    List s1(16);
    s1.Input(561);
    s1.Input(256);
    s1.Input(193);
    s1.Input(494);
    s1.Input(725);
    s1.Input(209);
    s1.Input(819);
    s1.Input(918);
    s1.Input(619);
    s1.Input(738);
    s1.Input(187);
    s1.Input(206);
    cout<<"这是 s1:\n";
    s1.Display();
    List s2(s1);
    s1.Delete(206);s1.Delete(561);s1.Delete(209);
    cout<<"这是删除 3 个元素后的 s1:\n";
    s1.Display();
    cout<<"这是 s2:\n";
    s2.Display();
    s2.Bubble();
```

```
cout<<"这是排序后的 s2:\n";
s2.Display();
}
```

6.2 二维数组

在 C++语言中,可以把二维数组看作是一种特殊的一维数组。二维数组中元素的排列顺序是:先按行存放,再按列存放;即在内存中先顺序存放第一行的元素,再存放第二行的元素。

6.2.1 二维数组的定义

格式:

类型说明符　数组名[常量表达式 1][常量表达式 2];

常量表达式 1 表示二维数组的行数,常量表达式 2 表示二维数组的列数,二维数组的行、列也是从 0 开始。例如:

```
double a[3][4];
```

它表示定义了数组名为 a 的 3 行 4 列的双精度实型数组。

6.2.2 二维数组的元素表示、初始化与赋值

1. 二维数组的元素表示

定义二维数组以后,就可以对二维数组的元素进行操作了。那么二维数组的元素如何表示呢?例如:

```
int a[3][4];
```

定义了 3 行 4 列的二维整型数组 a,此二维数组的元素可表示为:

a[0][0]　a[0][1]　a[0][2]　a[0][3]
a[1][0]　a[1][1]　a[1][2]　a[1][3]
a[2][0]　a[2][1]　a[2][2]　a[2][3]

也可以用下标表示,如:a[i][j]、*(a[i]+j)、*(*(a+i)+j)都表示数组元素 a[i][j]。

2. 二维数组的赋值

定义了一个二维数组后,在程序中就可以引用二维数组的元素及地址。二维数组的赋值也可以分为 3 种情况:(1)二维数组的初始化;(2)在程序中赋值;(3)从键盘读入。

只有静态存储数组和外部存储数组才能在编译阶段初始化。对二维数组初始化的情况有 4 种。

(1) 分行给二维数组初始化

例如给 3 行 4 列的整型数组分行初始化：

```
static a[3][4]={{1,2,3,4},{5,6,7,8},{9,10,11,12}};
```

以上赋值把第一个花括号内的数据赋给第一行元素，第二个花括号内的数据赋给第二行元素，即按行赋值。或者：

```
static int a[3][3]={{1,2,3},
                    {4,5,6},
                    {7,8,9}};
```

(2) 用一行给二维数组初始化

可以将所有的数据写在一个花括号内，按数组排列的顺序对各元素赋值。例如给 3 行 4 列的整型数组初始化：

```
static int a[3][3]={1,2,3,4,5,6,7,8,9};
```

(3) 对二维数组的部分元素初始化

对二维数组的部分元素初始化时，每行需用花括号括起来，例如：

```
static int a[3][4]={{1},{5},{9}};
```

以上赋值的结果是：数组第一列的元素分别赋了初值 1,5,9,其余元素的值都是 0。例如,有定义：

```
int a[3][3]={{1},{4},{7}};
```

实质上与：

```
int a[3][3]={ 1,0,0,4,0,0,7,0,0};
```

等效。

```
int a[3][3]={{1,2,3}};
```

实质上与：

```
int a[3][3]={1,2,3,0,0,0,0,0,0};
```

等效。

(4) 对二维数组初始化时第二维的长度不能省略

如果对二维数组的全部元素都赋初值，则定义数组时对第一维的长度可以不指定，但第二维的长度不能省略。例如：

```
int a[3][3]={1,2,3,4,5,6,7,8,9};
```

与

```
a[][3]={1,2,3,4,5,6,7,8,9};
```

等价。又如：

```
static int a[][3]={{0,0,3},{0},{0,10}};
```

可表示为：

```
static int a[][3]={0,0,3,0,0,0,0,10,0};
```

有关在程序设计中给二维数组元素赋值及从键盘读入的方法与一维数组基本相同，此处不再重复，仅用例子表示。

例 6.7 在程序中定义一个二维的整型数组，通过二重循环从键盘输入元素，然后输出。

(1)"开始"→"程序"→Microsoft Visual Studio→Microsoft Visual C++ 6.0→"新建"→"文件"→C/C++ Source File，在文件对话框中输入文件名 6-7。

(2)编辑 6-7.cpp 文件。

```
#include<iostream.h>
int main()
{
  int i,j,a[4][4];
  cout<<"请输入16个整型数,以空格隔开。"<<endl;
  for(i=0;i<4;i++)
    for(j=0;j<4;j++)
      cin>>a[i][j];
  cout<<"输入的数组为："<<endl;
  for(i=0;i<4;i++){
    for(j=0;j<4;j++)
      cout<<"a["<<i<<"]["<<j<<"]="<<a[i][j]<<" ";
    cout<<endl;
  }
  return 0;
}
```

(3) 按 F5 键，编译程序。

(4) 按 Ctrl+F5 键运行程序，查看程序的运行结果。

请输入16个整型数，以空格隔开。

2 5 9 -7 3 2 4 5 12 34 9 1 0 -2 -5 8

输入的数组为：

a[0][0]=2   a[0][1]=5   a[0][2]=9   a[0][3]=-7
a[1][0]=3   a[1][1]=2   a[1][2]=4   a[1][3]=5
a[2][0]=12   a[2][1]=34   a[2][2]=9   a[2][3]=1
a[3][0]=0   a[3][1]=-2   a[3][2]=-5   a[3][3]=8

例 6.8 假定有二维数组 int a[4][4],求二维数组主对角线与次对角线的元素之和。

分析:二维数组的主对角线和次对角线分别可用 for(i=0;i<4;i++)中的 a[i][i] 与 a[i][3−i]表示。或用双重循环 for(i=0;i<4;i++)for(j=0;j<4;j++)中的a[i][j] 与 a[i][3−j]表示。

(1) 选择"开始"→"程序"→Microsoft Visual Studio→Microsoft Visual C++ 6.0→ "新建"→"文件"→C/C++ Source File,在文件对话框中输入文件名 6-8。

(2) 编辑 6-8.cpp 文件。

```
#include<iostream.h>
int main()
{
  int i,j,a[4][4],sum=0;
  cout<<"请输入16个整型数,以空格隔开"<<endl;
  for(i=0;i<4;i++)
    for(j=0;j<4;j++)
      cin>>a[i][j];
  cout<<"输入的数组为: "<<endl;
  for(i=0;i<4;i++){
    for(j=0;j<4;j++)
      cout<<"a["<<i<<"]["<<j<<"]="<<a[i][j]<<" ";
    cout<<endl;
  }
  for(i=0;i<4;i++)
    for(j=0;j<4;j++)
      sum=sum+a[i][j]+a[i][3-j];
  cout<<"主、次对角线元素之和 sum="<<sum<<endl;
  return 0;
}
```

6.2.3 二维数组可作为一维数组来使用

设有整型二维数组 a[3][4]如下:

```
0  1  2  3
4  5  6  7
8  9  10 11
```

它的定义为:

int a[3][4]={{0,1,2,3},{4,5,6,7},{8,9,10,11}};

设数组 a 的首地址为 1000,在 Visual C++ 中各元素的首地址及其值如图 6.2 所示。

10000	10001	10082	10123
10164	10205	10246	10287
10328	10399	104010	104411

图 6.2 各下标变量的首地址及其值

在C++语言中允许把一个二维数组分解为多个一维数组来处理,因此数组a可分解为三个一维数组,三个一维数组的首地址分别为a[0],a[1],a[2]。每一个一维数组又含有四个元素,例如a[0]数组,含有a[0][0],a[0][1],a[0][2],a[0][3]四个元素。

6.3 指针的基本概念

变量的值存放在内存中,而内存有一确定的地址。在C++语言中有一种变量用来存放内存的地址,这种变量称为指针变量。在前面介绍"变量"时曾提到:一个变量实质上是代表了"内存中的某个存储单元"。那么C++程序是怎样存取这个存储单元的内容呢?计算机的内存是以字节为单位的一片连续的存储空间,每一个字节都有一个编号,这个编号就称为内存地址。就像旅馆的每个房间都有一个房间号一样,如果没有房间号,旅馆的工作人员就无法进行管理。

注意:若在程序中定义了一个变量,这个变量在内存中的地址也就确定了。C++语言中所说的每个变量的地址是指该变量所占存储单元中第一个字节的地址。

6.3.1 指针

1. 指针变量的定义

定义指针变量的一般形式如下:

类型名 *指针变量名;

例如:

```
int *p1,*p2;
```

注意:类型是指指针变量所指的地址上存储内容的类型。

2. 指针变量的赋值

一个指针变量可以通过赋值、初始化、分配内存空间获得一个确定的地址值,从而指向一个具体的对象。

例如:若有以下定义:

```
int k=1,*q,*p;
q=&k;      /* 指针q指向变量k的地址 */
p=q;       /* 指针p指向指针q所指的地址,指针变量p和q都指向了变量k */
```

注意:当进行赋值运算时,赋值号两边指针变量的基类型必须相同。

3. 指针变量的间接寻址运算

对指针变量所指的地址取内容是用运算符"*"。"*"称为间接寻址运算符,其操作数是一个指针变量。

间接寻址运算符形式如下:

＊指针；

它的功能是获取指针所指存储单元的值。

例 6.9　定义一个整型变量与一个指向整型数的指针,让指针指向变量的地址。通过从键盘输入一个数给变量,输出指针所指的地址上的内容。

```
#include<iostream.h>
int main()
{
    int x;
    int *p;                        /*定义指针变量p*/
    p=&x;                          /*指针变量指向变量x的地址*/
    cin>>x;
    cout<<"*p="<<*p<<endl;         /**p为指针变量p所指的内存上的内容*/
    return 0;
}
```

分析:在图 6.3 中,假定变量 x 分配在内存 2000H 地址上,指针变量 p 分配在内存 2500H 地址上,从键盘读入 100 给变量 x。由于执行语句 p=&x;表示指针 p 指向变量 x 的地址,即指针 p 的值为 2000H,而 2000H 上的内容就是变量 x 的值 100。

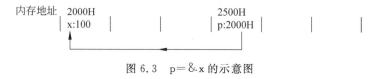

图 6.3　p=&x 的示意图

注意:

(1) 指针变量名是一个标识符,对它的命名要符合标识符的命名规则。

(2) 指针变量只能指向同一类型的变量。

(3) 指针定义时的"＊"只是定义说明符,它不是指针变量名的一部分。例如,在定义指针变量 int *p;时,p 为指针变量,*p 不表示指针,而表示指针变量 p 所指地址上的内容。

思考:int x,*p=&x;能否把此语句中的 *p 理解为指针 p 取内容运算? 如果把此语句中的 *p=&x;单独写出是否正确?

注意:C++ 语言中有一个特殊的指针值 NULL,即全部二进制为 0 的值。引进 NULL 的目的是作为指针的异常事件标志。除了给指针变量赋地址值外,还可以给指针变量赋 NULL 值,例如:

　　p=NULL;

NULL 是在 iostream.h 头文件中定义的预定义符。因此在使用 NULL 时,应该在程序的前面出现预定义行:#include<iostream.h>。NULL 的代码值为 0,执行了以上的赋值语句后,称 p 为空指针。

思考:下列语句中错误的是:

A. int *p=new int(10);

B. int *p=new int[10];

C. int *p=new int;

D. int *p=new int[40](0);

答案:D

说明:int *p=new int(10);表示分配一个整型空间,初值为 10。

int *p=new int[10];表示分配 10 个整型空间。

int *p=new int;表示分配一个整型空间。

int *p=new int[40](0);给一个数组分配内存空间时,对整个数组进行初始化,这是不允许的。

上机操作练习 2

分析下列程序的运行结果并上机调试。

```
#include<iostream.h>
#include<string.h>
class Rev
{
private:
    char *p;
public:
    Rev(char *s);
    void inv(int n);
    void print();
};

Rev::Rev(char *s)
{
    p=new char[strlen(s)+1];
    strcpy(p,s);
}

void Rev::inv(int k)
{
    int i;
    char ch;
    for(i=0;i<k/2;i++)
    {
        ch=*(p+i);
```

```
            * (p+i)= * (p+k-1-i);
            * (p+k-1-i)=ch;
        }
}

void Rev::print()
{
    cout<<p<<endl;
}


int main()
{
    Rev A("abcdefghijkl");
    A.inv(6);
    A.print();
    return 0;
}
```

6.3.2 指针间的运算

指针是内存中的一个地址,所以它是一个整数。但它又不同于一般的整数,它必须是具体类型的特定变量地址所允许的整数。因此,指针的运算有很大的特殊性,对指针可以进行如下运算:算术运算、关系运算、赋值运算。

例 6.10 两个同类指针之间的算术减运算。

```
#include<iostream.h>
void main()
{
    int a[5];
    int * p1, * p2;
    p1=a;
    p2=&a[3];
    cout<<p2-p1<<endl;
}
```

思考:

(1) 本例中的两个指针 p2＋p1 的运算是否有意义?
(2) 思考下列程序中两个同类指针之间的运算结果。

```
#include<iostream.h>
void main()
{
```

```
int a[10];
int *p1,*p2;
p1=a;
p2=&a[3];
p2++;
p2=p2+2;
cout<<p2-p1<<endl;
}
```

(3) 语句 p2++;是指指针后移一个存储单元还是指针地址值加 1?

例 6.11 两个同类指针之间的算术减运算、指针与整型数之间的运算。

```
#include<iostream.h>
void main()
{
    int a[5],x,y;
    int *p1,*p2;
    p1=a;
    x=(int)p1;
    p2=&a[3];
    y=(int)p2;
    cout<<p1<<endl;
    cout<<p2<<endl;
    cout<<p2-p1<<endl;
    cout<<y-x<<endl;
}
```

思考:

(1) 语句 x=(int)p1;为什么需要进行类型强制转换?

(2) 思考下列程序的两个同类指针之间关系运算的结果。

```
#include<iostream.h>
void main()
{
    int a[5];
    int *p1,*p2;
    p1=a;
    p2=&a[3];
    cout<<(p2>p1)<<endl;
}
```

(3) 有下列程序段,请思考此程序段输出什么?

```
int a[10];
int *p1,*p2;
p1=a;
```

```
p2=&a[9];
while(p2>p1)
{
  cout<<'*';
  p2--;
  p1++;
}
```

6.3.3 指针与 const 限定符

const 限定符可以放置到有关的指针应用中,它具有两种使用方法。

1. 限定指针本身

类型 * const 指针名;

它表示指针所指的地址是常量,而地址上的内容是可以改变的。

2. 限定指针所指向的对象

const 类型 * 指针名;

它表示指针所指的地址上的内容是常量,而地址是可以改变的。
有关的概念请仔细阅读以下示例。
例如:

```
int x=5,y=10;
int * const pc=&x;    //表示指针 pc 所指的地址是常量,而地址上的内容是可以改变的
pc=&y;                //错误,pc 所指的地址不能改变
*pc=20;               //正确
```

又如:

```
int x=5,y=10;
const int * pc=&x;    //表示指针 pc 所指的地址上的内容是常量,而地址是可以改变的
pc=&y;                //因而正确
*pc=20;               //错误,pc 所指的地址上内容不能改变
```

注意:只有通过初始化程序才能指定 const 变量的值,而不允许通过赋值语句改变它的值,也就是说,不能先声明一个 const 变量,然后再给它赋值。例如,下面的程序段是不正确的。

```
const int i;
i=50;                 //出错
```

一旦声明了一个 const 变量,并且已经给它初始化了一个值,以后就不能再改变它的值。下面的程序段也是错误的。

```
const int i=50;
i=20;                    //出错
```

const 数据具有下列优点。

(1) const 变量声明可以用来代替#define 宏变量。例如,可以使用声明语句:

const int SIZE=500 代替宏定义:#define SIZE 500

与宏定义相比,const 数据的优点在于它是真正的数据,被登记在名字列表中,具有名称、类型和值。因而给调试程序提供了很大的方便。

(2) 一个较大的程序经常要被划分成多个模块,即在多个.cpp 文件构成一个项目中使用 const 函数参数时,需要声明一个全局的 const 变量。

6.3.4 类与 const 限定符

在 C++ 中广泛地应用关键字 const,用来对共享数据的保护,提高程序的安全性。const 除了以上用法外,还可以修饰常成员函数与常对象。

1. 常成员函数

使用关键字 const 说明的成员函数是常成员函数。常成员函数是只读函数,此成员函数不能改变对象的值。

例如:

```
class Date
{
private:
int Year;
int Month;
int Day;
public:
Date(int y,int m,int d){ Year=y; Month=m; Day=d;}
void print() const;
};
void print() const
{
cout<<"出生年月是"<<Year<<"年"<<Month<<"月"<<Day<<"日"<<endl;
}
```

在上述函数 print 是常成员函数,在函数定义中也要用关键字 const 修饰,在此函数中不能修改对象变量的值。

思考:把上述函数 print 修改为以下形式,程序是否能通过编译?

```
void print() const
{
```

cout<<"出生年月是"<<Year<<"年"<<Month<<"月"<<Day<<"日"<<endl;
}

2. 常对象

在 C++ 中还可以应用关键字 const 来修饰整个对象,被修饰的对象称为常对象。常对象必须在对象初始化时进行,常对象只能调用类的常成员函数。

常对象的定义形式为:

类名 const 对象名(实参表);

例如:定义 Date 类的常对象 date,可以写成:

Date const date(2012,9,10);

注意:常对象只能调用它的常成员函数,不能调用它的普通成员函数。而普通的对象既可调用普通的成员函数,又能调用常成员函数。

思考:阅读下列程序,程序要通过编译应如何修改?

```
#include<iostream.h>
#include<string.h>
class Date
{
private:
  int Year;
  int Month;
  int Day;
public:
  Date(int y,int m,int d)
  { Year=y; Month=m; Day=d;}
  void print() const
  {cout<<"出生年月是"<<Year<<"年"<<Month<<"月"<<Day<<"日"<<endl; }
  void addyear(){ Year++; }
};

void main()
{
  Date const man(1970,10,10);
  Date woman(1972,1,1);
  man.addyear();
  man.print();
  woman.addyear();
  woman.print();
}
```

6.4 一维数组与指针

指针是一个很重要的概念,在实际使用中,指针变量通常应用于数组,因为数组在内存中是连续存放的。指针应用于数组将会使程序的概念十分清楚、精练、高效。

前面讲过,引入指针变量的目的是利用指针的移动来引用变量,下面通过一个例子来讨论指针指向一维数组的有关问题。

例 6.12 写出程序执行后的结果。

```
#include<iostream.h>
int main()
{
int a[5]={10,20,30,40,50},*p;
p=a+2;
cout<<*p<<' '<<*p+2<<' '<<*(p+2)<<endl;
p--;
cout<<*p<<' '<<*p+2<<' '<<*(p+2)<<endl;
return 0;
}
```

分析:如图 6.4 所示,p 所指的地址上的内容为 30,因而 *p+2 为 32;而 p+2 表示指在元素 a[4] 的地址上,所以 *(p+2) 的值为 50。当 p-- 后,指针 p 指在元素 a[1] 的地址上,此时 *p、*p+2、*(p+2) 分别为 20、22、40,因而程序输出为:

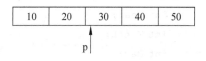

图 6.4 指针应用于一维数组

```
30  32  50
20  22  40
```

例 6.13 如有定义:

```
int a[10]={10,20,30,40,50,60,70,80,90,100},*p;
p=a+5;
```

假定下列各问题都以指针 p 指向 a+5 的地址上为条件,问 p++、*p++、*++p、++*p 的含义是什么?

分析:

p++;表示向高地址移动指针,使指针变量 p 指向存储空间为 70 的地址上。

*p++;表示取 60 的值,然后使指针 p 指向存储单元为 70 的地址上。

*++p;先使指针 p 指向存储单元为 70 的地址上,然后取值 70。

++*p;表示对 p 所指的值 60 增加 1,然后取值 61。

思考：

```
int a[10]={10,20,30,40,50,60,70,80,90,100},*p;
p=a+5;
```

假定下列各问题都以指针 p 指向 a+5 的地址上为条件,问 p--、*p--、*--p、--*p 的含义是什么？

上机操作练习 3

请编写程序检验例 6.11 中的所有问题。例如：*p++;表示取值 60,然后使指针 p 指向存储单元 a[6]的地址上。

提示：执行语句：cout<<*p++;判断是否输出为 60？如何检验指针 p 指向存储单元值 70 的地址上？有两种方法,其一执行语句：cout<<*p;如输出为 70,则肯定了以上的分析,其二是输出地址 p、a+6,比较它们的地址值是否相同。

一维数组的元素表示法如表 6.1 所示,元素地址表示法如表 6.2 表示。

表 6.1 一维数组的元素表示法

数组表示	指针表示
a[i]	p[i] 或 *p
*(a+i)	*(p+i) 或 *p

表 6.2 一维数组的元素地址表示法

数组表示	指针表示
&a[j]	p+j 或 p
a+j	

例 6.14 应用指针将一维数组 a 中的 n 个整数按相反顺序存放。

分析：将 a[0]与 a[n−1]对换,再 a[1]与 a[n−2]对换……直到将 a[(n−1/2)]与 a[n−int((n−1)/2)]对换。现用循环处理此问题。设两个位置指示变量 i 和 j,i 的初值为 0,j 的初值为 n−1。将 a[i]与 a[j]交换,然后使 i 的值加 1,j 的值减 1;再将 a[i]与 a[j]交换,直到 i=(n−1)/2 为止,如图 6.5 所示。

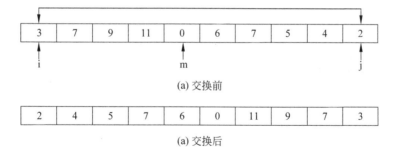

图 6.5 交换前后的数组表示

用指针的方法程序设计如下：

```
#include<iostream.h>
void inv(int *p,int n)
{
    int temp,*p1,*p2;
```

```
        p1=p;
        p2=p+n-1;
        for(;p1<p2;p1++,p2--){
            temp=*p1;*p1=*p2;*p2=temp;
        }
}
int main()
{
        int i,a[10]={3,7,9,11,0,6,7,5,4,2},*p=a;
        cout<<"原数组为:"<<endl;
        for(i=0;i<10;i++,p++)
            cout<<*p<<' ';
        cout<<endl;
        p=a;
        inv(p,10);
        cout<<"反序后的数组为:"<<endl;
        for(i=0;i<10;i++,p++)
            cout<<*p<<' ';
        cout<<endl;
        return 0;
}
```

上机操作练习 4

(1) 从键盘输入一个字符串,模仿例 6.12,用数组的方法把此字符串反序排列。
(2) 从键盘输入一个字符串,模仿例 6.12,用指针的方法把此字符串反序排列。

例 6.15 用选择法对 10 个整数从大到小进行排序。

```
#include<iostream.h>
int sort(int x[ ],int n)
{
        int i,j,k,t;
        for(i=0;i<n-1;i++){
            k=i;
            for(j=i+1;j<n;j++)
                if(x[j]>x[k])
                    k=j;
            if(k!=i)
                {
                    t=x[i];
                    x[i]=x[k];
                    x[k]=t;
                }
        }
        return 0;
```

```
}
int main()
{
    int * p,i,a[10]={3,7,9,11,0,6,7,5,4,2};
    cout<<"The original array:" <<endl;
    for(i=0;i<10;i++)
        cout<<a[i]<<' ';
    cout<<endl;
    p=a;
    sort(p,10);
    for(p=a,i=0;i<10;i++,p++)
        cout<< * p<<' ';
    cout<<endl;
    return 0;
}
```

思考：用选择法对 10 个整数从小到大进行排序。

6.5 字符串与字符指针变量

C++ 语言本身没有设置一种类型来定义字符串变量，字符串的存储完全依赖于字符数组，但字符数组又不等于字符串变量。本节将对字符串的实现、字符串与字符数组、指针之间的关系以及字符串的简单应用进行讨论。

6.5.1 字符数组与字符串

1. 字符串的初始化

在 C++ 语言中，字符串是借助于字符型一维数组来存放的，以字符'\0'作为字符串结束标志。'\0'的 ASCII 代码值为 0,'\0'占用存储空间、不输出，但不计入字符串的实际长度。

可以用字符数组存放字符串，如 char s[10]={'H','e','l','l','o','!',' ','\0'};或：char s[10]="Hello!";。

如果一个字符数组用来存储字符串，那么在定义该字符数组时，数组的大小就应该比它将要实际存放的字符串多一个字节，用来存放'\0'。

当用赋初值方式来定义字符数组大小时，这时定义应写成：

char str1[8]={'s','t','r','i','n','g','!','\0'};

在此定义了有 7 个字符的字符串，数组 str1 包含了 8 个元素的字符数组。可以直接用字符串常量给一维字符数组赋初值。例如：

char str1[10]={"string!"};

第 6 章　指针与数组

由于"string!"是字符串常量,系统已自动在最后加入'\0',所以不必人为加入。或写成:

```
char str[]="string";
```

定义成:char str[7]="string!";是错误的,因 7 个字节的空间不够用,'\0'将占用下一个不属于 str 的存储单元。

思考:

(1) 以下给数组赋值是否合法?

```
char s[10];
s="Hello!";
```

字符数组 s 可以存放多少个字符?

提示: 表示字符串"Hello!"的是存储空间的首地址,而数组定义后数组首地址也就确定了,即是常量,两个常量之间不能相互赋值。

(2) 如有以下定义:

```
char str1[10]="computer",str2[20];
```

赋值语句 str2=str1;是否正确?

2. 字符串的复制

在 C 语言中字符串 str1 给字符串 str2 赋值,可以有两种方法。

(1) 对字符逐个赋值

当然数组元素间赋值可逐个进行,最后人为加入字符串结束标志'\0'。例如:

```
for(j=0;str1[j]!='\0';j++)
    str2[j]=str1[j];
str2[j]='\0';           /* 人为加入字符串结束标志'\0' */
```

思考: 上述 for 语句与下述①、②表示的语句等价吗?

```
① while(str2++=str1++);
② for(j=0;str1[j];j++)
    str2[j]=str1[j];
```

(2) 利用库函数进行复制

```
strcpy(str2,str1);
```

调用库函数 strcpy 时应使用预处理命令:

```
#include<string.h>
```

3. 字符串的输入、输出

(1) 字符串的输入

字符串的输入可使用输入输出流对象 cin 或成员函数 getline。

例如：

char s1[80];
cin>>s1

注意：cin 输入时以空格分隔，getline 用以指定字符个数或回车分隔。

(2) 字符串的输出

字符串的输出可使用输入输出流对象 cout 或成员函数 puts。

例如：

cout<<s1;
puts(s1);

它表示输出以 s1 为首地址的内容，直到'\0'。

思考：下列程序输出的结果是什么？

```
#include<iostream.h>
void main()
{
  int i;
  char string[]="I love China!";
  for(i=0;string[i];i++)
    cout<<string+i<<endl;
}
```

例 6.16 定义一个字符数组，程序运行时从键盘输入一行字符，统计大写字母、小写字母、数字字符及其他字符的个数。

```
#include<iostream.h>
#include<stdio.h>
int main()
{
  char ch;
  int i,u=0,l=0,d=0,o=0;
  while((ch=getchar())!='\n')
      if(ch>='A'&&ch<='Z')
          u++;
      else if(ch>='a'&&ch<='z')
          l++;
      else if(ch>='0'&&ch<='9')
          d++;
      else
          o++;
  cout<<"大写字符："<<u<<"个,小写字符："<<l<<"个,数字字符："<<d<<"个,其他字符："<<o<<"个。"<<endl;
  return 0;
}
```

在定义该字符数组时,数组的大小就应该比它将要实际存放的最长字符串多一个元素,从而为在末尾存放'\0'留有空间。

在字符数组的应用中,应该非常关注字符串空间不够的问题,即所谓的缓冲区溢出问题,大量的安全问题都是由于字符串超界所引起的。

运行以下程序,输入 yourpasswordyourpassword,观察有什么结果发生,请分析原因。

```
#include<iostream.h>
#include<string.h>
#include<stdlib.h>
#include<iostream.h>
int main()
{
    char origPassword[12]="Passwd\0";
    char userPassword[12];
    cin>>userPassword;                  /*读取用户输入的口令*/
    if(strncmp(origPassword,userPassword,12)!=0)
    {
        cout<<"Password doesn't match!"<<endl;
        exit(1);
    }
    cout<<"pass"<<endl;
    return 0;
}
```

6.5.2 指针变量与字符串

每一个字符串常量都分别占用内存中一串连续的存储空间,以存储空间的首地址表示字符串,因而可以用字符指针变量指向字符串的首地址,例如:

```
char *sp;
sp="Hello!";
```

或写成:

```
char *sp="Hello!";
```

此赋值语句并不是把字符串的内容放入 sp 中,而只是把字符串在内存中所占的首地址赋予了 char 类型的指针变量 sp,使指针变量 sp 指向以上字符串的首地址。

注意:定义:char *sp;用语句:cin>>sp;或 gets(sp);是错误的,因为指针 sp 还没有指向一个确定的地址。应写成以下程序段:

```
char *sp,str[80];
sp=str;
```

```
gets(sp);              /* 此时 sp 已指向了一个确定的地址 */
```

下面举例说明用字符串与指针之间赋值的有关问题。例如有两个字符串指针：

```
char a[10], *to, *from;
to=a;
from="string";
```

现在把 t 所指的内容赋值到 s 所指的空间上，可用下列函数来实现：

```
char *strcpy(char *to,char *from)
{
    char *p=to;
    while(*p++=*from++);
        return to;
}
```

此函数的 while 中先赋'\0'后，再判定循环条件。也可以写成下列式子：

```
while(*from!='\0')
{
    *to=*from;
    to++;
    from++;
}
```

或：

```
for(i=0;*(from+i)!='\0';i++)
    *(to+i)=*(from+i);
*(to+i)='\0';
```

6.6　数　组　指　针

数组指针用于指向二维数组，声明数组指针变量的一般形式为：

类型说明符 (*指针变量名)[下标];

如有定义 int a[2][3], (*p)[3]; 当 p=a; 后，可用 *(p[i]+j)、*(*(p+i)+j) 表示数组元素 a[i][j]。同理 *(p+i) 为 i 行首地址，*(p+i)+j 表示 i 行 j 列元素地址。

例 6.17　数组指针的应用。

```
#include<iostream.h>
int main()
{
    static int a[3][5]={1,2,3,4,5,6,7,8,9,10,11,12,13,14,15};
    int i,j,(*p)[5];
```

第 6 章　指针与数组 ——————171

```
        p=a;
        for (i=0;i<3;i++)
            for(j=0;j<5;j++)
                cout<<*(*(p+i)+j)<<' ';
        cout<<endl;
    return 0;
}
```

注意:

(1) 用指针 p 指向二维数组时指针的赋值应该用 p=a[0],而数组指针 p 指向二维数组时指针的赋值应该用 p=a。

(2) 数组指针 p++ 表示指向二维数组下一行的首地址。

例 6.18 数组指针的应用。

```
#include<iostream.h>
void main()
{
    static int a[3][4]={1,3,5,7,9,11,13,15,17,19,21,23};
    int (*p)[4],i,j;              /*表示*p有4个列元素的指针*/
    p=a;
    cin>>i>>j;
    cout<<"a["<<i<<"]["<<j<<"]="<<*(*(p+i)+j)<<endl;
}
```

如输入:

1,2

输出为:

a[1][2]=13

例 6.19 数组指针的应用。

```
#include<iostream.h>
#include<iomanip.h>
void ave(int *p,int n)
{
int *p_end;
int sum=0,aver;
for(p_end=p+n-1;p<=p_end;p++)
sum=sum+*p;
aver=sum/n;
cout<<"average="<<aver<<endl;
}
int search(int (*p)[4],int n)
{
```

```
int i;
cout<<"The scores of No."<<n<<" are:\n";
for(i=0;i<4;i++)
    cout<<setw(4)<< * ( * (p+n)+i)<<endl;
return 0;
}

int main()
{
    static int score[3][4]={{70,80,67,77},{82,88,69,86},{93,87,99,81}};
    ave(*score,12);
    search(score,1);
    return 0;
}
```

程序的运行结果为：

```
average=81
The scores of No.1 are:
  82  88  69  86
```

阅读时应注意在函数 ave(*score,12)中，实参 *score 相当于 score[0]，它表示用指针来引用二维数组 score[3][4]，即把二维数组 score[3][4]作为一维数组来引用，因而它所对应的形参为 int *p，而 12 表示元素的个数。在函数 search(score,1)中，实参 score 为二维数组的数组名，对它的引用应为指针数组，因而此函数的形参说明为指针数组 int (*p)[4]，参数的传递为 p= score,n=1。此函数中 *(*(p+n)+i)相当于 p[1][i]，或 score[1][i]，在循环中输出 score[1][0]、score[1][1]、score[1][2]。

6.7 指针数组

6.7.1 指针数组的性质

指针数组是指由指针组成的数组，即指针变量的集合，实质上是一个数组，其元素为指针。指针数组中的若干指针比较适合于指向若干个字符串，使字符串的处理更为方便灵活。

指针数组定义形式为：

类型 *数组名[指针数组元素的个数];

例如：

char *w[7];
int *pk[5];

6.7.2 指针数组的初始化

由于指针数组是一个数组,它的初始化或赋值与数组的性质基本一致,格式为:

static 数据类型 *数组名[下标]={地址 1,地址 2,…,地址 n};

例如:

```
static char *w[7]={"Sun","Mon","Tue","Wed","Thu","Fri","sat"};
```

它表示数组元素 w[0]指向字符串"sun",w[1]指向字符串"Mon"…w[6]指向字符串"sat",当要输出这些字符串时,可用下列语句:

```
for(j=0;j<7;j++)
  cout<<w[j]<<endl;
```

1. 指针数组的赋值方法之一

```
int a[2][3],*p[2];
for (i=0;i<2;i++)
    p[i]=a[i];
```

2. 指针数组的赋值方法之二

```
static char *name[]={"Liu","Fang","Zhang"};
```

这表示指针 name[0]指向字符串"Liu"的首地址;指针 name[1]指向字符串"Fang"的首地址;指针 name[2]指向字符串"Zhang"的首地址。

例 6.20 阅读以下程序,分析输出结果。

```
#include<iostream.h>
void main()
{ static char *name[]={"Liu","Fang","Zhang"};
  int i;
  for(i=0;i<3;i++)
    if(name[i][0]=='F')
  cout<<name[i] <<endl;
}
```

分析:指针 name[0]指向字符串"Liu"的首地址;指针 name[1]指向字符串"Fang"的首地址;指针 name[2]指向字符串"Zhang"的首地址,而 name[0][0]表示字符'L';name[1][0]表示字符'F';name[2][0]表示字符'Z';当表达式 name[i][0]=='F'为真时的 i 值为 1,语句 cout<<name[i];输出为:Fang。

例 6.21 以下程序完成的功能是:对一批程序设计语言名从小到大进行排序并输出。

```
#include<iostream.h>
```

```
#include<string.h>
int sort(char *book[ ],int num)
{ int i,j;
  char *temp;
  for(j=1;j<=num-1;j++)
      for(i=0;i<num-1-j;i++)
          if(strcmp(book[i],book[i+1])>0)
              { temp=book[i];
                book[i]=book[i+1];
                book[i+1]=temp;
              }
return 0;
}

int main()
{
int i;
static char * book[]={"VISUAL BASIC","VISUAL C++","VISUAL FOXPRO","C",
"PASCAL","VISUAL J++"};
sort(book,6);
for(i=0;i<6;i++)
cout<<book[i]<<endl;
return 0;
}
```

程序的执行结果为：

```
C
PASCAL
VISUAL BASIC
VISUAL C++
VISUAL FOXPRO
VISUAL J++
```

分析：在函数 sort(char * book[ ],int num)中,它的形参是指针数组名。在函数 strcmp(book[i],book[i+1])中,比较的是第 i 个和第 i+1 个字符串,如 book[i]所指的字符串大于 book[i+1]所指的字符串,此函数值为正;若相等,则函数值为 0;若小于,则函数值为负;若满足 if()中的条件,book[i]和 book[i+1]对换,则小的排在前,当执行完 sort()函数后,字符串完成从小到大的排序。

6.8 运算符 new 和 delete 与指针

new 和 delete 运算符的功能如下：

new：申请一块新的内存空间,并传回分配空间的指针。

delete:释放由 new 申请的空间。

在程序开发过程中,动态内存分配是常用的一个技巧。C 语言中的所有动态内存分配都是通过 malloc()和 free()等这样的库函数来进行的。然而,malloc()函数对待分配变量的类型是不知道的,它需要取变量的大小作为参数来决定分配空间的大小。所以,作为替代,在 C++ 中用 new 运算符来取代 malloc()函数;用 delete 运算符来取代 free()函数。要注意的是 new 和 delete 是运算符而不是库函数。与 malloc()不同,new 运算符本身知道要分配的对象所需内存空间的大小。

new 和 delete 运算符的具体用法如下。

分配一个基本类型的数据空间,例如:

```
int *p;
p=new int;
delete p;
```

分配一个基本类型的连续数据空间,例如:

```
int *p;
p=new int[10];
delete []p;
```

例 6.22 在 C++ 中,用 new 运算符分配内存空间,用 delete 运算符释放已分配的空间。

```
#include<iostream.h>
void main()
{
    int *p1,*p2;
    p1=new int;
    p2=new int(6);
    *p1=10;
    cout<<*p1<<endl;
    cout<<*p2<<endl;
    delete p1,p2;
}
```

例 6.23 为一维数据组分配内存空间。

```
#include<iostream.h>
void main()
{
    int *p;
    p=new int[6];              //请比较与 p=new int(6);的不同
    for(int i=0;i<6;i++)
    cin>>p[i];
    for(i=0;i<6;i++)
    cout<<*(p+i)<<" ";
```

```
        delete []p;
}
```

注意：为数组分配空间是将数组尺寸放在类型名后的方括号内，而释放数组空间是在指针名前放上一对空的方括号。

例 6.24 为多维数组分配内存空间。

```
#include<iostream.h>
int main()
{
    int (*arr)[4];                    //表示这个数组为 4 列
    int size;
    size=3;
    arr=new int [size][4];            //size 表示这个数组的行数
    for(int k=0;k<3;k++)
        for(int j=0;j<4;j++)
            cin>>arr[k][j];
    for( k=0;k<3;k++) {
        for(int j=0;j<4;j++)
            cout<<arr[k][j]<<" ";
        cout<<endl;
    }
    delete []arr;
    return 0;
}
```

例 6.25 为用户自定义的类型分配内存空间。

```
#include<iostream.h>
#include<string.h>
class person
{
private:
    int x;
    char name[20];
public:
    person(int a,char *n)
    {
        x=a;strcpy(name,n);
    }
    void print()
    {
        cout<<"x="<<x<<" name:"<<name<<endl;
    }
};
```

```
int main()
{
  int x;
  char name[20];
  cin>>x>>name;
  person * p=new person(x,name);
  p->print();
  delete p;
}
```

注意:

(1) 如果内存中没有足够的内存供分配,那么 new 返回空指针。

(2) delete 仅能作用于用 new 返回的指针,并且只能将它们删除一次。如果删除不是由 new 获得的指针或删除一个指针两次以上,程序可能会出现奇怪的现象,甚至死机。

习　　题

1. 选择题

(1) 如有定义:int x＝2,*p＝&x;以下表达式的含义不正确的是(　　)。

　　(A) *&p　　　　(B) *&x　　　　(C) &*p　　　　(D) &**x

(2) 如有定义 int a[5];(其中:0<=i<5),不能表示数组元素的是(　　)。

　　(A) *(a+i)　　　(B) a[5]　　　　(C) a[0]　　　　(D) a[i]

(3) 如有以下定义和语句,int a[10],i;且 0<=i<10,则对数组元素地址的正确表示是(　　)。

　　(A) a++　　　　(B) (a+1)　　　　(C) *(a+1)

(4) 下列程序片段中不正确的字符串赋值或初始化方式是(　　)。

　　(A) char * str; str="string";

　　(B) char str[7]={'s','t','r','i','n','g','\0'};

　　(C) char str[10]; str="string";

　　(D) char str[]="string";

(5) 有以下定义及语句,则不能正确表示 a 数组元素的表达式是(　　)。

```
int a[4][3]={1,2,3,4,5,6,7,8,9,10,11,12};
int (*pt)[3]=a,*p[4],i;
for(i=0;i<4;i++)
    p[i]=a[i];
```

　　(A) a[4][3]　　　　　　　　　　　(B) p[0][0]

　　(C) pt[2][2]　　　　　　　　　　　(D) (*(p+1))[1]

(6) 有以下定义及语句,则对数组 a 元素的不正确引用的表达式是(　　)。

```
int a[4][5];*p[2],j;
for (j=0; j<4; j++)
    p[j]=a[j];
```

(A) p[0][0]　　　　　　　　　　　(B) *(a+3)[4]
(C) *(p[1]+2)　　　　　　　　　　(D) *(&a[0][0]+3)

2. 程序阅读与填空题

(1) 阅读下列程序,写出程序的运行结果。

```
#include<iostream.h>
void abc( char *str )
{
  int a,b;
  for(a=b=0; str[a]!='\0'; a++)
    if(str[a]!='c')
      str[b++]=str[a];
  str[b]='\0';
}
int main()
{
  char str[] ="abcdef";
  abc(str);
  cout<<"str[ ]="<<str<<endl;
  return 0;
}
```

(2) 阅读下列程序,写出程序的运行结果。

```
#include<iostream.h>
#include<string.h>
int fun( char *w,int m)
{
  char s,*p1,*p2;
  p1=w;
  p2=w+m-1;
  while(p1<p2)
    { s=*p1++; *p1=*p2--; *p2=s;}
  return 0;
}
int main()
{
  char a[ ]="ABCDEFG";
  fun(a,strlen(a));
  cout<<a<<endl;
  return 0;
}
```

(3) 阅读以下程序，把应填的内容写入空格处。本函数是应用二分法查找 key 值，数组中元素值按递增排序。若找到 key 则返回对应的下标，否则返回 -1。

```
int binary(double a,int n,double key)
  {
    int low,high,mid;
    low=0;
    high=n-1;
    while _____
    {
      mid=(low+high)/2;
         if(key<a[mid])
         _____;
       else if(key>a[nid])
         _____;
       else
         _____;
    }
    return(-1);
}
```

(4) 下述函数从一个数组 v 中删除值为 key 的元素。数组的元素个数由指针 n 指明，请填空。

```
int delnode(double v[],int *n)
{int i,j,k=-1;
  for(i=_____;_____;i--)
   if(v[i]==key)
   {k++;
    for(j=i;_____;j++)
    v[j]=v[j+1];
   }
  if(k>=0)
   *n=_____;
  return 0;
}
```

(5) index(t,s) 函数用于确定字符 t 是否为 s 的子串。若不是，则函数返回 -1，否则返回子串 t 在 s 中第一次出现时的第一个字符的下标。请填空。

```
int index(char *t,char *s)
{
  int i=0,j=0;
  while(t[i]!=_____ &&s[j]!='\0')
   if(t[i++]!=s[j++])
   {j-=_____;
```

```
        i=0;
    }
    if(t[i]=='\0')
    return _____;
    return -1;
}
```

(6) 以下如输入 "this is a program." ,写出程序的运行结果。

```
#include<iostream.h>
#include<string.h>
#define TRUE 1
#define FALSE 0
int fun( char *c,int m)
{
if (*c==' ')
return FALSE;
else
{
if (m && *c<='z'&& *c>='a')
  *c+='A'-'a';
return TRUE;
}
}
int main()
{int i =0 ,flag=FALSE;
char ch[50];
do {
ch[i]=getch();
flag=fun(&ch[i],flag);
putchar(ch[i]);
}while(ch[i++]!='.');
return 0;
}
```

(7) 下函数用以计算 $N \times N$ 方阵的主、次对角线元素之和。

```
int sum(int (*x)[N],int *s1,int *s2)
{ int k,j;
  for(k=0;k<N;k++) *s1+=_____;
   for(k=0;k<N;k++)
     for(j=N-1;j>=0;_____)
       if((k+j)==N-1) *s+=_____;
  return 0;
}
```

(8) 下面函数用以实现矩阵相乘。

$$c_{ij} = \sum_{k=1}^{n}(a_{ik}b_{kj})$$

```
#include<iostream.h>
int mult(int (*a)[N],int (*b)[NN],int (*c)[NN])
{ int i,k,j;
  for(i=0;i<M;i++)
  for(j=0;j<NN;j++)
  {c[i][j]=_____;
   for(k=0;k<N;k++)
   c[i][j]+=_____;
  }
  return 0;
}
```

3. 编程题

(1) 定义一个类，类中有两个私有数据，分别表示数组和数组下标，类的功能是计算二维数组 a[N][N] 主对角线上元素之和，请编写类及应用程序进行调试。

(2) 用 new 分配一个具有 10 个元素的整型数组，从键盘输入元素值，然后输出。

(3) 用 new 分配一个二维数组 a[6][6]，从键盘输入元素值，求出数组中的最大元素及下标。

(4) 编写函数 void invert(char str[]) 将一个字符串的内容颠倒过来。

(5) 编写函数 int index(char s[],char t[]) 检查字符串 s 中是否包含字符串 t。若包含则返回 t 在 s 中的开始位置(下标值)，否则返回－1。

(6) 编写程序，判断字符串是否是回文。若是回文，则函数返回值为 1；否则返回值为 0(回文是按顺序读和倒读都一样的字符串)。

(7) 编写函数 juge(int (*p)[N],int N)，判断 $N \times N$ 矩阵是否为上三角阵。所谓上三角阵指不含主对解线的下半三角都为 0。

(8) 编写函数 sort(char *str[ ],int n)，用指针数组对字符串进行排序。

(9) 编写程序，输入星期的序号 0～6，输出中文的星期名。

第 7 章 指针与函数

本章重点
- 指针作为函数的参数；
- 函数指针的概念、定义及赋值；
- 函数指针的应用；
- 指针函数的定义；
- 命令行参数的应用。

本章难点
- 指针作为函数的参数时传递的情况；
- 函数指针的概念，函数指针的赋值及调用方法；
- 函数指针在调用中的形式参数及实际参数的使用；
- 指针函数的概念以及与函数指针的区别；
- 命令行参数编程中的文件名与命令的关系；
- 命令行参数的赋值方法。

本章导读

指针和函数的关系主要包括四个方面的内容：一是指针可以作为函数的参数进行传递；二是函数指针可以指向函数的入口地址，通过函数指针调用函数；三是调用一个函数后，函数的返回值可以是指针，即指针函数；四是字符类型的指针数组可以作为 main 函数的参数，在程序执行时从命令行传入，即所谓的命令行参数。本章中涉及的概念较多，要区分各种类型的定义形式与应用方法。

7.1 指针与函数参数

函数的参数可以是变量、变量地址、数组名或指针变量。实际上函数参数为变量的地址、指针、数组名都属于地址传递的方式。

1. 变量的地址作为函数参数

例 7.1 变量的地址作为函数参数。

```
#include<iostream.h>
void f(int *p)            /*由于形参是指针,实参一定为变量的地址,*/
{
 cout<<*p<<endl;
}
void main()
{
 int x=5;
 f(&x);                   /*变量的地址作为实参*/
}
```

分析：实参为变量的地址,形参一定是指针,因为只有指针才能指向变量的地址。变量 x 的地址传给指针 p,p 的值为 &x,即指针 p 指在 x 的地址上,指针 p 所指的地址上的内容即为变量 x 的值。参数传递的情况如图 7.1 所示。

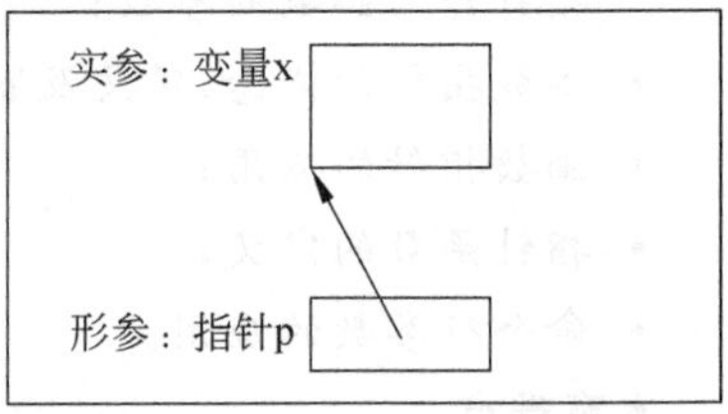

思考：下列程序中的函数 fun 是以变量的地址作为函数参数传递,请分析程序执行的结果。

图 7.1 变量的地址传递给指针

```
#include<iostream.h>
void fun(int *p)
{
  *p=*p>0?*p:-*p;
}
void main()
{
 int x;
 cout<<"input a num:";
 cin>>x;
 fun(&x);                  /*此函数的调用以语句的形式出现*/
 cout<<"the absolute value is "<<x<<endl;
}
```

2. 指针作为函数的参数

例 7.2 指针变量作为函数参数。

```
#include<iostream.h>
void f(int *p)
{
 cout<<*p<<endl;
}
void main()
{
 int x=5,*p;
 p=&x;
```

```
    f(p);
}
```

分析：实参为指针，形参也一定是指针，因为只有指针才能指向变量的地址。实参 p 指向变量 x 的地址，传给指针 p，p 的值为 &x，即指针 p 指在 x 的地址上，指针 p 所指的地址上的内容即为变量 x 的值。参数传递的情况如图 7.2 所示。

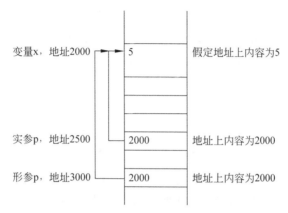

图 7.2 变量的地址传递给指针

例 7.3 通过调用函数，函数的参数为指针，在函数中交换两数。

```
#include<iostream.h>
void swap(int *p1,int *p2)
{
    int p;
    p=*p1;
    *p1=*p2;
    *p2=p;
}
void main()
{
    int a,b;
    int *p1,*p2;
    cin>>a>>b;
    p1=&a;
    p2=&b;
    swap(p1,p2);
    cout<<a<<' '<<b<<endl;
}
```

假定程序在执行时，从键盘输入：3,5(回车)，即 a、b 的值分别为 3、5。此时调用函数 swap(p1,p2)，在函数 swap 中使得指针 p1、p2 所指的地址上的内容进行交换，即 a、b 的值交换，如图 7.3 所示。

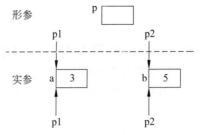

(a) 执行到函数swap中语句int p;时的参数传递情况

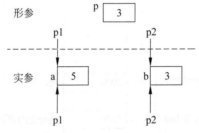

(b) 执行到函数swap中语句*p2=p;时的参数情况

(c) 回到main函数时,形参p、p1、p2被释放,a、b的值已交换

图 7.3　实参、形参的相互关系

思考：如有下列形式的函数参数,当用 swap(&x,&y);形式调用时,是否能交换变量 x、y 的值?

```
void swap(int * p1,int * p2)
{
  int * p;
  * p= * p1;
  * p1= * p2;
  * p2= * p;
}
```

提示：它表示 p1 所指变量的值,赋给 p 所指的地址。由于 p 无确定地址,因此造成系统混乱。

思考：如有下列形式的函数参数,当用 swap(&x,&y);形式调用时,是否能交换变量 x、y 的值?

```
void swap(int * p1,int * p2)
{
  int * p;
  p=p1;
```

```
    p1=p2;                    /*地址交换*/
    p2=p;
}
```

上机操作练习 1

调用一个函数,函数的参数为指针,通过调用此函数,按顺序排列三个数。

例 7.4 在 main 函数中读入两个字符串,调用自定义函数 strcmp,比较两个字符串的大小,实参用数组名,形参用指针。

分析:字符串比较时,返回的是第一个不同字符的差值。因而函数的返回值类型为int,函数的原型可以写成:int strcmp(char * p1,char * p2),程序设计如下:

```
#include<iostream.h>
int strcmp(char * s1,char * s2)
{
for(;* s1!='\0';s1++,s2++)
    if(* s1!= * s2) break;
return(* s1- * s2);
}
void main()
{
    char str1[90],str2[90];
    cin.getline(str1,50);
    cin.getline(str2,50);
    cout<<strcmp(str1,str2)<<endl;
}
```

上机操作练习 2

用指针传递的方式,调用一个函数,求一个字符串的长度。

思考:阅读以下程序,写出程序的运行结果,并上机调试。

```
#include<iostream.h>
#include<iomanip.h>
#define K 16
void Transform(int * Out,int * In,int * Table,int len)
{
    int i;
    for(i=0; i<len; i++)
        Out[i]=In[ Table[i]-1 ];
}
void main()
{
    int i,j;
```

```
    int a[K]={10,-72,-3,40,15,62,47,18,-9,-10,17,12,-13,42,15,16},b[K];
    int T[K]={8,6,7,9,5,14,3,12,15,9,1,4,13,2,10,16};
    Transform(b,a,T,K);
    for(i=0;i<K;i++)
      cout<<setw(4)<<b[i];
    cout<<endl;
}
```

例7.5 在main函数中读入一个由数字字符组成的字符串,把此字符串作为函数的参数,调用此函数,把它转换为一个整型数,返回到main函数。

分析:用表达式*p－'0'把一个数字字符转化为数字,如字符串"12",计算'1'－'0'得到1,然后乘10,再加上'2'－'0'。程序流程图如图7.4所示。

程序设计如下:

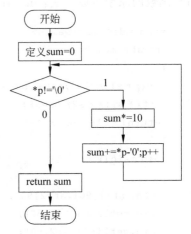

图7.4　程序流程图

```
#include<iostream.h>
int ctoi(char * p)
{
  int sum=0;
  while(*p)
  {
    sum*=10;
    sum+=*p-'0';
    p++;
  }
  return sum;
}
void main()
{
  char str[5];
  int x;
  cin>>str;
  x=ctoi(str);
  cout<<"x="<<x<<endl;
}
```

上机操作练习3

调试下列程序:

```
#include<iostream.h>
#define K 16
void ByteToBit(bool * Out,const char * In,int bits)
{
    for(int i=0; i<bits; i++)
```

```
            Out[i]=(In[i/8]>>(i%8)) & 1;
}
void main()
{
    bool a[K];
    char b[K/8+1]="ab";
    int i;
        ByteToBit(a,b,K);
    for(i=0;i<K;i++)
        cout<<a[i]<<' ';
    cout<<endl;
}
```

程序的功能是把一个字符串转化二进制字串,二进制字串的低位到高位是从左到右。请思考如果要转化的字符串含有4个字符、8个字符应如何修改,并调试。

例 7.6 设计一个程序,在 main()中输入一个字符串;然后再输入一个字符,调用一个函数 void del_char(char *p,char x),删除指针 p 所指字符串中的 x 这个字符。

分析:函数的流程图如图 7.5 所示。

程序设计如下:

```
#include<iostream.h>
#define N 80
void del_char(char *p,char x)
{
  char *q=p;
  for(;*p!='\0';p++)
  if (*p!=x) *q++=*p;
  *q='\0';
}

void main()
{
  char c[N],*pt=c,x;
  cout<<"enter a string:";
  cin.getline(pt,80);
  cout<<"enter the char deleted:";
  x=cin.get();
  del_char (pt,x);
  cout<<"The new string is :"<<c<<endl;
}
```

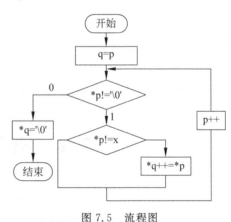

图 7.5 流程图

上机操作练习 4

编写程序,在 main 函数中读入一个整型数组的元素。通过调用函数 void del(int *

p,int x,int * n),删除由指针 p 所指的数组中的元素 x,其中指针 n 所指的值为数组元素的个数。然后在 main 函数中输出此数组。

思考:阅读下列程序,请写出程序的功能:

```
#include<iostream.h>
#define K 16
void BitToByte(char * Out,const bool * In,int bits)
{   int x[2]={0};
    for(int i=0; i<bits; i++)
        x[i/8]|=In[i]<<(i%8);
    for(i=0; i<bits/8; i++)
        Out[i]=x[i];
}
void main()
{
  bool a[K]={1,0,0,0,0,0,1,0,0,1,0,0,0,1,1,0};
  char b[K/8+1]="";
    BitToByte(b,a,K);
  cout<<b<<' ';
  cout<<endl;
}
```

请上机调试。如果 bool 数组 a 为 64 位,程序如何修改?

7.2 指向函数的指针

函数虽然不是变量,但是它经过编译后,其目标代码在内存中是连续存放的。该代码的首地址就是函数执行时的入口地址,它可以赋给指针变量,使得指针变量指向函数。一个函数在编译时被分配该函数的存储空间,这个存储空间的首地址就叫函数的入口地址,可以用一个函数指针指向此入口地址,然后通过该指针变量调用此函数。

1. 函数指针的声明

格式:

数据类型 (* 指针变量名)(函数形参类型标识符列表);

其中"数据类型"是指函数返回值的类型,指针变量指向函数的入口地址,即数组名。

例如:

```
char (*p1)(char *,int);
int (*p2)(int *,char);
```

上述语句声明两个指向函数的指针:p1 指向形参类型依次为 char *、int,返回值类型为 char 的函数;p2 指向形参类型依次为 int *、char,返回值类型为 int 的函数。

注意：指针 p1 所指向函数的两个参数必须是字符型的指针类型及整型变量,此函数返回值必须是字符类型。指针 p2 所指向函数的两个参数必须是整符型的指针类型及字符变量,此函数返回值必须是整型类型。

2. 为指向函数的指针赋值

函数名是指针常量,其值为该函数在内存中存储区域的首地址。只能将函数的首地址赋值到指向同类型函数的指针。

函数指针赋值格式为：

函数指针=函数名；

3. 函数指针的调用方式

当函数指针指向某个函数的入口地址后,就可用此指针调用函数,其格式为：

(*指针名)(实在参数列表)；

例 7.7 用函数指针调用求最大值函数,求出 a 和 b 中的大者。函数占有一段内存单元,可用函数指针变量指向其首地址,通过指针变量来访问它所指向的函数。程序设计如下：

```
#include<iostream.h>
int max(int x,int y)
{
    return x>y? x: y;
}


int min(int x,int y)
{
    return x>y?y: x;
}


void main()
{
    int a,b,c;
    int(*p)(int,int);                   /*声明函数指针*/
    cin>>a>>b;
    p=max;                              /*函数名代表了函数入口地址*/
    c=(*p)(a,b);                        /*调用方式*/
    cout<<"a="<<a<<",b="<<b<<",max="<<c<<endl;
    p=min;
    c=(*p)(a,b);                        /*调用方式*/
    cout<<"a="<<a<<",b="<<b<<",max="<<c<<endl;
}
```

第 7 章　指针与函数

注意：

(1) int(＊p)(int , int)；指向函数的指针变量 p，此函数返回值为 int 型。

(2) int(＊p)(int,int)；(＊p)两侧的括弧不可省略，请读者思考为什么？

(3) 给函数指针变量赋值时只赋函数名，不能带参数。

如：

p=max;

作用是将函数 max 的入口地址赋给指针变量 p，函数名代表函数的入口地址。

(4) 通过函数指针调用时的形式(＊p)(a,b)；参数与函数的形参要完全一致。

(5) 对指向函数的指针变量不能作加减运算，如：p++，p--，p＋n 都是错误的。

思考：有两个函数定义：

```
int add(int x,int y)
{
return x+y;
}
int sub(int x,int y)
{
return x+y;
}
```

在 main 函数中定义一个函数指针，分别调用函数 add、sub，并在 main 函数中输出结果。

例 7.8 已知契比雪夫多项式的定义如下：

$$f(x) = \begin{cases} x & (n=1) \\ 2x^2 - 1 & (n=2) \\ 4x^3 - 3x & (n=3) \\ 8x^4 - 8x - 1 & (n=4) \end{cases}$$

试编写程序，从键盘输入整数 n 和实数 x，并计算多项式的值。

```
#include<iostream.h>
float fn1(float x)
{
  return x;
}

float fn2(float x)
{
  return 2*x*x-1;
}

float fn3(float x)
{
```

```
    return 4*x*x*x-3*x;
}

float fn4(float x)
{
    return 4*x*x*x*x-8*x*x+1;
}

void main()
{
    float fn1(float),fn2(float),fn3(float),fn4(float);
    float (*fp)(float);
    float x;
    int n;
    cout<<"input x:";
    cin>>x;
    cout<<"input n:";
    cin>>n;
    switch(n)
    {
        case 1:fp=fn1;break;
        case 2:fp=fn2;break;
        case 3:fp=fn3;break;
        case 4:fp=fn4;break;
        default:
        cout<<"data error!";
    }
    cout<<"result="<<(*fp)(x)<<endl;
}
```

例 7.9 有两个函数 max、min,定义一个函数指针可以指向不同的函数,实现不同的功能。为了调用方便,设计一个函数 pp,作为函数调用时统一的接口,使得每次调用的形式保持一致。输入 a 和 b 两个数,第一次调用 pp 时找出 a 和 b 中的大者,第二次找出 a 和 b 中的小者。

```
#include<iostream.h>
int max(int,int);                          //函数原型声明
int min(int,int);                          //函数原型声明
void pp(int,int,int (*p)(int,int));        //函数原型声明
int max(int x,int y)                       //求 x,y 中的大者
{
    return x>y? x:y;
}
int min(int x,int y)                       //求 x,y 中的小者
{
```

```
    return x<y? x:y;
}

void pp(int x,int y,int (*p)(int,int))
{
    int result;
    result=(*p)(x,y);
    cout<<result<<endl;
}

void main()
{
    int a,b;
    cin>>a>>b;
    cout<<"max=";
    pp(a,b,max);
    cout<<"min=";
    pp(a,b,min);
}
```

运行情况如下：

```
2  6
max=6
min=2
```

上机操作练习 5

设计一个类似于自动命题的系统。分成三类题，一类是数学运算题，在＋、－、＊、/中任选一题；第二类是字符运算题，在字符串复制、字符串连接、字符串比较中任选一题；第三类为简答题，在 5 道简答题中任选一道。

提示：在 main 函数中定义三个函数指针数组；用产生随机数的函数分别产生三个随机数 x，分别在 1～4、1～3、1～5 的范围内。可参考下列程序。

```
#include<iostream.h>
#include<time.h>
#include <stdlib.h>
int a(int x,int y)
{
    return x+y;
}

int b(int x,int y)
{
    return x-y;
}
```

```
int c(int x,int y)
{
    return x * y;
}

int d(int x,int y)
{
    return x/y;
}

void main()
{
    char ch;
    int (*p[4])(int,int)={a,b,c,d},i,x,y,z;
    int k=12;
    srand((int)time(0));
    while(k)
    {
    for(i=0;i<100;i++)
       {
        x=(int)(100.0 * rand()/(RAND_MAX+1.0))%10;
        y=(int)(100.0 * rand()/(RAND_MAX+1.0))%10;
        z=(int)(100.0 * rand()/(RAND_MAX+1.0))%4;
       }
        switch(z)
        {
           case 0:ch='+';break;
              case 1:ch='-';break;
           case 2:ch=' * ';break;
           case 3:ch='/';break;
        }
    i=(*p[z])(x,y);
    cout<<x<<ch<<y<<'='<<i<<endl;
       k--;
    }
}
```

7.3 返回值为指针的函数

函数被调用后,可以由函数中的 return 语句返回一个值到主调函数中。函数的返回值可以是整型值、字符值、实型值等,也可以是返回指针型的数据,即地址。返回值为指针

第 7 章 指针与函数

的函数,与以前的函数概念类似,只是返回的值的类型是指针类型而已,此类函数通常称为指针函数。

指针函数定义形式:

类型名 * 函数名(形参表定义)
{
    函数体
}

如:

int * func(int x,int y);

其中,func是函数名,其返回值类型是"指向整型的指针",也即函数值是一个指针,指向一个整型变量,函数的形参为int x 和 int y。

例 7.10 由键盘输入自然数1~12,再调用指针函数输出其月份的英文名。被调用程序中应定义指针函数。

```
#include<iostream.h>
char *month_name(int n)
{ static char *name[13]={
  "ILLEGAL",
  "JANUARY",
  "FEBRUARY",
  "MARCH",
  "APRIL",
  "MAY",
  "JUNE",
  "JULY",
  "AUGUST",
  "SEPTEMBER",
  "OCTOBET",
  "NOVEMBER",
  "DECEMBER"};
  return((n<1 || n>12)? name[0]:name[n]);
}
void main()
{  char * month_name(int);     /*说明一个指针函数,由于函数定义在先,此语句可省略*/
   int n;
   cin>>n;
   cout<<month_name(n)<<endl;
}
```

例 7.11 编写程序,在一组字符串中找出按字典序最大的字符串。

```
#include<iostream.h>
#include<string.h>
```

```
char * find_max(char * str[],int n)    //声明函数返回值为指向字符的指针
{
  int i;
  char * p;
  p=str[0];                            //假设str[0]及p所指向的字符串按字典序最大
  for(i=1;i<n;i++)
      if(strcmp(str[i],p)>0)
          p=str[i];                    //使p指向按字典序最大的字符串
  return p;                            //返回指针值
}
void main()
{
  char * a[5]={"ABc","abc","Abc","abcd","abca"};
  cout<<find_max(a,5)<<endl;
}
```

运行结果：

abcd

分析：char * find_max(char * str[],int n)声明函数返回值为一个指向字符或字符串的指针。形式参数 char * str[]表示它是一个指针数组，指针数组中的每个元素相当于一个指针变量，分别指向不同字符串的首地址。strcmp(str[i],p)表示 str[i]和 p 指向的两个字符串从左至右逐个字符相比较（按 ASCII 码值大小比较），直到出现不同的字符或遇到'\0'为止。如果全部字符相同，则认为相等（返回 0 值）；若出现不同的字符，则以第一个不相同的字符的比较结果为准（返回其 ASCII 码的差值）。

例 7.12 有若干学生的成绩（每个学生 4 门课程），要求用户在输入学生序号（假设从 0 号开始）后，能输出该学生的全部成绩。

```
#include<iostream.h>
float * search( float (*pointer)[4],int n);       /*函数原型声明*/
void main()
{
  static float score[][4]={{65,70,80,90},{76,89,67,88},{84,78,90,76} };
  float * p;
  int i,num;
  cout<<"Enter the number of student:";
  cin>>num;
  cout<<"The scores of "<<num<<" No are:"<<endl;
  p=search(score,num);
  for(i=0; i<4; i++)
      cout<< *(p+i)<<' ';
  cout<<endl;
}
```

```
float * search(float (*pointer)[4],int n)
{
  float *pp;
  pp=*(pointer+n);                    //pp=(float *)(pointer +n)
  return pp;
}
```

运行结果如下：

Enter the number of student:2
The scores of 2 No are:
84 78 90 76
Press any key to continue

注意：float(*pointer)[4]，其中的 pointer 是一个指向一维数组的指针变量，数组元素个数为 4(4 门课程)，即 pointer 指向一个学生的四门成绩。

main()函数调用 search 函数,将 score 数组的首地址传给 pointer(注意 score 是一个二维数组名,所以 score 也是一个指向行的指针,而不是指向列元素的指针)。

输入学生序号后,使 pp 指向该学生的第 0 门课程,赋值给 p。*(p+i)表示此学生第 i 门课程的成绩。

例 7.13 编写程序,在字符串中找出一个子串的首地址。

```
#include<iostream.h>
#include<string.h>
char * find_str(char *s1,char *s2)
{
  int i,j,ls2;
  ls2=strlen(s2);              /*求子串 s2 的长度 ls2*/
  for(i=0;i<strlen(s1)-ls2;i++)
  {
    for(j=0;j<ls2;j++)
      if(s1[j+i]!=s2[j])
        break;
    if(j==ls2)
      return s1+i;
  }            /*查找 s1+i 是否为所求的地址值。具体思想为:若从地址 s1+i 起的 ls2 个字
                符与从地址 s2 起的 ls2 个字符均对应相同,则 s1+i 是所求地址。*/
  return NULL;            /*NULL 为空指针*/
}
void main()
{
  char *src="Windows98 Office97 Microsoft",*dest="Office97",*pp;
  pp=find_str(src,dest);     /*返回的地址值送给指针变量 pp*/
  if(pp!=NULL)
    cout<<pp<<endl;
  else
```

```
         cout<<"not find:"<<dest<<endl;
}
```

运行结果为:

Office97 Microsoft

注意:函数 * find_str 返回字符串 s2 在 s1 中第一次出现的首地址,查找不到时返回空指针值 NULL。

7.4　命令行参数

7.4.1　命令行参数的概念

"命令行参数"是指在命令行界面下所输入的命令及其参数。执行文件的形式为:

命令名　参数1　参数2　…　参数 n(回车)

命令名和各参数之间用空格分隔。

例如,若有一命令文件名为 disp,现要将两个字符串"Zhejiang","Hangzhou"作为参数传送给 main 函数。可以写成以下形式:

disp　Zhejiang　Hangzhou

7.4.2　命令行参数的表示方法

在编辑 C++语言源程序时,main()函数可以带有两个参数,形式为:

```
int main(int argc,char * argv[ ])
{
…
return 0;
}
```

命令行参数的程序设计过程为:

(1) 设计一个程序,其中 main 函数带两个参数,其中 argv 是指向命令行的指针数组,另一个 argc 为命令行参数的个数。main 函数的形式为:void main(int argc, char * argv[ ])。

(2) 编写程序,main 函数所在的.c 文件名即为命令名。

(3) 编译程序。

(4) 在 DOS 环境下执行程序,其的形式为:

命令名　参数1　参数2　…　参数 n(回车)

注意:命令名和各参数之间用空格分隔。

第 7 章　指针与函数

DOS 操作系统的大多数命令是带参数的,其命令用 main 函数带参数的方法编写而成。

例如,首先编辑一个名为 echo.cpp 的文件,此文件中的 main 函数带两个参数,然后经过编译、连接后产生 echo.exe 文件,最后在 DOS 命令提示符下输入带参数的命令行 echo Zhejiang Hangzhou 并回车即可。

例 7.14 编写程序,将终端输入的参数作为 main 函数的参数,并全部显示在屏幕上(不包括命令)。例如编写 echo.cpp 的程序,在命令行执行时输入:echo zhejiang Hangzhou↙。程序运动结果为:

```
Zhejiang
Hangzhou
```

```cpp
#include<iostream.h>
int main(int argc,char *argv[])
{
  int i;
  i=0;
  while(argc>1)
  {
    ++i;
    cout<<argv[i]<<endl;
    --argc;
  }
  return 0;
}
```

编译连接后生成应用程序文件 echo.exe,进入 DOS 环境,在命令行输入:

echo Zhejiang Hangzhou

运行结果为:

```
Zhejiang
Hangzhou
```

程序运行时,系统自动作如下赋值:

命令行参数的个数(含命令)3 赋给 argc,因为输入的参数为 3 个,分别为:echo zhejiang hangzhou。

argv[0]指向字符串"echo"的首地址;argv[1]指向字符串"Zhejiang"的首地址; argv[2]指向字符串"Hangzhou"的首地址。

思考:如文件名前有路径,它们都保存在 argv[0]中,请调试当把++i 放在 cout<<语句后,程序的运行情况如何?

例 7.15 用程序实现文件的加密和解密。约定:c 程序取名为 lock.c,程序的可执行文件名为 lock.exe。其用法为:lock +|- <被处理的文件名>,其中"+"为加密,"-"为解密。

```
#include<iostream.h>
int main(int argc,char * argv[ ])
{
  char c;
  if (argc !=3) cout<<"参数个数不对!\n");
  else
  { c= * argv[1];              /*截取第二个实参字符串的第一个字符*/
    switch(c)
    { case '+':                /*执行加密*/
      {                        /*加密程序段*/
        cout<<"执行加密程序段"<<endl;
      }
      break;
      case '-':                /*执行解密*/
      {                        /*解密程序段*/
        cout<<"执行解密程序段"<<endl;
      }
      break;
      default: cout<<"第二个参数错误!"<<endl;
    }
  }
  return 0;
}
```

注意：

(1) 形参 argc 的值为 3,因为有三个参数"lock"、"+|-"、被处理的文件名。

(2) 元素 argv[0]指向第 1 个实参字符串"lock",元素 argv[1]指向第 2 个实参字符串"+|-",元素 argv[2]指向第 3 个实参字符串"被处理的文件名"。

(3) main 函数中的形参不一定命名为 argc 和 argv,可以是任意的名字,只是人们习惯用 argc,argv 而已。

上机操作练习 6

上机调试程序 7.15。

习　　题

1. 编写函数,对字符指针数组 str 的 num 个元素所指的字符串,按从小到大的顺序输出。
提示：

```
void sort(char * str[ ],int num)
{
  int i,j;
  char * temp;
```

```
        for(j=1;j<=num-1;j++)
            for(i=0;i<num-1-j;i++)
                if(strcmp(str[i],str[i+1])>0)
                    { temp=str[i];
                      str[i]=str[i+1];
                      str[i+1]=temp;
                    }
}
```

2. 用函数指针来实现：

$$f(x) = \begin{cases} x & (x < 0) \\ 2x - 5 & (0 \leqslant x < 5) \\ 3x + 4 & (x \geqslant 5) \end{cases}$$

编写程序，输入 x 的值，输出相应的结果。

提示：定义一个函数指针 p：

```
double (*p)(double x);
```

定义 3 个函数，f1、f2、f3，根据 x 的值用多分支语句应用函数指针指向不同的函数名。

3. 编制函数，在字符串数组中查找与另一个字符串相等的字符串，函数的返回值为字符串的地址或 NULL 值（当找不到时）。

4. 阅读以下程序，写出程序的运行结果，并上机调试验证。

```
#include<iostream.h>
int funa(int a,int b)
{
  return a+b;
}

int funb(int a,int b)
{
  return a-b;
}
int sub(int (*t)(int,int),int x,int y)
{
  return ((*t)(x,y));
}
void main()
{
  int x,(*p)(int,int);
  p=funa;
  x=sub(p,9,3);
  x+=sub(funb,8,3);
  cout<<x<<endl;
}
```

第 8 章 类与对象

本章要点
- 构造函数与析构函数的概念与应用；
- 拷贝构造函数；
- 类静态数据成员的应用；
- 友元函数及友元类的应用；
- 容器类；
- this 指针；
- 类与结构。

本章难点
- 构造函数、拷贝构造函数的调用情况；
- 类的静态成员的应用；
- 类的友元的应用；
- 容器类的应用；
- this 指针的理解。

本章导读

在学习过程中，应重点理解构造函数的特点与功能，构造函数在什么情况下系统自动调用，什么情况下需要重载构造函数。理解类的静态数据成员属于类，而不属于对象，同一类中的各对象如何调用类中的静态数据成员。理解友元函数如何访问类中的私有数据，初步掌握容器类的编程方法。

8.1 类的构造函数

构造函数和析构函数是一种特殊的类成员函数，在 C++ 程序设计类时是必需的。在第 1 章中也已提到，构造函数的作用是：为新创建的对象分配空间，或为该对象的数据成员赋值等。实际上，如果在类声明中没有显式定义构造函数，编译器会为类定义一个不带参数的构造函数，只不过它不能完成对成员初始化的任务。

8.1.1 构造函数的特点

构造函数有如下特点:

(1) 构造函数是一种特殊的成员函数,该函数的名字必须与类名相同。函数体可写在类体内,也可写在类体外。

例如定义了类 date,函数 date(int y, int m, int d)为构造函数,构造函数无任何返回值。

```
class date
{
private:
    int year,month,day;
public:
    date(int y,int m,int d);           //构造函数
    void print();
};
date::date(int y,int m,int d )         //构造函数定义在类外的例子
{
    year=y;
    month=m;
    day=d;
    cout <<"constructor called" <<endl;
}
```

(2) 构造函数不允许有返回值,也不允许定义构造函数的返回值类型,其中包括 void 类型。它有隐含的返回值,该值由系统内部使用。

例 8.1 构造函数自动调用。

```
#include <iostream.h>
class Person
{
public:
    Person() { cout <<"Constructor is called!"<<endl;}
};

void main()
{
Person liu;
cout <<"The Person object liu is created."<<endl;
}
```

本例很简单,它首先定义 Person 类,然后定义 liu 为该类的对象。执行该程序,屏幕显示如下内容。

```
Constructor is called!
The Person object liu is created.
```

从该程序的执行可以看出：

(1) 构造函数与类名同名，不能有返回值类型。

(2) 在对象定义时由系统自动调用，这也是它与普通成员函数的最大区别。

(3) 构造函数的功能是给对象初始化，在定义对象时系统自动调用相应的构造函数。

定义了构造函数后，在定义该类对象的同时可以将参数传递给构造函数来初始化该对象，例如在 date 类中定义对象 today。

```
date today(2012,5,15);
```

即系统自动会调用构造函数把 2012 赋给 year，5 赋给 month，15 赋给 day。

构造函数可以重载，编译器在编译时可以根据参数不同调用相应的构造函数。

例 8.2 系统自动调用构造函数，给对象初始化的例子。

```cpp
#include <iostream.h>
class date
{
private:
    int year,month,day;
public:
    date( int y,int m,int d );              //构造函数
    void print();
};
date::date(int y,int m,int d )              //构造函数定义在类外的例子
{
    year=y;
    month=m;
    day=d;
    cout <<"date constructor called" <<endl;
}

void date::print()
{
    cout<<"今天是"<<year<<"年"<<month<<"月"<<day<<"日"<<endl;
}

int main()
{
    date DATE(2012,5,15);
    DATE.print();
}
```

(4) 构造函数可以重载,构造函数的重载要根据定义对象时的初始化参数来决定。例如有一个类 date 所定义对象的形式为:

date A(2012,10,1),B(2012,10),C;

date 类在定义时至少应该定义 3 个构造函数,其中 3 个参数、2 个参数、无参数的构造函数各一个。

例 8.3 根据对象初始化时参数的不同,对象自动调用重载的构造函数调用。

```
#include <iostream.h>
class date
{
private:
    int year,month,day;
public:
    date( int m,int d );                    //2 个参数的构造函数
    date( int y,int m,int d );              //3 个参数的构造函数
    void print();
};
date::date(int y,int m,int d )              //构造函数定义在类外
{
    year=y;
    month=m;
    day=d;
    cout <<"3 date constructor called" <<endl;
}

date::date(int m,int d )                    //构造函数定义在类外的例子
{
    year=2012;
    month=m;
    day=d;
    cout <<"2 date constructor called" <<endl;
}

void date::print()
{
    cout<<"今天是"<<year<<"年"<<month<<"月"<<day<<"日"<<endl;
}

int main()
{
    date DATE1(10,1),DATE2(2012,5,15);
    DATE1.print();
    DATE2.print();
}
```

程序的运行结果是:

2 date constructor called
3 date constructor called
今天是 2012 年 10 月 1 日
今天是 2012 年 5 月 15 日
Press any key to continue

例 8.4 构造函数重载的例子。

```cpp
#include <iostream.h>
#include <string.h>
class person
{
private:
    int age;
    char name[10];
public:
    person(char *str,int i)
    { strcpy(name,str); age=i;}
    person()
    { strcpy(name,"Liu"); age=20;}
    void display()
    {
      if (age>=0)
          cout<<name<<" is "<<age <<" years old."<<endl;
      else
          cout <<"error!"<<endl;
    }
};
void main()
{
    person liu1("Jia",30);          //调用构造函数 person (char *,int)
    person liu2;                    //调用构造函数 person()
    liu1.display();
    liu2.display();
}
```

执行结果为:

```
Jia is 30 years old.
Liu is 20 years old.
```

构造函数调用先于其他成员函数,在定义对象时由系统最先调用该函数,在定义对象 liu1 时,调用构造函数 person(str,i),把"Jia"及整数 30 传递给私有成员 name、age;定义对象 liu2 时,调用缺省值的构造函数 person()。

（5）如果没有给类定义构造函数，则编译系统自动生成一个缺省的构造函数，缺省构造函数不带任何参数，它只能给对象开辟一个存储空间，而不能给对象中的数据成员赋初值。这时的初始值是随机数，程序运行时可能会造成错误。因此给对象赋初值是非常重要的。

注意：如果没有定义构造函数，系统会给出默认的缺省值的构造函数，一旦你定义了构造函数，默认的构造函数将不再存在。例如在本地中你需要重新定义缺省值的构造函数。

思考：下列程序编译能通过吗？

```
#include <iostream.h>
class date
{
private:
    int year,month,day;
public:
    date( int y,int m,int d );              //3个参数的构造函数
    void print();
};
date::date(int y,int m,int d )              //构造函数定义在类外
{
    year=y;
    month=m;
    day=d;
    cout << "date constructor called" <<endl;
}

void date::print()
{
    cout<<"今天是"<<year<<"年"<<month<<"月"<<day<<"日"<<endl;
}

int main()
{
    date A(2012,5,15),B;
}
```

编译时提示：error C2512：'date'：no appropriate default constructor available 表示什么含义？

思考：下列程序编译时能通过吗？

```
#include <iostream.h>
class date
{
private:
    int year,month,day;
public:
    date( int y,int m,int d );              //date( int y=2012,int m=01,int d=01)
```

```
    void print();
};
date::date(int y=2012,int m=01,int d=01 ) //构造函数定义在类外
{
    year=y;
    month=m;
    day=d;
    cout << "date constructor called" <<endl;
}

void date::print()
{
    cout<<"今天是"<<year<<"年"<<month<<"月"<<day<<"日"<<endl;
}

int main()
{
    date A(2012,5,15),B(2013);
    A.print();
    B.print();
    return 0;
}
```

如果把 date A(2012,5,15),B(2013);替换为 date A(2012,10),B();,编译时能通过吗？

如果把 date(int y, int m, int d);替换为 date(int y＝2012, int m＝01, int d=01);,编译时能通过吗？

（6）构造函数可以不带参数，也可以带参数，它的参数也可以是类的对象。构造函数的参数如果为类对象，此构造函数为拷贝构造函数。

例如：

```
class 类名
{
public:
    类名();              //此为缺省构造函数
    类名(类名 &ob);      //拷贝构造函数
    类名(参数表);        //其他构造函数
    ...
};
```

注意：

① 一旦用户定义了构造函数，系统提供的构造函数将不复存在，对象初始化时参数情况要与构造函数相适应。

② 类的构造函数在以下三种情况下可以自动调用。
- 当类定义对象时。
- 用 new 动态产生一个对象时。
- 创建暂时对象。指当用一个对象类定义另一个对象时,要用到拷贝构造函数。

有关拷贝构造函数的论述及应用在 8.3 节中会详细讲解。

8.1.2 默认参数的构造函数

对于带参数的构造函数,在定义对象时必须给构造函数传递参数,否则构造函数将不被执行。但是在实际应用中,有些构造函数的参数值通常是不变的,只有在特殊情况下才需要改变它的参数值,这时可以将其定义成带默认参数的构造函数。注意在程序中默认参数的构造函数与无参数的构造函数不能同时存在。

例 8.5 默认参数的构造函数的例子。

```
#include<iostream.h>
class A
{
private:
    double x;
    double y;
public:
    A(double i=0.0,double r=0.0);
    double sum();
};

A::A(double i,double r)
{x=i; y=r;}
double A::sum()
{
    double s;
    s=x+y;
    return (s);
}

void main()
{
  A Y1;
  A Y2(2.2);
  A Y3(3.3,4.4);
  cout<<Y1.sum()<<endl;
  cout<<Y2.sum()<<endl;
  cout<<Y3.sum()<<endl;
}
```

上面的程序定义了三个对象 Y1、Y2 和 Y3,它们都是合法的对象。由于传递参数的个数不同,使它们的私有数据成员 x 和 y 取得不同的值。由于定义对象 Y1 时,没有传递参数,所以 x 和 y 均取构造函数的缺省值为其赋值,x 和 y 均为 0.0。因为在定义对象 Y2 时,只传递了一个参数,这个参数传递给构造函数的第一个参量,而第二个参量取缺省值,所以对象 Y2 的 x 取值为 2.2,而 y 的取值为 0.0。因为在定义对象 Y3 时,传递了两个参数,这两个参数分别传给了 x 和 y,因此 x 取值为 3.3,y 取值为 4.4。程序运行结果为:

0
2.2
7.7

8.2 类的析构函数

析构函数是一个特殊的成员函数,每当对象运行到超出作用域时,系统都自动调用析构函数。析构函数的功能是:当对象被撤消时,对该对象所占用空间进行释放,但它本身并不实际删除对象,而是进行系统放弃对象内存之前的清理工作,使内存可用来保存新的数据。析构函数的作用与构造函数正好相反。当对象被删除时,利用析构函数可执行一些必要的操作,释放该对象所占用空间。一般情况下,析构函数执行构造函数的逆操作。

8.2.1 析构函数的特点

析构函数的特点如下:
(1) 析构函数的名称与其类名称相同,并在名称的前面加"~"符号。
(2) 析构函数不指定数据类型,包括 void,并且也没有参数。
(3) 析构函数是成员函数。函数体可写在类体内,也可以写在类体外。
(4) 一个类中只可以定义一个析构函数。
(5) 析构函数被系统自动调用。对于被定义在一个函数体内的对象,当这个函数结束时,该对象的析构函数被自动调用。
(6) 如果一个对象是使用 new 运算符被动态创建的,则用 delete 运算符释放它时,delete 会自动调用析构函数。

析构函数的形式:

~类名();

例如:

class 类名
{ …
public:
    类名();   //构造函数

```
~类名();              //析构函数
    ...
};
```

这里要注意的是:

(1) 用析构函数释放的空间是由构造函数分配的,而不是由运算符 new 分配的。

(2) 析构函数不能重载。

(3) 如果类中没有声明析构函数,则 C++ 编译程序将自动生成一个缺省析构函数。

例 8.6 释放对象时,系统自动调用析构函数。

```
#include <iostream.h>
class Person
{
public:
    Person()
    {
        cout <<"系统自动调用构造函数,创建对象!"<<endl;
    }
    ~Person()
    {
        cout <<"系统自动调用析构函数,对象被释放!"<<endl;
    }
};

void main()
{
    Person liu;
    cout <<"** 类对象 liu 被创建**"<<endl;
}
```

8.2.2 构造函数、析构函数调用顺序

在 C++ 中,创建对象时系统自动调用构造函数,给对象初始化;对象被删除时,利用析构函数释放该对象所占用的空间;当多个对象被构造与释放时,它们调用构造函数的顺序与对象构建的顺序相同;释放对象时刚好与构造过程的顺序相反。

例 8.7 系统自动调用析构函数。

```
#include <iostream.h>
class person
{
private:
    int i;
public:
```

```
    person(int id);
    ~person();
    void print();
};
void person::print()
{
  cout<<i<<endl;
}

person::person(int id)
{
    i=id;
    cout<<"person object "<<i<<" initalized"<<endl;
}

person::~person()
{
    cout<<"person object "<<i<<" destroy"<<endl;
}

void main()
{
    person x(1),y(2);
    cout<<"person object x.i";
    x.print();
    cout<<"person object y.i ";
    y.print();
}
```

程序运行结果为:

```
person object 1 initalized
person object 2 initalized
person object x.i 1
person object y.i 2
person object 2 destroy
person object 1 destroy
```

请读者认真思考一下此程序的运行结果。

在创建对象 x(1)、y(2)时两次分别调用构造函数。输出:

```
person object 1 initalized
person object 2 initalized
```

之后,程序执行语句:

```
cout<<" person object x.i ";
x.print();
cout<<" person object y.i ";
y.print();
```

其输出为：

```
person object x.i 1
person object y.i 2
```

对象被撤消时，要对该对象所占用空间进行释放，因而系统将自动调用析构函数。调用析构函数的顺序与创造对象时的顺序刚好相反。在本例中，先释放对象 y，然后释放对象 x。系统调用析构函数后的输出为：

```
person object 2 destroy
person object 1 destroy
```

8.3 拷贝构造函数

通常希望用一个已有对象来构造同一类型的另一对象，这可以通过调用一种特殊的构造函数——拷贝构造函数来实现。拷贝构造函数是重载构造函数的一种重要形式，它可以将一个已有对象的数据成员的值复制给正在创建的另一个同类的对象。如果没有定义拷贝构造函数，则系统提供默认的拷贝构造函数，但在下列情况中不再提供默认的拷贝构造函数。

(1) 类中有 const 成员。
(2) 类中有引用类型成员。
(3) 类或它的基类中有私有拷贝构造函数。拷贝构造函数的格式如下：

<类名>::<类名>(const<类名>&<引用名>)
{
　　构造函数的函数体
}

注意：拷贝构造函数只有一个参数，并且该参数是对该类对象的引用。

如果类中没有说明复制初始化构造函数，则编译系统自动生成一个具有上述形式的缺省复制初始化构造函数，作为该类的公有成员。也可以定义自己的拷贝构造函数，以防程序出错。

拷贝构造函数在三种情况下会被调用：

(1) 用类的一个对象去初始化该类的另一个对象时。
(2) 函数的形参是类的对象，调用函数进行形参和实参的结合时。
(3) 函数的返回值是类的对象，函数执行完返回调用者时。

8.3.1 使用已有对象初始化另一个对象

当用类的一个对象去初始化该类的另一个对象时,系统调用拷贝构造函数,其形式为:

类名　对象1(参数);
类名　对象2(对象1);

或:

类名　对象2=对象1;

例 8.8 阅读下列程序,注意拷贝构造函数的定义以及在什么情况下调用拷贝构造函数。

```cpp
#include<iostream.h>
#include<string.h>
class my_name
{
private:
    char * name;
public:
    my_name(char * n)
    {
        name=new char [strlen(n)+1];
        strcpy(name,n);
        cout<<"Allocating memory for name"<<endl;
    }
    my_name(const my_name &ob);             //拷贝构造函数
    ~my_name()
    {
        if(name)
            delete []name;
        cout<<"Freeing name memory"<<endl;
    }
    void show()
    {
        cout<<name<<endl;
    }
};
my_name::my_name(const my_name &ob)         //拷贝构造函数体
{
    name=new char [strlen(ob.name)+1];
```

```
        strcpy(name,ob.name);
        cout<<"Allocating memory for obj"<<endl;
}
void display( my_name ob)
{
    ob.show();
}
int main()
{
    my_name obj1("Liu Jia-jia");
    my_name obj2(obj1);
    my_name obj3=obj1;
    obj1.show();
    display(obj2);
    display(obj3);
    return 0;
}
Allocating memory for name
Allocating memory for obj
Allocating memory for obj
Liu Jia-jia
Allocating memory for obj
Liu Jia-jia
Freeing name memory
Allocating memory for obj
Liu Jia-jia
Freeing name memory
Freeing name memory
Freeing name memory
Freeing name memory
Press any key to continue
```

程序分析：产生对象 obj1 时调用一般的构造函数，输出"Allocating memory for name"；而产生对象 obj2、obj3 时两次调用拷贝构造函数，输出两行"Allocating memory for obj"，然后执行语句：obj1.show();，输出"Liu Jia-jia"。执行语句：display(obj2);时，调用拷贝构造函数，产生对象，然后退出函数，释放对象。此时输出：

```
Allocating memory for obj
Liu Jia-jia
Freeing name memory
```

同理，执行语句 display(obj3);仍输出：

```
Allocating memory for obj
```

Liu Jia-jia
Freeing name memory

程序结束时,依次释放对象 obj3、obj2、obj1,分别 3 次调用析构函数。
程序扩展阅读
拷贝构造函数的应用。

```cpp
#include<iostream.h>
#include<string.h>
class Person
{
private:
    char *buffer;
    int age;
public:
    Person(const Person &me);        //自定义拷贝构造函数
    Person(char *p,int a);
    void Display();
};

Person::Person(const Person &me)
{
    buffer=new char[strlen(me.buffer)+1];
    strcpy(buffer,me.buffer);
    this->age=me.age;
}

Person::Person(char *p,int a)
{
    buffer=new char[strlen(p)+1];
    strcpy(buffer,p);
    age=a;
}

void Person::Display()
{
    cout<<"The name is "<<buffer<<" age is "<<age<<endl;
}

void main()
{
    Person A("Liu",50);
    Person B(A);                //此处调用拷贝构造函数,此语句也可写成:Person B=A;
    B.Display();
}
```

8.3.2　类对象作为函数的参数

类对象可以作为函数的参数进行传递时,此时会调用拷贝构造函数,用来产生该对象的一个副本。

例8.9　阅读下列程序,程序中调用 display 函数时,系统会自动调用拷贝构造函数,产生实参类对象的一个副本。请分析程序。

```
#include<iostream.h>
#include<string.h>
class my_name
{
private:
    char *name;
public:
    my_name(char *n)
    {
        name=new char [strlen(n)+1];
        strcpy(name,n);
        cout<<"Allocating memory for name"<<endl;
    }
    my_name(const my_name &ob);                    //拷贝构造函数
    ~my_name()
    {
        if(name)
            delete []name;
        cout<<"Freeing name memory"<<endl;
    }
    void show()
    {
        cout<<name<<endl;
    }
};

my_name::my_name(const my_name &ob)               //拷贝构造函数体
{
    name=new char [strlen(ob.name)+1];
    strcpy(name,ob.name);
    cout<<"Allocating memory for obj"<<endl;
}
void display( my_name ob)
{
    ob.show();
```

```
}
int main()
{
    my_name obj("Liu Jia-jia");
    obj.show();
    display(obj);
    return 0;
}
```

程序运行结果为:

```
Allocating memory for name
Liu Jia-jia
Allocating memory for obj
Liu Jia-jia
Freeing name memory
Freeing name memory
Press any key to continue
```

分析:产生对象 obj 时,调用构造函数,输出:

```
Allocating memory for name
```

执行语句:obj.show();时输出:

```
Liu Jia-jia
```

执行语句:display(obj);时,系统自动调用拷贝构造函数产生对象,从函数退出时,释放对象,程序输出:

```
Allocating memory for obj
Liu Jia-jia
Freeing name memory
```

程序结束时,释放对象 obj,再次调用析构函数。

思考:

(1) 在本例中,把函数 display 修改为:

```
void display( my_name & ob)
{
    ob.show();
}
```

程序的运行结果是什么?

(2) 可否把拷贝构造函数中的类对象引用符省略?为什么?

8.3.3 类对象作为函数的返回值

当函数的返回值为对象时,函数需要创建一个临时对象来保存要返回的值,而函数返回的对象实际上是这个临时对象。在创建临时对象时,系统需要调用拷贝构造函数,创建临时对象。在对象的值被返回后,系统通过调用析构函数销毁此临时对象。

例 8.10 阅读下列程序,程序中调用 display 函数时的表达式为:

```
my_name obj2=display(obj1);
```

它表明 display 函数的返回值类型为对象,此时系统会自动调用拷贝构造函数,产生实参类对象的一个副本。而函数返回时,销毁对象,调用析构函数,请分析程序。

```cpp
#include<iostream.h>
#include<string.h>
class my_name
{
private:
    char *name;
    int i;
public:
    my_name(char *n,int k)
    {
        name=new char [strlen(n)+1];
        strcpy(name,n);
        i=k;
        cout<<"Allocating memory for name"<<endl;
    }
    my_name(const my_name &ob);              //拷贝构造函数
    ~my_name()
    {
        if(name)
            delete []name;
        cout<<"Freeing name memory"<<endl;
    }
    iadd(){i++;}
    void show()
    {
        cout<<name<<" "<<i<<endl;
    }
};

my_name::my_name(const my_name &ob)          //拷贝构造函数体
{
    name=new char [strlen(ob.name)+1];
    strcpy(name,ob.name);
    i=ob.i;
    cout<<"Allocating memory for obj"<<endl;
}
my_name display( my_name ob)
```

```
{
    ob.show();
    ob.iadd();
    my_name ob1(ob);
    return ob1;
}
int main()
{
    my_name obj1("Liu Jia-jia",20);
    my_name obj2=display(obj1);
    obj2.show();
    return 0;
}
```

程序运行结果为:

```
Allocating memory for name
Allocating memory for obj
Liu Jia-jia 20
Allocating memory for obj
Allocating memory for obj
Freeing name memory
Freeing name memory
Liu Jia-jia 21
Freeing name memory
Freeing name memory
Press any key to continue
```

分析：按产生对象的时间顺序，在 main 函数中产生对象 obj1，在 display 函数中产生对象 ob(并输出对象 ob)与 ob1。在退出 display 函数时，销毁对象 ob1 与 ob，因而系统两次调用析构函数。在 main 函数中产生对象 obj2，调用语句 obj2.show();输出 obj2，最后释放对象 obj2、obj1。

思考：上述程序中 display 改为:

```
my_name display( my_name & ob)
{
    ob.show();
    ob.iadd();
    my_name ob1(ob);
    return ob1;
}
```

请分析程序的运行结果。

例 8.11 拷贝构造函数的应用举例。

```
#include<iostream.h>
```

```
class test
{
private:
    int num;
    float f1;
public:
    test(int,float);
    test(test&);
    void show();
};
test::test(int n,float f)
{
    num=n;
    f1=f;
}
test::test(test& t)            //拷贝构造函数
{
    num=t.num+5;
    f1=t.f1+5;
    cout<<"An copy object initialized."<<endl;
}
void test::show()
{
    cout<<num<<"    "<<f1<<endl;
}
void main()
{
    test t1(5,3.9);
    t1.show();
    test t2=t1;             //或 test t2(t1); 在产生对象 t2 时调用了拷贝构造函数
    t2.show();
}
```

运行结果为：

5   3.9
An copy object initialized.
10   8.9

思考：下列程序中 age 表示一个人的年龄，根据 main 函数中的程序调试，要求达到程序输出的结果，请编写构造函数与拷贝构造函数。

```
#include<iostream.h>
#include<string.h>
class test
{
```

```
    private:
        int age;
        float f1;
        char s[80];
    public:
        test(int,float,char *);
        test(test&);
        void show();
};
void test::show()
{
    cout<<age<<"    "<<f1<<"    "<<s<<endl;
}

//构造函数与拷贝构造函数的定义

void main()
{
    test t1(25,3900,"浙江大学");
    t1.show();
    test t2(t1);              //或 test t2(t1);在产生对象 t2 时调用了拷贝构造函数
    t2.show();
}
```

程序的运行结果为：

25   3900   浙江大学
An copy object initialized.
26   4900   浙江大学欢迎您

8.4 类对象的应用

函数的参数可以是数据的基本类型，也可以用类对象作为函数的参数。

例 8.12 类 my_name 中定义了字符数组 name，在函数 display 中的参数是类 my_name 的对象。由于对象的成员 name 为字符数组，在调用 display(obj)；时，实参 obj 传给形参 ob，然后从函数 display 返回时，形参被释放，当然形参的释放并不影响到实参。

```
#include<iostream.h>
#include<string.h>
class my_name
{
private:
    char name[20];
```

```
public:
    my_name(char *n)
    {
    strcpy(name,n);
    cout<<"Allocating memory for name"<<endl;
    }

    void show()
    {
    cout<<name<<endl;
    }
};

void display(my_name ob)
{
    ob.show();
}
int main()
{
    my_name obj("Liu Jia-jia");
    display(obj);
    obj.show();
    return 0;
}
```

程序的运行结果为：

```
Allocating memory for name
Liu Jia-jia
Liu Jia-jia
```

在例 8.12 中，由于类中私有数据为数组，程序运行正常。如果为指针，则类定义为：

```
class my_name
{
private:
    char *name;
public:
    my_name(char *n)
    {
        name=new char [strlen(n)+1];
        strcpy(name,n);
        cout<<"Allocating memory for name"<<endl;
    }
    ~my_name()
```

```
        {
            if(name)
                delete []name;
            cout<<"Freeing name memory"<<endl;
        }
        void show()
        {
            cout<<name<<endl;
        }
};
```

如果调用函数 display 时,实参对象 obj 与形参对象 ob 指向同一个存储空间,如图 8.1(a)所示。当从函数 display 返回时,释放了形参 ob 对象的存储空间,释放形参 ob 对象后如图 8.1(b)所示。如果再输出实参 obj 成员 name 所指的地址上的内容,就会输出乱码,如例 8.13 所示。

(a) 实参传给形参时   (b) 形参释放时,同时释放了name所指的空间

图   8.1

例 8.13   分析下列程序的执行情况。

```
#include<iostream.h>
#include<string.h>
class my_name
{
private:
    char *name;
public:
    my_name(char *n)
    {
        name=new char [strlen(n)+1];
        strcpy(name,n);
        cout<<"Allocating memory for name"<<endl;
    }
    ~my_name()
    {
        if(name)
            delete []name;
        cout<<"Freeing name memory"<<endl;
    }
```

```
    void show()
    {
        cout<<name<<endl;
    }
};

void display( my_name ob)
{
    ob.show();
}
int main()
{
    my_name obj("Liu Jia-jia");
    display(obj);
    obj.show();
    return 0;
}
```

程序的执行结果如图 8.2 所示。

图 8.2　释放形参 ob 后访问 ob 成员出现的乱码

可以看到程序中输出了乱码。当然这个问题很容易解决,只要定义函数中的形参对象对实参的引用即可。修改函数:

```
void display( my_name & ob)
{
    ob.show();
}
```

程序调试:调试程序例 8.13,并修改 display 中的形参为引用。

例8.14 设计一个表示矩形的类Rect,其数据成员长定义为:double Length 和宽:double Width。设计类所需的函数外设计一个拷贝构造函数,用拷贝构造函数产生的新对象的长比原矩形多20,宽是原矩形的三倍,并且在测试函数main中建立对象测试此类。

分析:在类中定义两个私有数据Length、Width,公有函数有构造函数Rect与求矩形边长与面积的输出函数Show及拷贝构造函数。

```cpp
#include<iostream.h>
class Rect
{
private:
    double Length,Width;
public:
    Rect(double a=0,double b=0);
    Rect(Rect&);
    int Show();
    ~Rect(){cout<<"~Rect called"<<endl;}
};
Rect::Rect(double a,double b)
{
    Length=a;
    Width=b;
}

Rect::Rect(Rect &x)
{
    Length=20+x.Length;
    Width=3*x.Width;
}

int Rect::Show()
{
    cout<<"矩形的面积是:"<<Length*Width<<" 矩形的周长是"<<2*(Length+Width)<<endl;
    return 1;
}
void main()
{
    double a,b;
    cout<<"请输入矩形的长与宽"<<endl;
    cin>>a>>b;
    Rect Obj1(a,b);
    Obj1.Show();
    Rect Obj2(Obj1);
    Obj2.Show();
```

程序的运行结果是：

请输入矩形的长与宽
10 15
矩形的面积是：150 矩形的周长是 50
矩形的面积是：1350 矩形的周长是 150
~Rect called
~Rect called

上机操作练习 1

设计一个长方体类，用它能计算不同长方体的体积和表面积。提示：在这个类 Box 中必须要有 3 个私有数据：长、宽、高（分别用 a、b、c 表示），构造函数 Box(int i, int j, int k)和计算体积 GetVolume()、表面积 GetArea()的成员函数。

思考：

```
#include<iostream.h>
class myclass
{
    int a,b;
public:
    myclass(int x,int y)
    {
        a=x;
        b=y;
    }
    void show()
    {
        cout<<"a+b="<<a+b<<'\n';
    }
};
void main()
{
int a,b;
cin>>a>>b;
myclass obj(a,b);
obj.show();
}
```

以上语句 myclass obj(a,b); 是否可以改写为：

myclass obj=myclass(a,b);

构造函数也可采用构造初始化表对数据成员进行初始化，可把上例中的构造函数改成：

```
class myclass
{
    int a,b;
public:
    myclass(int x,int y):a(x),b(y)
    { }
    void show()
    {
        cout<<"a+b="<<a+b<<'\n';
    }
};
```

例 8.15 用户进入计算机系统，通常需要输入用户名及口令，现在用 C++ 程序来设计一个用户 User 类，它的数据成员 char Username[20]、char Pass[6]分别表示用户名和口令。在 main()中设置一个对象数组 UserGroup,程序运行时提示用户输入用户名及口令，然后提示可以进入系统或不可以进入系统。

分析：在一个计算机系统中有很多用户，因而要定义 User 类的对象数组，并给对象数组初始化；另外要有两个成员函数获取用户名及口令，设成员函数为：char * GetUserName()、char * GetPass()，因为调用这两个函数后返回值为用户名及相应口令字符串的首地址。程序的设计过程为：先定义类及它的成员函数，在 main()中定义对象数组并初始化，键盘读入用户名及口令，用循环的方法与对象数组进行比较，对比较的结果给出提示。源程序如下。

```
#include<iostream.h>
#include<string.h>
class User
{
private:
char UserName[20];
char Pass[10];
public:
User(char u[],char p[]){strcpy(UserName,u);strcpy(Pass,p);}
char * GetUserName(){return UserName; }
char * GetPass(){ return Pass; }
};
void welcome()
{
cout<<"\n 欢迎进入系统"<<endl;
}
void main()                    //测试函数
{
  User user[]={User("AABBBB","123456"),User("BBCCCC","234561"),
```

```
            User("CCDDDD","345612"),User("DDEEEE","456123"),
            User("EEFFFF","561234")};
    char name[20],pass[6];
    while(1)
    {
cout<<"姓名输入为 Q 时退出\n\n";
cout<<"请输入姓名：";
cin>>name;
cout<<"请输入口令：";
cin>>pass;
if(strcmp(name,"Q")==0)
    break;
for(int i=0;i<5;i++)
    if((strcmp(name,user[i].GetUserName())==0)&&(strcmp(pass,
        user[i].GetPass())==0))
        {welcome();break;}
    if(i==5) cout<<"用户名不存在 或 口令错"<<endl;
}
cout<<"\n 欢迎下次再见"<<endl;
}
```

例 8.16 声明一个栈类，利用栈操作实现将输入字符串反向输出的功能。

分析：设计一个类，类中用 tos 表示堆栈中元素的个数，元素存放在数组 stck 中。压入堆栈用函数 push，弹出堆栈用函数 pop。程序代码设计为：

```
#include<iostream.h>
#include<iomanip.h>
#include<ctype.h>
#include<string.h>
const int SIZE=10;
class stack
{
public:
    stack();
    void push(char ch);
    char pop();
    char stck[SIZE];
    int tos;
};
stack::stack()
{
    tos=0;
}
void stack::push(char ch)
```

```
{
    if(tos==SIZE)
    {
        cout<<"Stack is full";
        return;
    }
    stck[tos]=ch;
    tos++;
}
char stack::pop()
{
    if(tos==0)
    {
        cout<<"Stack is empty";
        return 0;
    }
    tos--;
    return stck[tos];
}
void main()
{
    int i;
    char str[20];
    char re_str[20];
    cout<<"\n please input a string: ";
    cin>>str;
    stack ss;
    for(i=0;i<strlen(str);i++)
        ss.push(str[i]);
    for(i=0;i<strlen(str);i++)
        re_str[i]=ss.pop();
    re_str[i]='\0';
    cout<<"\n reverse string: ";
    cout<<re_str<<endl;
}
```

例 8.17 线性表是软件设计中最基本和最常用的数据结构,线性表的主要特点是:
(1) 数据元素线性有序。
(2) 提供的最主要的服务是可以随机存取一个数据元素。

线性表是一个逻辑概念,用顺序存储结构实现的线性表称作顺序表。要求设计出浮点类型的顺序表类的成员函数定义,实现取数据元素、定位数据元素、检测表空否和清空表,然后给出所有成员函数的实现代码。

```
#include<iostream.h>
```

```cpp
#include<stdlib.h>
#define MaxSize 100
class SeqList
{
    private:
        float data[MaxSize];              //float 类型的有 MaxSize 个元素的数组
        int size;                         //当前数据元素个数
    public:
        SeqList(void){size=0;}            //构造函数
        ~SeqList(void){ }                 //析构函数
    void Insert(const float& item,const int pos);   //在 pos 位置插入元素 item
        float Delete(const int pos);      //删除 pos 位置的元素并返回
        int ListSize(void) const{return size;}   //返回表元素的个数 size
                                          //内联函数方法定义函数体
        int ListEmpty(void) const;        //检测表是否为空
        int Find(float& item) const;      //定位元素 item 的位置
        float GetData(int pos) const;     //返回 pos 位置的元素
        void Clearlist(void);             //清空表
};
void SeqList::Insert(const float& item,int pos)   //在 pos 位置插入元素 item
{
    int i;
    if (size ==MaxSize)
    {
        cerr<<"顺序表已满无法插入!"<<endl;
        exit(1);
    }
    if(pos<0 || pos >size)                //注：当 pos=size 时表示插入在最后
    {
        cerr<<"参数 pos 越界出错!"<<endl;
        exit(1);
    }
    //从后向前把前一个元素迁移到后一个元素位置直到存储位置 pos 为止
    for(i=size;i >pos;i--) data[i]=data[i-1];
    data[pos]=item;                       //在 pos 位置插入 item
    size++;                               //当前数据元素个数 size 加 1
}

float SeqList::Delete(const int pos)      //删除位置 pos 的元素并返回
{
    if (size<=0)
    {
        cerr<<"顺序表已空无元素可删!"<<endl;
        exit(1);
```

```cpp
    }
    if(pos<0 || pos >size -1)         //删除元素序号 pos 必须在 0 至 size-1 之间
    {
        cerr<<"参数 pos 越界出错!"<<endl;
        exit(1);
    }
    float temp=data[pos];             //从 pos 至 size-2 逐个元素左移
    for(int i=pos;i<size-1;i++) data[i]=data[i+1];
    size--;                           //当前数据元素个数 size 减 1
    return temp;
}

int SeqList::ListEmpty(void) const    //判顺序表空否,空返回 1;不空返回 0
{
    if (size<=0) return 1;
    else return 0;
}
//定位元素 item 的位置。返回值为 item 在顺序表中的位置;返回值为-1 表示不存在
int SeqList::Find(float& item) const
{
    if(ListEmpty()) return -1;
    int i=0;
    while(i<size && item !=data[i]) i++;    //寻找 item
    if(i<size) return i;
    else return -1;
}

float SeqList::GetData(int pos) const //取顺序表中 pos 位置上的元素
{
    if(pos<0 || pos >size -1)         //取的元素序号 pos 必须在 0 至 size-1 之间
    {
        cerr<<"参数 pos 越界出错!"<<endl;
        exit(1);
    }
    return data[pos];
}

void SeqList::Clearlist(void)         //清空顺序表
{
size=0;                               //当前数据元素个数 size 置为初始值
}
void main(void)
{
    SeqList list;                     //定义类 SeqList 的对象 list
```

```
        float a=5.5;
        int i;
        for(i=0;i<5;i++)                    //顺序插入 5 个元素
        {
            list.Insert(a,i);
            a=a -1;
        }
        list.Delete(0);                     //删除第 0 个数据元素
        for(i=0;i<4;i++)                    //依次取 4 个元素并在屏幕显示
            cout<<list.GetData(i)<<" "<<endl;
    }
```

上述类的成员函数设计说明如下：

（1）在类定义体外定义的成员函数时，都必须在成员函数的返回类型后、成员函数名前加上"类名::"，使系统能识别该成员函数所属的类。

（2）插入成员函数 Insert()和删除成员函数 Delete()可以修改类中的数据成员 data 和 size。

（3）返回元素个数成员函数 ListSize()的返回值限定为 const，因此该成员函数只能读类中的数据成员。按照面向对象程序设计的设计原则，凡是只读类中数据成员的成员函数，应限定其返回值为 const。

（4）插入成员函数 Insert()的两个参数均限定为 const，因此在该成员函数内只能读它的两个参数值，不能更改这两个参数值。按照面向对象程序设计的设计原则，凡是在成员函数内只读、不需更改的参数，应限定其参数为 const。

8.5 类静态成员

类的静态成员可分为类的静态数据成员和类的静态成员函数，用 static 声明。

8.5.1 类的静态数据成员

在 C++中，当用同一个类定义多个对象时，每个对象都拥有各自的数据成员，而所有对象共享同一份成员函数。当调用成员函数时，系统会根据不同的对象去使用相应的数据成员。

在面向对象程序设计时，有些特殊的数据成员不是属于具体的对象的，而是属于整个类的，这就要求允许定义属于整个类的数据成员，C++语言用 static 数据成员来实现这个功能。定义为 static 的数据成员称作静态数据成员。static 数据成员不是类所属某个具体对象的数据成员，而是整个类的数据成员，这种数据成员对类的所有对象只有一份。静态数据成员的提出是为了解决数据共享的问题。需要注意的是，用全局变量解决数据共享方法有不安全的一面。静态数据成员不仅可以实现多个对象之间的数据共享，而且使用静态数据成员不会破坏数据隐藏的原则,即保证了数据的安全。

1. 类静态数据成员的特点

静态数据成员的特点如下:

(1) 静态数据成员是类中所有对象共享的成员,而不是某个对象的成员。

(2) 应用静态数据成员可以节省内存,因为它是所有对象所公有的。对于多个对象来说,静态数据成员只存储在一处,供所有对象共用。

(3) 静态数据成员的值对每个对象都是一样的。它的值可以更新,只要对静态数据成员的值更新一次,保证所有对象存取更新后的值相同。

2. 静态数据成员的定义

定义类的静态数据成员的方式是,在变量定义的前面加上关键字 static。定义为静态数据成员的变量应在定义类的对象前进行初始化。

注意:

(1) 静态数据成员在类中说明。

(2) 静态数据成员在类外声明,并初始化。

静态数据初始化格式为:

数据类型　类名::静态变量=初值;

例如:

```
class A
{
private:
  int a,b,c;
public:
  static int s;          //说明静态数据成员
  static void fun();     //静态成员函数
};
int A::s=0;              //静态数据成员在类外声明,并初始化
```

这里 a、b 和 c 是非静态的数据成员,而 s 是静态的数据成员,fun()为静态成员函数。

例 8.18 静态数据成员的初始化。

```
#include<iostream.h>
class objcount
{
private :
  static int count;
public:
  objcount(){count++;}
  int get(){return count;}
};
int objcount::count=0;     //静态数据成员的初始化
```

第 8 章　类与对象　235

```
void main()
{
  objcount a1,a2,a3;
  cout<<"The value of count from object a1 is "<<a1.get()<<"\n";
  objcount a4;
  cout<<"The value of count from object a3 is "<<a3.get()<<"\n";
}
```

运行结果为：

```
The value of count from object a1 is 3
The value of count from object a3 is 4
```

静态数据成员初始化时应注意如下方面。

(1) 静态数据成员不能在类中进行初始化，只能在类体外进行，前面不加 static，以免与一般静态变量或对象相混淆。缺省时，静态成员被初始化为零。

(2) 不加该成员的访问权限控制符 private、public 等。

(3) 使用作用域运算符(::)标明它所属的类，如上面的例子中的 objcount::count。静态数据成员属于类，而不属于某一对象的。

(4) 静态数据成员的主要用途是定义类的各个对象所公用的数据，如统计总数、平均数等。

static 数据成员是在编译时分配存储空间，直到整个程序执行完才撤销的数据成员。类是定义对象的模板，定义一个对象就有一套该对象的数据成员。而 static 数据成员只有一份拷贝。换句话说，static 数据成员为该类的所有对象所共享。static 数据成员是不能用构造函数初始化赋值的，必须对类中的 static 数据成员单独初始化。static 数据成员可以定义为私有的，也可以定义为公有的；但 static 数据成员不能再限定为 const，因为 const 数据成员只能一次赋值，而 static 数据成员一般需要多次修改。

例 8.19 设计一个职工类。职工类中包括职工姓名、薪水和所有职工的薪水总和。

分析：如果类中的数据成员要包括所有职工的薪水总和，则该数据成员不能属于该类的任何对象，只能属于该类，因此该数据成员要定义为 static 数据成员。所有职工的薪水总和数据成员是所有职工对象薪水的统计和，不能由外部程序随便修改，所以定义为 private，类中设计专门的 static 成员函数来访问它。职工类以及一个测试主函数如下：

```
#include<iostream.h>
#include<string.h>
class Employee
{
    private:
        char name[30];
        float salary;
        static float allSalary;              //static 数据成员
    public:
        Employee(char * n,float s)
```

```
            {
                strcpy(name,n);
                salary=s;
            }
            ~Employee(void){}
            float GetAllSalary()                    //static 成员函数
            {
                allSalary=allSalary+salary;
                return allSalary;
            }                                        //返回 static 数据成员 allSalary
    };
    //即使是 private 的 Static 数据成员也要在全局作用域内被初始化
    float Employee::allSalary=0;
    #include<iostream.h>
    void main(void)
    {
        Employee e1("张三",4500);
        Employee e2("王五",5200);
        Employee e3("李四",2450);
        float all;
        all=e2.GetAllSalary();
        cout<<"AllSalary="<<all<<endl;
        all=e3.GetAllSalary();
        cout<<"AllSalary="<<all<<endl;
        all=e1.GetAllSalary();
        cout<<"AllSalary="<<all<<endl;
    }
```

如果类中定义了 static 数据成员,程序设计时有如下两点需要注意:

(1) static 数据成员必须在全局作用域内被初始化,即使是定义为 private 的 static 数据成员也要如此。如果把对类数据成员 allSalary 进行初始化的语句放在主函数内,则编译系统将判错。

(2) 由于 static 数据成员不属于任何对象,而是属于整个类的数据成员,所以对公有 static 数据成员或公有 static 成员函数的调用,要在 static 数据成员名或 static 成员函数名前加"类名::",以便系统识别该数据成员或该成员函数是哪个类中的。

上机操作练习 2

上机调试程序例 8.19。

8.5.2 类的静态成员函数

在类定义中,前面有 static 说明的成员函数定义为静态成员函数。静态成员函数基本上访问的是静态数据成员或全局变量。静态成员函数和静态数据成员一样,它们都属于类的静态成员,它们都不是对象成员。因此,对静态成员的引用不需要用对象名。在静态成员函数的实现中不能直接引用类中说明的非静态成员。

格式:

static 数据类型 函数名()
{
    函数体
}

这里要注意的是:

(1) 静态成员函数没有 this 指针,也就是说静态成员函数不与某个具体的对象相联系。在静态成员函数中只能访问静态的数据成员。静态成员函数不通过对象而直接调用。而前面谈过的非静态成员函数,必须与某个对象相联系。

(2) 静态成员函数是属于类的,在 main()中,调用静态成员函数时使用如下格式:

<类名>::<静态成员函数名>(<参数表>)

例 8.20 分析下列程序的输出结果。

```cpp
#include<iostream.h>
class Person
{
public:
    Person(int a) { A=a;B+=a;}
    static void f1(Person m);
private:
    int A;
    static int B;
};
void Person::f1(Person m)
{
cout<<"A="<<m.A<<endl;    //对非静态成员的引用只能通过对象名,这里不能直接写成 A
cout<<"B="<<B<<endl;      //对静态成员的引用不需要用对象名
}
int Person::B=0;
void main()
{
Person P(5),Q(10);
Person ::f1(P);           //调用静态成员函数
Person ::f1(Q);
}
```

执行该程序后输出结果如下:

A=5

B=15
A=10
B=15

说明：该程序所定义的 Person 类中，说明并定义了静态成员函数 f1()，在该函数的实现中，可以看到引用类的非静态成员是通过对象进行的，例如 m.A；而引用类的静态成员是直接进行的。

例 8.21 设计一个学生类 Student，有数据成员：学号(num)、姓名(name)、英语成绩(score1)、计算机成绩(score2)、平均成绩(average)、英语总分(sum1)、计算机总分(sum2)，编写必要的成员函数对 5 位学生的英语总分、计算机总分进行统计。

分析：英语总分 sum1、计算机总分 sum2 是对 5 位学生的英语总分、计算机总分进行统计，因而 sum1、sum2 是各对象所共用的，应该把它们设置为静态变量。程序设计如下：

```cpp
#include<iostream.h>
#include<string.h>
class Student
{
private:
    char num[6];
    char name[10];
    int score1;
    int score2;
    int average;
    static int sum1;
    static int sum2;
public:
    Student(char num1[],char name1[],int score11,int score21);
    void display()
    {
    cout<<num<<" "<<name<<" "<<score1<<" "<<score2<<" "<<average<<endl;
}
static void display1()
{
    cout<<"英语总分是:"<<sum1<<endl;
    cout<<"计算机总分是:"<<sum2<<endl;
}
};
int Student::sum1=0;
int Student::sum2=0;
Student::Student(char num1[],char name1[],int score11,int score21)
{
    strcpy(num,num1);
    strcpy(name,name1);
```

```
        score1=score11;
        score2=score21;
        average=(score1+score2)/2;
        sum1+=score1;
        sum2+=score2;
}
void main()
{
    Student stu[]={ Student("3001","AABBBB",80,90),
                    Student("3002","BBCCCC",70,88),
                    Student("3003","CCDDDD",86,78),
                    Student("3004","DDEEEE",60,78),
                    Student("3005","FFBBBB",88,92) };
    for(int i=0;i<5;i++)
        stu[i].display();
        Student::display1();
}
```

上机操作练习 3

上机调试程序例 8.21,要求 main 函数中用循环的方式输入对象的数据。

8.6 类 的 友 元

在 C++ 中,由于数据封装的作用,使得对类的私有成员的使用控制非常严谨。对于用惯了 C 语言编程的程序员来说,这种限制有点过于苛刻。为了使 C++ 编程更为灵活,在不放弃私有数据安全性的情况下,使得类外部的函数或类能够访问类中的私有成员,C++ 增加了类的友元。友元可以是一个函数,该函数被称为友元函数;友元也可以是一个类,该类被称为友元类。使用友元函数或友元类的成员函数可以访问类的私有成员。

8.6.1 友元函数

例如有一个学生类 student 如下:

```
class student
{
private:
    char name[10];
    int course;
public:
    student(char * n,int sc){ strcpy(name,n);course=sc;}
```

```
    char * getname(){return name;}
    int getcourse(){return course;}
};
```

要比较学生的最高分与最低分,应该考虑对象之间私有数据的比较。这个函数可以访问两个对象的私有数据,可以把这个函数声明为友元函数。

友元函数的特点:

(1) 友元函数的特殊性在于:友元函数拥有访问类的私有数据成员的权力,普通性在于它是一个普通的函数,除了上述特殊性以外,与其他函数没有任何不同。

(2) 友元函数在声明时,前面加以关键字 friend,友元函数不是成员函数。

(3) 友元的作用在于:提高编程的灵活性,但是它破坏了数据的封装性和隐藏性。

声明友元函数的格式如下(在类中声明):

friend 类型 函数名();

这里要注意的是:

(1) 一个函数可以是多个类的友元函数,友元函数的代码可以定义在类内或类外,但声明必须在类内。友元函数不属于类,所以不需要在函数名的前面用类名加以限制。

(2) 友元函数在对类成员进行访问时,在参数表中需显式地指明访问对象。

(3) 不允许将构造函数、析构函数、虚拟函数作为友元函数。

(4) 当一个函数需要访问多个类时,友元函数非常有用,普通成员函数只能访问其所属的类,但是多个类的友元函数能访问相应的所有类的数据。

将一般的函数说明为友元函数,可以访问对一类中不同对象的私有数据,也可以访问不同类中各对象的私有数据。

例 8.22 在同一个类中访问不同对象之间的私有数据,可以使用一般的函数作为此类的友元函数。例如对以上提到的 student 类,要访问此类的不同对象,程序设计如下:

```
#include<iostream.h>
#include<string.h>
class student
{
private:
    char name[10];
    int course;
public:
    student(char * n,int sc){ strcpy(name,n);course=sc;}
    char * getname(){return name;}
    int getcourse(){return course;}
    friend int compare(const student &s1,const student &s2);
};
int compare(const student &s1,const student &s2)
```

//友元函数在定义时不用类名限制
{
  if(s1.course>s2.course)
      return 1;
  else if(s1.course==s2.course)
      return 0;
  else
      return -1;
}

void main()
{
    student st[]={student("中华",87),student("孙权",67),
        student("刘备",80),student("西施",97)};
    int i,min=0,max=0;
    for(i=0;i<4;i++)
    {
        if(compare(st[max],st[i])==-1)
            max=i;
        else if(compare(st[min],st[i])==1)
            min=i;
    }
    cout<<"比较结果："<<endl;
    cout<<"最高分者："<<st[max].getname()<<" "<<st[max].getcourse()<<endl;
    cout<<"最低分者："<<st[min].getname()<<" "<<st[min].getcourse()<<endl;
}
```

**例8.23** 阅读下列程序，分析下列程序的输出结果。Point类描述平面坐标上点的位置，给出两个点的坐标，判断后一个点在前一个点的什么位置，并计算出两个点之间的距离。

**分析**：在程序的Point类中声明了一个友元函数Distance()，在函数名的前面用friend关键字标识，表明它不是成员函数，而是友元函数。友元函数的定义方法与普通函数的定义一样，而不同于成员函数的定义，因为它不需要指出所属的类。但是，它可以引用类中的私有成员，函数体中a.x,b.x,a.y,b.y都是类的私有成员，它们是通过对象引用的。在调用友元函数时，同调用普通函数的调用一样。在本例中，p1.Getxy()和p2.Getxy()是成员函数的调用，要用对象来表示，而Distance(p1,p2)是友元函数调用，它只需直接调用，不需要用对象表示，但需要对象作为友元函数的参数。

```
#include<iostream.h>
#include<math.h>
class Point
{
public:
```
```

```cpp
    Point(double xx,double yy) {x=xx;y=yy;}
    void Getxy();
    friend double Distance(Point &a,Point &b);
    //此函数不属于类的成员函数,但它可以访问类的私有成员,数据封装性被破坏
private:
    double x,y;
};
void Point::Getxy()
{
    cout<<"("<<x<<","<<y<<")"<<endl;
}

double Distance(Point &a,Point &b)
{
    if(b.x-a.x>0 && b.y-a.y>0)
        cout<<"点 2 在点 1 的右上方"<<endl;
    else if(b.x-a.x>0 && b.y-a.y<0)
        cout<<"点 2 在点 1 的右下方"<<endl;
    else if(b.x-a.x<0 && b.y-a.y>0)
        cout<<"点 2 在点 1 的左上方"<<endl;
    else if(b.x-a.x<0 && b.y-a.y<0)
        cout<<"点 2 在点 1 的左下方"<<endl;
    else if(b.x-a.x==0 && b.y-a.y>0)
        cout<<"点 2 在点 1 的正上方"<<endl;
    else if(b.x-a.x==0 && b.y-a.y<0)
        cout<<"点 2 在点 1 的正下方"<<endl;
    else if(b.x-a.x>0 && b.y-a.y==0)
        cout<<"点 2 在点 1 的右前方"<<endl;
    else if(b.x-a.x<0 && b.y-a.y==0)
        cout<<"点 2 在点 1 的左前方"<<endl;
    double dx=a.x -b.x;
    double dy=a.y -b.y;
    return sqrt (dx * dx+dy * dy);
}

void main()
{   int x,y;
    cout<<"input point 1 x y"<<endl;
    cin>>x>>y;
    Point p1(x,y);
    cout<<"input point 2 x y"<<endl;
    cin>>x>>y;
    Point p2(x,y);
    p1.Getxy();                    //成员函数的调用通过对象
```

```
    p2.Getxy();
    double d=Distance(p1,p2);          //友元函数只需直接调用
    cout<<"Distance is "<<d<<endl;
}
```

友元函数也可以对不同类对象的私有数据进行访问,此时也可以使用一般的函数作为类的友元函数,请思考下列问题。

思考：设类 A 代表野兔类,类 B 代表鱼类,它们都有私有数据质量 w 与价格 p。请定义类 A 与类 B,用于比较对象野兔、鱼总价值的友元函数,质量 w 与价格从测试函数 main 中输入。提示：

```
class B;
class A
{
private:
    double w,p;
public:
    A(double ww,double pp){w=ww;p=pp;}
    friend int com(const A & a,const B & b);
};

class B
{
private:
    double w,p;
public:
    B(double ww,double pp){w=ww;p=pp;}
    friend int com(const A & a,const B & b);
};
```

8.6.2 友元成员

除了一般的函数可以作为某个类的友元外,一个类的成员函数也可以作为另一个类的友元。这种成员函数不仅可以访问自己所在类对象中的所有成员,还可以访问 friend 声明语句所在类对象中的所有成员。

例 8.24 友元成员的例子。

```
#include<iostream.h>
class Time;
class Date
{
public:
    Date(int month,int day,int year)
```

```
        {mm=month;dd=day;yy=year;}
        ~Date() { };
        void showDateTime(const Time &xTime);
    private:
        int mm,dd,yy;
};

class Time
{
public:
        Time(int hour,int minute,int second)
        {hrs=hour;mins=minute;secs=second;}
        ~Time() { };
        friend void Date::showDateTime(const Time &xTime);
//声明类 Date 的 showDateTime()成员函数为类 Time 的友元函数
private:
        int hrs,mins,secs;
};
void Date::showDateTime(const Time &xTime)
{
        cout<<"Date:";
        cout<<mm<<"/"<<dd<<"/"<<yy<<endl;
        cout<<"Time:";
        cout<<xTime.hrs<<":"<<xTime.mins<<":"<<xTime.secs<<endl;
}

void main()
{
        Time aTime(10,20,30);
        Date aDate(11,11,99);
        cout<<"Date and Time:"<<endl;
        aDate.showDateTime(aTime);
}
```

上机操作练习 4

编写一个有关股票的程序,其中有两个类:一个是深圳类 shen_stock,另一个是上海类 shang_stock。类中有 3 项私有数据成员:普通股票个数 general、ST 股票个数 st 和 PT 股票个数 pt,每一个类分别有自己的友元函数来计算并显示深圳或上海的股票总算(3 项的和)。两个类还共用一个 count(),用来计算深圳和上海总共有多少股票并输出。程序参考代码如下:

```
#include<iostream.h>
#include<iomanip.h>
```

```cpp
#include<string.h>
class shen_stock;                                    //向前引用
class shang_stock                                    //上海类
{
public:
    shang_stock(int g,int s,int p);                  //构造函数
    friend void shang_count(const shang_stock ss);   //计算上海的股票总数
    friend void count(const shang_stock ss,const shen_stock zs);
                                                     //计算上海和深圳的股票总数
private:
    int general;                                     //普通股票个数
    int st;                                          //ST 股票个数
    int pt;                                          //PT 股票个数
};
shang_stock::shang_stock(int g,int s,int p)          //构造函数
{
    general=g;
    st=s;
    pt=p;
}
class shen_stock
{
    int general;
    int st;
    int pt;
    public:
    shen_stock(int g,int s,int p);
    friend void shen_count(const shen_stock ss);
    friend void count(const shang_stock ss,const shen_stock zs);
};
shen_stock::shen_stock(int g,int s,int p)
{
    general=g;
    st=s;
    pt=p;
}
main()
{
    shang_stock shanghai(1600,20,10);                //建立对象
        //表示上海有1600支普通股票,20支ST股票,10支PT对象
    shen_stock shenzhen(1500,15,8);                  //建立对象
        //表示深圳有1500支普通股票,15支ST股票,8支PT对象
    shang_count(shanghai);                           //计算上海的股票总数
    shen_count(shenzhen);                            //计算深圳的股票总数
```

```
        count(shanghai,shenzhen);              //计算上海和深圳的股票总数
        return 0;
}
void shang_count(const shang_stock ss)          //计算上海的股票总数
{
        int s;
        cout<<"stocks of shanghai are "<<ss.general+ss.st+ss.pt<<endl;
}
void shen_count(const shen_stock es)            //计算深圳的股票总数
{
        int s;
        cout<<"stocks of shenzhen are "<<es.general+es.st+es.pt<<endl;
}
void count(const shang_stock ss,const shen_stock es)  //计算上海和深圳的股票总数
{
        int s;
        s=es.general+es.st+ss.general+ss.st+ss.pt;
        cout<<"stocks of shanghai and shenzhen "<<s<<endl;
}
```

8.6.3 友元类

C++中还允许将某个类定义为另一个类的友元,即友元类。

例如,把类 B 声明为类 A 的友元类的格式是:

在类 A 的声明中需要声明语句:

friend class B;

这就意味着友元类 B 中的所有成员函数可以访问类 A 的私有成员。

注意:B 是 A 的友元类,并不隐含 A 是 B 的友元类,友元关系不具有传递性。

例 8.25 友元类的例子。

```
#include<iostream.h>
class A
{
private:
        friend class friendclass;    //友元类说明
        char *name;
        int age;
public:
        A(char *str,int i){name=str;age=i;}
};
class friendclass
{
public:
```

```
    void display(A x)
    { cout<<"The man "<<x.name<<" is "<<x.age<<" years old. "<<endl; }
};
void main()
{
A demo1 ("Liu",30);
friendclass demo2;
demo2.display(demo1);
}
```

将 friendclass 类定义为 A 类的友员类,所以 friendclass 类的成员函数可以直接引用 A 类的私有数据成员。

运行结果为:

The man Liu is 30 years old.

思考:阅读以下程序,设类 A 代表肉类,类 B 代表鱼类,它们都有私有数据质量 w 与价格 p,在程序中的应用函数 com 比较肉类 A 与鱼类 B 的总价,请定义用于比较对象野兔、鱼总价值的友元函数 com。

```
#include <iostream.h>
class B;
class A
{
private:
    double x, y;
public:
    A(double ww, double pp){x=ww;y=pp;}
    int com(const B & b);
};

class B
{
private:
    double w,p;
public:
    B(double ww, double pp){w=ww;p=pp;}
    friend int A::com(const B & b);                    //友元函数说明
};

int A::com(const B & b)
{
    if(x*y>b.w*b.p)
        cout<<" A>B      "<<endl;
    else if(x*y==b.w*b.p)
```

```
        cout<<" A==B        "<<endl;
    else
        cout<<" A <B        "<<endl;
    return 0;
}
```

例 8.26 有一个学生类 Student,有成员学号(num)、姓名(name)、英语成绩(score1)、计算机成绩(score2)、平均成绩(average),编写必要的成员函数,求出平均分最高及最低的同学,并输出成绩及对应的等级:大于等于 90 分为优;80～89 分为良;70～79 分为中;60～69 分为及格;小于 60 分不及格。

分析:要把各对象之间的私有数据的平均分进行比较,就必须有一个函数能访问各对象之间的私有数据,这个函数必须声明为类的友元函数。同样道理划分等级的函数也应该是类的友元函数。程序设计如下。

```
#include<iostream.h>
#include<string.h>
#include<iomanip.h>
class Student
{
private:
    char num[6];
    char name[10];
    int score1;
    int score2;
int average;
    char level[8];
public:
    Student(char num1[],char name1[],int score11,int score21);
    void display()
    {
        cout<<setw(10)<<num<<setw(10)<<name<<setw(6)<<average<<setw(6)
            <<level<<endl;
    }
    friend int compare(Student &s1,Student &s2);        //友元函数
    friend void Level(Student &s);                      //友元函数
};
Student::Student(char num1[],char name1[],int score11,int score21)
{
    strcpy(num,num1);
    strcpy(name,name1);
    score1=score11;
    score2=score21;
    average=(score1+score2)/2;
```

```cpp
    }
    int compare(Student &s1,Student &s2)
    {
        if(s1.average>s2.average)
            return 1;
        else if(s1.average==s2.average)
            return 0;
        else
            return -1;
    }
    void Level(Student &s)
    {
        if(s.average>=90)
            strcpy(s.level,"优");
        else if(s.average>=80)
            strcpy(s.level,"良");
        else if(s.average>=70)
            strcpy(s.level,"中");
        else if(s.average>=60)
            strcpy(s.level,"及格");
        else
            strcpy(s.level,"不及格");
    }
    void main()                     //测试函数
    {
        Student stu[]={Student("3001","AABBBB",80,90),
                       Student("3002","BBCCCC",70,88),
                       Student("3003","CCDDDD",86,78),
                       Student("3004","DDEEEE",60,78),
                       Student("3005","FFBBBB",88,92)};
        int i,min=0,max=0;
        for(i=0;i<5;i++)
        {
            if(compare(stu[max],stu[i])==-1)
                max=i;
            else if(compare(stu[min],stu[i])==1)
                min=i;
            Level(stu[i]);
        }
        cout<<"最高分者："<<endl;
        stu[max].display();
        cout<<"最低分者："<<endl;
        stu[min].display();
```

```
cout<<endl;
cout<<endl;
for(i=0;i<5;i++)
    stu[i].display();
}
```

上机操作练习 5

上机调试程序例 8.26。

8.7 常成员函数

在 C++ 程序设计中,数据隐藏保证了数据的安全性,但由于静态数据成员、友元等数据共享,又不同程度地破坏了数据的安全性,而 const 在程序运行期间可以有效保护数据。本节主要介绍常对象、常成员函数与常引用。

8.7.1 常对象

类的实例是对象。当对象被 const 修饰时,此对象就称为常对象。常对象的值在整个生存期内不能被改变。常对象的定义为:

const 类名 对象名;

例如:类定义:

```
class date
{
private:
    int year,month,day;
public:
    date( int y,int m,int d );
    void changeValue() { month=10;day=1;}
    void print();
};
```

可以使用以下方法定义类的常对象:

```
const date   AA(2012,9,1);
```

注意:

(1) 常对象只能初始化而不能赋值。
(2) 常对象只能调用常成员函数,而不能调用一般的成员函数。

由于对象的值只能通过两种途径改变,通过赋值与成员函数调用。常对象不能赋值,为了不被一般的成员函数改变,规定只能调用常成员函数。

如有定义:

```
const date   AA(2012,9,1);
date   BB(2012,9,1);
```

对象 AA 与 BB 的性质并不相同。简单来说,AA 的值不能被改变,BB 的值在程序中可以改变。那么普通对象 BB 能做的事情 AA 是不是也能做呢?

例如,对 date 类:

```
class date
{
    private:
    int year,month,day;
    const int a;
public:
    date( int y,int m,int d,int x ):a(x)
    {year=y;month=m;day=d;}
    void changeValue()
    { month=10;day=1;}
    void print()const
    {cout<<year<<"年"<<month<<"月"<<day<<"日"<<a<<endl;}
};
```

显然,BB.changeValue();调用没有什么问题,而 AA.changeValue();调用时编译器就发出错误信息,因为一个成员函数没有把传递给它的 this 指针指定为 const,编译器就不允许 const 对象调用它。那么如何指定 this 指针为 const? 下面学习的常成员函数可解决这一问题。

8.7.2 常成员函数

使用 const 关键字修饰的成员函数为常成员函数。常成员函数的声明格式为:

类型说明符 函数明(参数表)const;

例如,对 date 类:

```
class date
{
    private:
        int year,month,day;
        const int a;
    public:
        date( int y,int m,int d,int x ):a(x)
        {year=y;month=m;day=d;}
```

```
        void changeValue()
        { month=10;day=1;}
        void print()const
        {cout<<year<<"年"<<month<<"月"<<day<<"日"<<a<<endl;}
};
```

在函数的括号后面加上 const,表示这个函数不会改变类的数据成员。const 对象因此也就可以放心大胆地调用它了。如果不小心在 const 成员函数的函数体里修改了数据成员,编译器就会有一个错误的报告。

注意:

(1) 常成员函数不能更新目的对象的数据成员。

(2) const 关键字可以用于对重载函数的区分。例如:void print()const 与 void print()完全是两个函数。

(3) 下列两种写法含义不同:

类型说明符　函数明(参数表)const;表示目标对象值不能改变。

const 类型说明符　函数明(参数表);告诉编译器这个函数的返回值不允许改变。

8.7.3　常数据成员

使用 const 关键字修饰的数据成员为常数据成员,常数据成员在类中的声明格式为:

const 类型说明符 变量名;

常数据成员只能通过初始化来获得初值,格式为:

构造函数(参数表):常数据成员(实参)
{
…
}

常数据成员表明任何函数都不能对该成员赋值。

例 8.27　程序中有常数据成员(const int a;)及常成员函数(void print()const),通过程序调试,分析常对象 AA 与一般对象 BB 调用成员函数与常成员函数时的区别。

```
#include<iostream.h>
class date
{
    private:
        int year,month,day;
        const int a;
    public:
        date( int y,int m,int d,int x ):a(x)
        {year=y;month=m;day=d;}
        void changeValue()
```

```
        {month=10;day=1;}
        void print()const
        {cout<<year<<"年"<<month<<"月"<<day<<"日"<<a<<endl;}
    };
int main()
{
    date BB(2012,8,1,70);
    BB.print();
    BB.changeValue();
    BB.print();
    const date AA(2012,10,8,100);
    AA.print();
    return 0;
}
```

分析：由于 AA 为常对象，常对象的值不能改变，因而语句调用 AA.changeValue()；有语法错误，而 BB.changeValue()；是正确的，对象 AA、BB 都可以调用常成员函数，因而 BB.print()、AA.print() 都是正确的；从是否是常成员函数来说，语句改为 void changeValue() const 也是错误的。程序的运行结果为：

2012 年 8 月 1 日 70
2012 年 10 月 1 日 70
2012 年 10 月 8 日 100
Press any key to continue

8.7.4 常引用

如果在声明引用时用 const 修饰，被声明的引用就是常引用，常引用所引用的对象不能被改变，常引用的声明形式为：

const 类型说明符 & 引用名；

常引用可以与常对象相关联。例如通过常引用访问对象时，此对象就成为常对象。这表明对于类类型的常引用，不能修改对象的数据成员，也不能调用它的非 const 成员函数。

例 8.28 设类 A 代表野兔类，类 B 代表鱼类，它们都有私有数据质量 w 与价格 p。请定义类 A 与类 B，用于比较对象野兔、鱼总价值的友元函数，质量 w 与价格从测试函数 main 中输入。

```
#include<iostream.h>
class B;
class A
{
private:
```

```
    double w,p;
public:
    A(double ww,double pp){w=ww;p=pp;}
    friend int com(const A & a,const B & b);
};

class B
{
private:
    double w,p;
public:
    B(double ww,double pp){w=ww;p=pp;}
    friend int com(const A & a,const B & b);
};
int com(const A & a,const B & b)
{
    if(a.p * a.w >b.p * b.w)
        return 1;
    else if(a.p * a.w ==b.p * b.w)
        return 0;
    else
        return -1;
}

int main()
{
    double x,y;
    cin>>x>>y;
    A aa(x,y);
    cin>>x>>y;
    B bb(x,y);
    int i=com(aa,bb);
    if(i>0)
        cout<<"A 价值高"<<endl;
    else if(i==0)
        cout<<"A、B 价值一样高"<<endl;
    else
        cout<<"B 价值高"<<endl;
    return 0;
}
```

8.8 容 器 类

当某个类将另一个类的对象作为其成员时，称它为容器类，也可以叫做组合类。例如，建立了一个日期类 Date，描述出生日期，此类中有私有成员：Year、Month、Day。当在描述一个人的基本状况时，再定义一个类：Person，它的私有数据有姓名 Name、出生年月 Date、身高 h、体重 w。在定义 Person 类时，类中有日期类的对象作为它的成员，因而把 Person 类叫做容器类。此时可以定义日期类如下。

```
#include<iostream.h>
#include<string.h>
class Date
{
private:
    int Year;
    int Month;
    int Day;
public:
    Date(int y,int m,int d) { Year=y;Month=m;Day=d;}
    void show() {cout<<"出生年月是"<<Year<<"年"<<Month<<"月"<<Day<<"日"<<endl;}
};
```

在定义容器类 Person 时，关键的问题是如何定义容器类的构造函数。非常明显，容器类的构造函数不仅需给它自己的成员赋值，还需给另一个类的对象赋值。它是通过调用对象名称来实现的，其形式为：

容器类构造函数名(参数表)：容器类中对象(变量表)
{
　　容器类构造函数体；
}

因而定义的 Person 类如下。

```
class Person
{
  private:
    char Name[8];
    Date date;                //定义了 Date 类的对象 date
    int h;
    int w;
  public:
    Person(char *n1,int y1,int m1,int d1,int h1,int w1 );
    void print();
};
```

Person 类的构造函数如下。

```
Person::Person(char *n1,int y1,int m1,int d1,int h1,int w1):date(y1,m1,d1)
{
```

```
    strcpy(Name,n1);
    h=h1;
    w=w1;
}
void Person::print()
{
    cout<<Name<<endl;
    cout<<"身高是"<<h<<" 体重是 "<<w<<endl;
    date.show();           //通过 Date 的对象 date 调用自己的成员函数
}
```

用下列 main 函数来测试容器类。

```
void main()
{
    Person man("LIU",1970,10,10,175,65);
    man.print();
}
```

可以看到,定义容器类 Person 的对象 man 以后,对象 man 通过调用本身的成员函数 print,可以方便地调用容器类中 Date 成员 date 的成员函数 show。

思考:定义一个友元函数,此函数可以访问上例中的 Person 类成员与 Date 类对象,用友元函数输出 Person 类对象的所有成员。

*8.9 类 与 结 构

C++中对结构的功能进行了扩展,除了具有 C 语言中的功能外,还具有与类相似的功能。

C++中的结构体可以像"类"一样具有成员函数。

在缺省情况下,结构内的数据和函数是公有的,而类中的数据和函数是私有的。

下面举例说明具有成员函数的结构的使用。

例 8.29 结构体类型中成员函数的使用。

```
#include<iostream.h>
#include<string.h>
struct person
{
    void init() { age=30;strcpy(name,"Liu");}
    void display() { cout<<name<<" is "<<age<<" years old."<<endl;}
private:
    int age;
    char name[10];
};
```

```
void main()
{
    person demo;
    demo.init();
    demo.display();
}
```

该程序的功能与前面例子相同，但它是通过结构来实现的。

例 8.30　结构体类型中成员函数的使用。

```
#include<iostream.h>
struct Location
{
private:
    int x,y;
public:
    void init( int x0,int y0);
    int Getx();
    int Gety();
};
void Location::init(int x0,int y0)
{
    x=x0;
    y=y0;
}
int Location::Getx(){ return x;}
int Location::Gety(){ return y;}
void main()
{
    Location A;
    A.init(10,5);
    cout<<A.Getx()<<endl<<A.Gety()<<endl;
}
```

通过结构体类型中的成员函数对结构的私有成员赋值，再调用结构的成员函数输出。同样道理，结构也有构造函数与析构函数，并且作用机理也相同。请理解下面的例子。

例 8.31　结构体类型中构造函数与析构函数的使用。

```
#include<iostream.h>
#define size 100
struct stack
{
    int stack1[size],tos;
public:
    stack();              //构造函数原型
    ~stack();             //析构函数原型
```

258　　　　　　　　　　　　　　C++程序设计（第 2 版）

```
    void push(int i);
    int pop();
};
stack::stack()                          //构造函数实现定义
{tos=0;cout<<"stack init\n";}
stack::~stack()                         //析构函数实现定义
{cout<<"stack destroyed \n";}

void stack::push(int i)
{if (tos==size) {
    cout<<"stack is full";return;}
stack1[tos]=i;tos++;
}
int stack::pop()
{if (tos==0)
{
    cout<<"stack underflow";
    return 0;
}
    tos--;
    return stack1[tos];
}

void main()
{   stack a,b;
    a.push(1);b.push(2);
    cout<<a.pop()<<" ";
    cout<<b.pop()<<"\n";
    cout<<"exiting main\n";
}
```

程序运行结果为：

```
stack init
stack init
1 2
exiting main
stack destroyed
stack destroyed
```

8.10　对象数组与对象指针

*8.10.1　对象数组

对象数组的元素都是对象，不仅具有数据成员，而且还有成员函数。前面已经简单使用过对象数组,本节将重点介绍它的特殊之处。

定义一个一维对象数组的格式:

类名 数组名[下标表达式];

在使用时,要引用数组元素,也就是一个对象,通过这个对象,也可以访问它的公有成员。一般形式是:

数组名[下标].成员名;

例 8.32 对象数组。

```
#include<iostream.h>
#include<string.h>
class User
{
private:
    char UserName[20];
    char Pass[10];
public:
    void init(char u[],char p[])
    {strcpy(UserName,u);strcpy(Pass,p);}
    char *GetUserName()
    {return UserName;}
    char *GetPass()
    { return Pass; }
};

void main()
{
    User ob[5];
    char Un[20];
    char ps[10];
    for(int i=0;i<5;i++)
    {
        cin>>Un>>ps;
        ob[i].init(Un,ps);
    }
    for(int j=0;j<5;j++)
    cout<<ob[j].GetUserName()<<" "<<ob[j].GetPass()<<endl;
}
```

上面的程序建立了类 User 的对象数组 ob,含有 4 个元素。由于在类 User 中没有自定义构造函数,对象数组由 C++ 的系统缺省构造函数建立。每个元素的数据则是通过键盘和调用成员函数 init()来完成的。如果类中定义了构造函数,而且构造函数带有参数,则定义对象数组时通过初始值表进行赋值,例如:

```
User user[]={ User("AABBBB","123456"),User("BBCCCC","234561"),
             User("CCDDDD","345612"),User("DDEEEE","456123"),
             User("EEFFFF","561234")};
```

*8.10.2 指向类对象的指针

指向类对象的指针的定义形式为：

类名 * 指针名；

其指针的赋值形式为：

指针名=&类对象；

例 8.33 以下程序段所定义的对象指针 p 是指向对象 obj 的。

```
#include<iostream.h>
class myclass
{
  int i;
  public:
  myclass(int x) {i=x;}
  void show();
};

void myclass::show()
{   cout<<i<<"\n"; }

void main()
{
  myclass obj(10),*p;
  p=&obj;
  p->show();
}
```

程序输出结果为 10。

例 8.34 指向类对象指针的应用。

```
#include<iostream.h>
class test
{
private:
    int num;
    float f1;
public:
    test();
```

```cpp
    test(int n,float f);
    ~test();
    void show();
};

test::test()
{
    num=0;
    f1=0.0;
    cout<<"Default constructor for object"<<endl;
    cout<<"num="<<num<<" "<<"f1="<<f1<<endl;
}

test::test(int n,float f)
{
    num=n;
    f1=f;
    cout<<"Constructor for object"<<endl;
    cout<<"num="<<num<<" "<<"f1="<<f1<<endl;
}

test::~test()
{
    cout<<"Destructor is active and num="<<num<<endl;
}
void test::show(void)
{
    cout<<"num="<<num<<" "<<"f1="<<f1<<endl;
}
void main()
{
    test * ptr1=new test;
    test * ptr2=new test(1,1.5);
    (*ptr1).show();
    ptr2->show();
    delete ptr2;
    delete ptr1;
}
```

程序运行的结果为：

```
Default constructor for object
num=0 f1=0
Constructor for object
num=1 f1=1.5
```

```
num=0 f1=0
num=1 f1=1.5
Destructor is active and num=1
Destructor is active and num=0
```

*8.10.3 指向类成员的指针

在 C++ 中,不仅提供了指向对象的指针,还包含了指向类成员的指针。指向类成员的指针包括指向类成员变量的指针,又包含指向成员函数的指针。

1. 指向类成员的指针

指向类成员的指针的定义形式为:

类成员的类型 类名::*指针名;

其指针的赋值形式为:

指针名=& 类名::类成员变量;

例 8.35 指向类成员的指针应用。

```cpp
#include<iostream.h>
class myclass
{
public:
  int i;
  float j;
  myclass(int x,float y) {i=x;j=y;}
  void show() {cout<<i<<" "<<j;}
  void func(int x,float y);
};
void myclass::func(int x,float y)
{   i=x+5;
    j=y-1;
    if ((i-j)>0)
      cout<<"ok \n";
    cout<<"error \n";
}
void main()
{
int myclass::* p1;              //指向类 myclass 的整型成员变量的指针
float myclass::* p2;            //指向类 myclass 的实型成员变量的指针
p1=&myclass::i;                 //指针的赋值
p2=&myclass::j;
myclass xx(1,2.5);
```

```
myclass * px=&xx;
px->*p1=5;
px->*p2=1.32;
cout<<"i="<<xx.i<<" j="<<xx.j<<endl;
}
```

程序运行结果为：

i=5 j=1.32

指向类的静态成员的指针的定义及使用与一般指针的定义及使用方法相同。请思考以下例子。

例 8.36 指向静态成员的指针的使用。

```
#include<iostream.h>
class myclass
{
public :
    static int num;
};
int myclass::num;
void main()
{
int * p=&myclass::num;
*p=10;
cout<<myclass::num<<endl;
cout<<*p<<endl;
myclass x,y;
cout<<x.num<<endl;
cout<<y.num<<endl;
}
```

程序运行结果为：

10
10
10
10

2. 指向成员函数的指针

指向成员函数的指针的定义形式为：

函数返回值数据类型 (类名::*指向成员函数的指针名)(参数列表类型)

赋值方式为：

指针名=类名::成员函数名；

调用方式为：

(对象名或指向对象的指针名．*指向成员函数的指针名)(参数表)；
(指向对象的指针名->*指向成员函数的指针名)(参数表)；

例 8.37 指向成员函数的指针。

```
#include<iostream.h>
class myclass
{
  int i;
  float j;
public:
  myclass(int x,float y) {i=x;j=y;}
  void show() {cout<<i<<" "<<j<<endl;}
  void func(int x,float y);
};
void myclass::func(int x,float y)
{  i=x+5;
   j=y-1;
   if((i-j)>0)
      cout<<"ok "<<endl;
   cout<<"error "<<endl;
}
void main()
{
  void (myclass::*p1)();              //定义指向成员函数 show()的指针
  void (myclass::*p2)(int,float);     //定义指向成员函数 func()的指针
  p1=myclass::show;                   //指针的赋值
  p2=myclass::func;
  myclass obj(5,1.25);
  (obj.*p1)();                        //指针的调用
  (obj.*p2)(3,2.5);
}
```

程序的执行结果为：

5 1.25
ok
error

8.10.4 this 指针

C++提供了一个特殊的对象指针——this 指针。它是由 C++编译器自动产生且较常用的一个隐含指针，隐含于每个类的成员函数中。类成员函数使用该指针来处理对象。对象创建后，在类中产生成员的副本。

对象在副本中如何与成员函数建立关系？当某一对象调用一个成员函数时，指向调用对象的指针将作为一个变元自动传给该函数，这个指针就是 this 指针。因此，不同的对象调用同一个成员函数时，编译器根据 this 指针来确定应该引用哪一个对象的数据成员，利用 this 指针可以使用对象内除静态成员外的所有成员。this 指针是系统的一个内部指针，但也可以为程序员所使用。下面来分析 this 指针。

例 8.38 隐含 this 指针。

```
#include<iostream.h>
class myclass
{
Private:
   int i;float j;
public:
   void show()
{
cout<<i<<" "<<j<<endl;   //与 cout<<this->i<<" "<<this->j<<endl;一样
}
   void func(int x,float y);
};
void myclass::func(int x,float y)
{
i=x;                    //与 this->i=x;一样
j=y;                    //与 this->j=y;一样
}

void main()
{
myclass obj;
obj.func(3,2.5);
obj.show();
}
```

当定义类 myclass 的对象 obj 后，调用成员函数：

obj. func(3,2.5);

如何理解 C++ 编译器能够确定 func() 的操作对象是 obj，而不是程序中的其他对象？实际上 C++ 编译器在调用 func() 函数时转换成如下格式：

func(&obj,3,2.5);

此时，C++ 编译器把类的对象的地址作为参数传递给函数。尽管在书写函数的原型时没有这个形式参数，但程序编译时已被 C++ 转换成如下格式：

func(myclass * this,int x,float y);

编译器所解释的成员函数 func(int x,float y)的形式为：

```
void func(myclass *this,int x,float y)
{
    this->i=x;
    this->j=y;
}
```

因而隐式指针 this 保证了成员函数 func()的操作对象确实是类的对象 obj。在一般情况下，不直接写出 this，而采取缺省设置。类的对象对其他成员函数的调用也一样。

下面对 this 指针的使用进一步说明。将上例的主函数修改为：

```
void main()
{
    myclass obj1,obj2;
    obj1.func(3,2.5);
    obj1.show();
    obj2.func(10,9.6);
    obj2.show();
}
```

当执行语句：obj1.func(3,2.5);时，obj1.i,obj1.j 就被赋值了。实际上，成员函数 func(int x ,float y)在计算机中与具体对象是分开存储的，那么编译器又是如何知道是对对象 obj1 操作而不是对对象 obj2 进行操作呢？C++规定，当一个成员函数被调用时，系统自动向它传递一个隐含的参数，该参数是一个指向该函数调用时的对象的 this 指针。这样，成员函数 func()就知道是对对象 obj1 进行操作了。

由此可见：this 指针将对象和该对象调用的成员函数连接在一起。在外部看来，每一个对象成员都拥有自己的函数成员。

习　　题

1. 选择题(有些题多于一个正确答案)

(1) 下列各函数中,(　　)不是类的成员函数。

　　A. 构造函数　　　　　　　　　B. 析构函数

　　C. 友元函数　　　　　　　　　D. 复制初始化构造函数

(2) 作用域运算符(::)的功能是(　　)。

　　A. 指定作用域的级别高低　　　B. 指出作用域的范围

　　C. 给定作用域的大小　　　　　D. 标识某个成员是属于哪个类的

(3) (　　)不可以作为该类的成员。

　　A. 自身类对象的指针　　　　　B. 自身类的对象

　　C. 自身类对象的引用　　　　　D. 另一个类的对象

(4) 构造函数在(　　)时被执行。
　　A. 程序编译　　　　　　　　　B. 创建对象
　　C. 创建类　　　　　　　　　　D. 程序装入内存
(5) 有关析构函数不正确的说法是(　　)
　　A. 析构函数在对象生存期结束时被自动调用
　　B. 析构函数名与类名相同
　　C. 定义析构函数时,可以指定返回值类型为 void
　　D. 析构函数不能有参数
(6) 有关构造函数说法不正确的说法是(　　)
　　A. 构造函数名与类名相同　　　B. 构造函数可以重载
　　C. 构造函数可以缺省参数　　　D. 构造函数必须指明函数类型
(7) 关于类成员函数特征的下述描述中,(　　)是错误的。
　　A. 成员函数一定是内联函数　　B. 成员函数可以重载
　　C. 成员函数可以设置参数的缺省值　D. 成员函数可以是静态的
(8) 通常复制初始化构造函数的参数是(　　)。
　　A. 某个对象名　　　　　　　　B. 某个对象的成员名
　　C. 某个对象的引用名　　　　　D. 某个对象的指针名

2. 问答题
(1) 为什么要使用类的友元?
(2) 说明静态成员函数与非静态成员函数的区别?
(3) 成员函数初始化表的作用是什么?
(4) 作用域运算符(::)能应用在哪些方面?
(5) 能否在类的构造函数中对静态数据成员进行初始化?

3. 分析下列程序的输出结果
(1) 写出程序的输出结果。

```
#include<iostream.h>
class A
{
public:
  A();
  A(int i,int j);
  void print();
private:
  int a,b;
};
A::A()
{  a=b=0;
   cout<<"Default constructor called.\n"; }
```

```
A::A(int i,int j)
{   a=i; b=j; cout<<"Constructor called.\n"; }

void A::print()
{   cout<<"a="<<a<<",b="<<b<<endl; }

void main()
{
A m,n(4,8);
m.print();
n.print();
}
```

（2）写出程序的输出结果。

```
#include<iostream.h>
class myclass
{
public:
    char name[10];
    int no;
};
void main()
{
    myclass a={"chen",25};
    cout<<a.name<<" "<<a.no<<endl;
}
```

（3）写出程序的输出结果。

```
#include<iostream.h>
class cn
{
private:
    int num,upper,lower,range;
public:
    cn(int v,int l,int u);          //构造函数原型
    int set_val(int v);             //成员函数原型
    int result() {return num;};
};
cn::cn(int v,int l,int u)           //构造函数实现的定义
{
    upper=u;
    lower=l;
    range=u;
```

第 8 章　类与对象

```
    set_val(v);
}
int cn::set_val(int v)              //成员函数实现的定义
{
   while (v>upper)
       v=v-range;
   while (v<lower)
       v=v+range;
   return num=v;
};

void main()
{
    cn c(24,0,11),a(360,0,359);
    cout<<"\nthe c is "<<c.result()<<endl;
    cout<<"the a is "<<a.result()<<endl;
}
```

(4) 写出程序的输出结果。

```
#include<iostream.h>
class myclass
{
    int a,b;
public:
    myclass(int x,int y);
    void show() { cout<<"a+b="<<a+b<<'\n'; }
};
myclass::myclass(int x,int y)
{
    a=x;
    b=y;
}
void main()
{
    myclass obj1(0,0);
    obj1.show();
    myclass obj2=myclass(100,50);
    obj2.show();
}
```

(5) 写出程序的输出结果。

```
#include<iostream.h>
class test
{
```

```
private:
    int num;
    float f1;
public:
    test();
    test(int n,float f);
    int getint() {return num;}
    float getfloat() {return f1;}
    ~test();
};
test::test()
{
    num=0;
    f1=0.0;
    cout<<"num="<<num<<" "<<"f1="<<f1<<endl;
}
test::test(int n,float f)
{
    num=n;
    f1=f;
    cout<<"num="<<num<<" "<<"f1="<<f1<<endl;
}
test::~test()
{
    cout<<"Destructor is active"<<endl;
}
void main()
{
    test y(1,1.5);
    cout<<"Note x[3]"<<endl;
    test x[3];
}
```

(6) 写出程序的输出结果。

```
#include<iostream.h>
class point
{
private:
    int x,y;
public:
    point(int a,int b) {x=a;y=b;}
    void print() {cout<<x<<" "<<y<<endl;}
};
void main()
```

```
{
  point p1(30,40);
  point p2(p1);
  point p3=p1;
  p1.print();
  p2.print();
  p3.print();
}
```

(7) 写出程序的输出结果。

```
#include<iostream.h>
class point
{
private:
    int x,y;
public:
    point(int a,int b){x=a;y=b;}
    point(const point &p)
    {
      x=2*p.x;
      y=2*p.y;
    }
void print() {cout<<x<<" "<<y<<endl;}
};

void main()
{
  point p1(30,40);
  point p2(p1);
  p1.print();
  p2.print();
}
```

(8) 写出程序的输出结果。

```
#include<iostream.h>
#include<string.h>
class string
{
private:
  char *str;
public:
  string(char *s)
  {
    str=new char[strlen(s)+1];
```

```cpp
    strcpy(str,s);
  }
void print() { cout<<str<<endl;}
~string(){delete str;}
};
class girl
{
private:
    string name;
    int age;
public:
    girl(char *st,int ag):name(st){ age=ag;}
void print()
{
  name.print();
  cout<<"age:"<<age<<endl;
}
~girl() { }
};
main()
{
  girl obj("张文静",25);
  obj.print();
  return 0;
}
```

(9) 写出程序的输出结果。

```cpp
#include<iostream.h>
#include<string.h>
#define PI 3.14
class Circle
{
private:
    float m_x,m_y;
public:
    char m_name[20];
    float m_rad;
    Circle(float xcoord,float ycoord,float radius,char *name)
    {
        m_x=xcoord;m_y=ycoord;m_rad=radius;
        strcpy(m_name,name);
        cout<<"Circle"<<m_name<<"constructed.\n";
    }
    ~Circle() {cout<<"Destrouing Circle"<<m_name<<"\n";}
```

```cpp
        float circumference(){return (m_rad * 2 * PI );}
        float radius(){return m_rad;}
        friend void print_cir(Circle c);
};
void print_cir(Circle c)
{
    cout<<"Circle name is "<<c.m_name<<"\n";
    cout<<"It's Radius is "<<c.radius()<<"\n";
    cout<<c.circumference()<<"\n";
    cout<<"Leaving print_cir function.\n\n";
}
void main()
{
    float x=2;
    float y=4;
    float radi =2.5;
    char name[20]="Test Circle";
    Circle cir(x,y,radi,name);
    print_cir(cir);
    cout<<"Returned from print_cir .\n";
    cin>>radi;
    cir.m_rad=radi;
    strcpy(cir.m_name,"Changed Circle");
    print_cir(cir);
    cout<<"Returned from print_cir.\n";
}
```

(10) 写出程序的输出结果。

```cpp
#include<iostream.h>
class Myclass
{
public:
  Myclass(int i) {value =i;}
  void Show() {cout<<value<<endl;}
private:
  int value;
};
void main()
{
  Myclass ob(25) ,* p;
  p=&ob;
  p->Show();
}
```

(11) 写出程序的输出结果。

```
#include<iostream.h>
class sample
{
  static int counter;
public :
  sample()
  {
    counter++;
    cout<<"创建 sample 类的第"<<counter<<"个对象."<<endl;}
    ~sample()
  {
    cout<<"sample 类的第"<<counter<<"个对象被删除."<<endl;
    counter--;
  }
};
int sample::counter=0;
void main()
{
  sample demo1;
  sample demo[3];
}
```

4. 按下列要求编写程序

(1) 描述一个圆柱的类,成员中有私有数据半径 r 及高 h。初始化此类的一个对象,编写一个 main 函数进行测试。

(2) 为屏幕上的点设计一个类,其中有一个移动屏幕上点的位置的行为,并使其默认的初始位置为屏幕的左上角。

(3) 定义一个类表示公路上的车辆,它存放一辆车有几个轮子和一辆车能载几个乘客的信息。

(4) 设计一个类,使它具有一个计算两个数之和的成员函数,并使用一个测试程序验证程序。

(5) 有一个类,类中有一个成员指针及一个构造函数与一个析构函数,假如类的定义为:

```
class A
{
  private:
    void * p;
  public:
    A(unsigned int size=0);
    ~A();
};
```

定义此类中的构造函数与析构函数。构造函数的功能是动态分配一块大小为 size 的内存空间,析构函数释放这块内存空间。

(6) 下面是一个类的测试程序,设计出能使用如下测试程序的类:

```
void main()
{
    Test a(68,55);
    a.print();
}
```

测试结果:

68-55=13

(7) 创建一个名为 student 的类,该类中用字符数组来表示姓名、班级、性别和家庭住址,总成绩用整型数据表示,并包含构造函数和析构函数以及 chang()、insert() 和 display() 函数。构造函数初始化每个成员数组,chang() 函数用于修改个人信息,insert() 函数用于添加个人信息,display() 函数用于显示个人信息。

(8) 类 Block 用来描述长方体,数据成员 length、width、height 记录长方体的长、宽和高。成员函数 volume() 求长方体的体积,surface() 求长方体的表面积,并用 main() 函数来描述。

(9) 类 Book 用于描述图书馆书籍的有关信息,数据成员 author 记录作者名,title 表示书名,status 记录书的状态。书的状态有两种表示方法:IN 表示未被借出,OUT 表示已被借出。

(10) 定义一个类,其数据成员包含学生姓名、性别、年龄、家长单位及住址。然后录入一个班(20 人)的学生的信息,并把它们显示出来。

(11) 有一个向量类 Vector,包括一个点的坐标位置 x 和 y。设计两个友元函数,实现两个向量的加法和减法运算。

(12) 定义一个类,描述某人的姓名和具有的现金数量。此人有 4 个子女 A、B、C、D,当初此人具有现金 10 000 元,每年提供给这 4 个子女的现金分别为 1000、500、2000、1800 元。把此程序编写完整并测试。

(13) 有一个日期类 Date,它有私有数据 y、m、d。此类的对象作为另一个类的私有成员,用以描述一个人的姓名、出生日期及性别。编写必要的成员函数,并在 main 函数中进行测试。

(14) Same Value() 函数是类 A 和类 B 的友元函数,它用来比较两个类的对象的数据成员 value1、value2 是否相等。A、B 类的对象的数据成员从键盘输入,用 main() 函数进行测试。

第 9 章 运算符重载

本章要点
- 运算符重载的基本概念；
- 成员函数重载运算符；
- 友元函数重载运算符；
- 常用运算符的重载方法。

本章难点
- 运算符重载的含义；
- 成员函数重载运算符、友元函数重载运算符的区别；
- 重载运算符应用于字符串运算的情况。

本章导读

C++语言中提供了运算符重载的机制，程序员可以对自定义的数据类型使用C++语言本身提供的标准运算符进行运算，运算符重载方法可由成员函数或友元函数来完成。希望读者关注哪些运算符必须由友元函数来重载，用友元函数重载与成员函数重载的重载函数中参数的区别。

9.1 运算符重载的基本概念

重新解释运算符的含义，叫运算符重载。例如有两个复数类的对象z1、z2要进行"＋"运算，该如何实现呢？程序员当然希望能使用"＋"运算符，写出表达式"z1＋z2"，但是编译的时候却会出错，因为编译器不知道该如何完成这个加法。当"＋"作用于复数类对象时，表示复数的实部与实部、虚部与虚部分别相加，这就需要自己编写程序来实现"＋"号的含义。这就是运算符重载。运算符重载是对已有的运算符赋予多重含义，使同一个运算符作用于不同类型的数据时，导致不同类型的行为。

运算符重载主要有两种形式：成员函数形式和友元函数形式。

在一般情况下以下表达式：

对象1　运算符　对象2
对象1　运算符　基本数据

可以用成员函数重载,也可以用友元函数重载,而表达式:

  基本数据 运算符 对象1

只能用友元函数重载。因为如果用成员函数重载,第一个参数是用 this 指针来传递的,而 this 指针只能指向类的对象。

除这两种形式外,运算符还可重载为一般函数形式,但这种方法一般不常用。本节分别介绍运算符重载的两种主要方法。

注意:基本数据间的运算不能重载运算符。

9.1.1 C++中可重载的运算符

运算符是在 C++ 系统内部定义的,它们具有特定的语法规则,如参数说明、运算顺序、优先级别等。因此,运算符重载时必须要遵守一定的规则。

C++ 中的运算符除了少数几个(类属关系运算符".""、作用域分辨符"::"、成员指针运算符" * "、sizeof 运算符和三目运算符"?:")之外,全部可以重载,而且只能重载 C++ 中已有的运算符,不能臆造新的运算符。

C++ 中可重载的运算符如表 9.1 所示。

表 9.1 C++ 中可重载的运算符

运算符名称	运算符符号
算术运算符	＋ － * / %
位运算符	^ & | ~ ! >> <<
关系运算符	< <= > >= != ==
逻辑运算符	! && ||
赋值运算符	= += -= *= /= %= <<= >>= &= != ^=
其他运算符	++ -- [] () -> new new[] delete delete[]

需要注意的是:

(1) 重载的运算符要保持原运算符的意义。如原先单目的运算符只能重载为单目的,不能重载为双目的。

(2) 只能对已有的运算符重载,不能增加新的运算符。

(3) 重载的运算符不会改变原先的优先级和结合性。如在复数类中重载了＋(加法)和 * (乘法)运算符,运算符 * 的优先级仍将高于运算符＋的优先级,运算符 * 和运算符＋的结合性和原先的结合性相同。

(4) 下列运算符只允许用成员函数重载:

  = () [] -> new delete

(5) 不能重载的运算符有:

  .(成员访问运算符) .*(成员指针运算符) :: ?:(三目运算符) sizeof

9.1.2 运算符重载的定义形式

1. 成员函数重载运算符的一般形式

<返回类型><类名>::**operator**<重载运算符>(参数表)
{
函数体
}

例如：成员函数重载"＋"号运算符可用于复数的加法运算，Complex 为类名，operator 为重载运算符关键字。

```
Complex Complex::operator+(const Complex &x)
{
return Complex(real+x.real,image+x.image);
}
```

2. 友元函数重载运算符的一般形式

friend<返回类型>**operator**<重载运算符>(参数表)
{
   函数体
}

例如：成员函数重载"＋"号运算符可用于复数的加法运算。

```
Complex operator+(const Complex &x,const Complex &y)
{
return Complex(x.real+y.real,x.image+y.image);
}
```

9.2 成员函数重载运算符

重载运算符函数作为类的成员函数使用时，由于它处理的数据有一个来自对象本身，由 this 指针传递，因而运算符重载函数的参数数量应比正常运算符少 1。如对于单目运算符，实现它的成员函数不能有参数，对于双目运算符只能有一个参数。

成员运算符函数定义的语法形式：

成员运算符函数在类中的声明格式为：

```
class 类名
{
  //…
  返回值类型 operator<重载运算符>(参数表);
  //…
};
```

其中 operator 为关键字,参数表中罗列的是该运算符所需要的操作数。重载运算符必须是 C++ 所定义的运算符。

例如重载复数类 Complex 运算符"+",在类中代码为:

```
class Complex
{
    private:
        double real,image;
    public:
        Complex(void){ real=0;image=0;}
        Complex(double rp,double ip){real=rp;image=ip;}
        Complex operator+ (const Complex &x);
        void Print(void);
};
```

然后像定义函数一样定义重载运算符函数。如果在类外,则重载运算符成员函数的形式为:

返回值类型 类名称::operator<重载运算符>(参数表)
{
    //…运算符处理程序代码
}

例如:

```
Complex Complex::operator+ (const Complex &x)
{
   return Complex(real +x.real,image +x.image);
}
```

注意:双目运算符第 1 个参数由成员函数的 this 指针传递过来。

例 9.1 设计一个复数类,能实现复数的加法运算与打印输出。要求复数运算重载为类的成员函数形式的运算符。

```
#include<iostream.h>
class Complex
{
    private:
        double real;
        double image;
    public:
        Complex(void)
        { real=0;image=0;}
        Complex(double rp,double ip)
        {real=rp;image=ip;}
        Complex operator+ (const Complex &x);
```

```cpp
        void Print(void);
};

void Complex::Print(void)
{
    cout<<'('<<real<<","<<image<<"i)"<<endl;
}

Complex Complex::operator+(const Complex &x)
{
    return Complex(real +x.real,image +x.image);
}


void main(void)
{
    double x1,y1,x2,y2;
    cout<<"输入第一个复数的实部与虚部:";
    cin>>x1>>y1;
    cout<<"输入第二个复数的实部与虚部:";
    cin>>x2>>y2;
    Complex z1(x1,y1),z2(x2,y2),z;
    z=z1+z2;
    z.Print();
}
```

思考：设计一个复数类,复数运算包括加、减、乘、除、赋值、加赋值、判等和打印。要求复数运算重载为类的成员函数形式的运算符,并要求对所设计的类进行测试。

复数由实部和虚部组成,因此复数类的数据成员包括复数的实部和复数的虚部。复数类设计如下:

```cpp
#include<iostream.h>
class Complex
{
private:
    double real;
    double image;
public:
    Complex(void):real(0),image(0){};
    Complex(double rp):real(rp),image(0){};
    Complex(double rp,double ip):real(rp),image(ip){};
    ~Complex(){};
    Complex operator+(const Complex &x) const;
    Complex operator-(const Complex &x) const;
```

```cpp
        Complex operator*(const Complex &x) const;
        Complex operator/(const Complex &x) const;
        int operator==(const Complex &x) const;
        Complex& operator=(const Complex &x);
        Complex& operator+=(const Complex &x);
        void Print(void) const;
};

void Complex::Print(void) const
{
    cout<<'('<<real<<" , "<<image<<"i)"<<endl;
}
Complex Complex::operator+(const Complex &x) const        //重载'+'号
{
return Complex(real+x.real,image+x.image);
}
Complex Complex::operator-(const Complex &x) const        //重载'-'号
{
return Complex(real-x.real,image-x.image);
}
Complex Complex::operator*(const Complex &x) const        //重载'*'号
{
return Complex(real * x.real-image * x.image,
    real * x.image+image * x.real);
}
Complex Complex::operator/(const Complex &x) const        //重载'/'号
{
double m;
m=x.real * x.real+x.image * x.image;
return Complex((real * x.real+image * x.image) / m,
    (image * x.real-real * x.image) / m);
}
int Complex::operator==(const Complex &x) const           //重载'=='号
{
if(real==x.real && image==x.image)
    return 1;
else
    return 0;
}
Complex& Complex::operator=(const Complex &x)             //重载'='号
{
real=x.real;
image=x.image;
return *this;
```

```
}
Complex& Complex::operator+=(const Complex &x)
{
real +=x.real;
image +=x.image;
return *this;
}
void main(void)
{
Complex a(3,5),b(2,3),c;
  c=a +b;
  c.Print();
  c=a-b;
  c.Print();
  c=a * b;
  c.Print();
  c=a / b;
  c.Print();
  a +=b;
  a.Print();
}
```

上机操作练习 1

上机调试上述思考题 1。请思考语句：c＝7＋b;是否能通过编译？为什么？

9.3　友元函数重载运算符

运算符重载函数既可以作为类成员函数重载，也可以作为友元函数重载。但是，使用友元运算符函数比成员函数灵活，因为重载运算符成员函数必须通过类对象来调用，重载运算符左边的参数必须是相应的类对象，否则，只能使用友元函数重载才能达到预期的设计目的。

友元运算符函数在类内声明格式如下：

class 类名
{
　//…
　friend 返回值类型 operator<重载运算符>(参数表);
　//…
};

定义友元运算符函数格式如下：

```
返回值类型 operator op (参数表)
{
    //函数体
}
```

例 9.2 把例 9.1 设计的复数类的运算符重载为类的友元函数形式,并要求对所设计的类进行测试。

分析:把运算符重载为复数类的函数形式时,就要求这些函数能存取复数类的私有数据成员,因此这时就一定要把这些运算符重载为复数类的友元函数。下面用友元函数的形式对运算符进行重载,对复数对象进行操作。

程序代码如下:

```cpp
#include<iostream.h>
class Complex
{
    private:
        double real;
        double image;
    public:
        Complex(void)
        { real=0;image=0;}
        Complex(double rp,double ip)
        {real=rp;image=ip;}
        friend Complex operator+ (const Complex &x,const Complex &y);
        void Print(void);
};

void Complex::Print(void)
{
  cout<<'('<<real<<","<<image<<"i)"<<endl;
}

Complex operator+(const Complex &x,const Complex &y)
{
  return Complex(x.real +y.real,x.image +y.image);
}

void main(void)
{
    double x1,y1,x2,y2;
    cout<<"输入第一个复数的实部与虚部:";
    cin>>x1>>y1;
    cout<<"输入第二个复数的实部与虚部:";
    cin>>x2>>y2;
```

```
Complex z1(x1,y1),z2(x2,y2),z;
z=z1+z2;
z.Print();
}
```

思考：设计一个复数类，复数运算包括加、减、乘、除、赋值、加赋值、判等和打印，要求复数运算重载为类的友元函数形式的运算符，并要求对所设计的类进行测试。

9.4 成员函数运算符与友元运算符函数的比较

在大多数情况下，上述两种运算符重载的方法都可以使用，并且不存在优劣之分。但是，在一些非常规情况下，两种重载形式的处理方法是不同的，此时不同的处理方法就有优劣之分。

例 9.3 设主函数中有加法运算语句 2.3＋a 和 a＋2.3，其中，常量 2.3 是 double 类型，a 是 Complex 类型。试分析两种重载方法下的运行情况。

分析：

(1) 当加法运算符重载为友元函数时，系统内部的表示形式为：

```
operator+(2.3,a);
```

对于操作数类型不一致的情况，系统将自动把精度低的数据类型转换为精度高的数据类型。对于用户自定义的数据类型，系统规定：在基本数据类型基础上定义的数据类型的精度高于基本数据类型的精度。因此，此时系统要把 double 类型的 2.3 转换为 Complex 类型。转换方法是：系统自动调用 Complex 类的相应构造函数进行转换。对于 double 类型的 2.3，相应的构造函数是：

```
Complex(double rp):real(rp),image(0){};
```

因此，系统内部最终的表示形式为：

```
operator+(Complex(2.3),a);
```

(2) 当加法运算符重载为成员函数时，系统内部的表示形式为：

```
2.3.operator+(a);
```

系统对此的解释是：double 类型的对象 2.3 的加法成员函数，其参数 a 是 Complex 类型，显然这将导致系统编译出错。

(3) 对于语句 a＋2.3，当加法运算符重载为友元函数时，系统内部最终的表示形式为：

```
operator+(a,Complex(2.3));
```

当加法运算符重载为成员函数时，系统内部的表示形式为：

```
a.operator+(Complex(2.3));
```

显然系统内部的这两种表示形式都是正确的。

思考：阅读下列程序，写出程序的运行结果，并上机调试。

```cpp
#include<iostream.h>
class rect
{
private:
    float wide,high;
public:
    rect(){ };
    rect(float x,float y){wide=x;high=y;}
    void show(){ cout<<wide<<" "<<high<<endl; }
    friend rect operator-(rect ob1,float ob2);
    friend rect operator-(float ob1,rect ob2);
};
rect operator-(float ob1,rect ob2)
{
    rect temp;
    temp.wide=ob1-ob2.wide;
    temp.high=-ob2.high;
    return temp;
}
rect operator-(rect ob2,float ob1)
{
    rect temp;
    temp.wide=-ob2.wide;
    temp.high=ob1-ob2.high;
    return temp;
}
void main()
{
    rect obj1(10,20),obj;
    obj=obj1-20;
    obj.show();
    obj=30-obj1;
    obj.show();
}
```

根据例 9.3 的分析，再结合实际使用经验，给出运算符重载的几点准则：

（1）对于大多数双目运算符来说，重载为友元函数比重载为成员函数适应性更强；从类设计的角度来说，构造函数重载类型的丰富对增强运算符重载的适应性影响很大。因此，即使常规情况下有些构造函数类型不会遇到，在设计构造函数时最好也应包括所有可能的情况。

（2）虽然赋值运算符是双目运算符，但赋值运算符应重载为成员函数。因赋值运算符重载为友元函数时,有些情况的内部表示形式会出现二义性。

(3) 单目运算符++和--等一般应重载为成员函数。

(4) 运算符()为函数调用运算符,运算符[]为下标运算符,这两个运算符应重载为成员函数。

(5) 输入运算符(>>)和输出运算符(<<)必须重载为友元函数,因输入运算符和输出运算符重载时,无法重载在系统的流库内,因此只能重载为友元函数。

9.5 单目运算符的重载

单目运算符只有一个操作符,在本节中将介绍增 1 运算符"++"、减 1 运算符"--"。增 1 和减 1 运算符既可以用成员函数来重载,也可以用友元函数来重载,不过增 1 和减 1 运算符要区分前缀式与后缀式。例如:

前缀单目运算:++对象、--对象、-对象。

后缀单目运算:对象++、对象--。

前缀单目运算符"++"重载的语法形式如下:

`<函数类型>operator++();`

使用前缀单目运算符"++"的语法形式如下:

`++<对象>;`

使用后缀单目运算时,如果要将它们重载为类的成员函数,函数就要带有一个整型(int)形参。后缀单目运算符"++"重载的语法形式如下:

`<函数类型>operator++(int);`

使用后缀单目运算符"++"的语法形式如下:

`<对象>++;`

它们的格式如表 9.2 和表 9.3 所示。

表 9.2 重载++

	成员函数重载	友元函数重载
前缀式	对象.operator++( )	operator++(类 & 对象)
后缀式	对象.operator++(int)	operator++(类 & 对象,int)

表 9.3 重载--

	成员函数重载	友元函数重载
前缀式	对象.operator--( )	Operator--(类 & 对象)
后缀式	对象.operator--(int)	Operator--(类 & 对象,int)

例 9.4 用成员函数重载运算符"++"实现自增、自减。

```cpp
#include<iostream.h>
class counter
{
unsigned int value;
public:
counter(){value=0;}
void operator++();             //前缀方式重载
void operator--();             //前缀方式重载
unsigned int operator()();
};
void counter::operator++()
{
    if(value<8) value++;
}
void counter::operator--()
{
    if (value>6) value--;
}
unsigned int counter::operator()()
{
    return value;
}
main()
{
    counter my_counter;
    for(int i=0;i<12;i++)
    {
        ++my_counter;
        cout<<"\n my_counter="<<my_counter();
    }
    --my_counter;
    --my_counter;
    --my_counter;
    cout<<"\n my_counter="<<my_counter();
    return 0;
}
```

运行结果为：

my_counter=1
my_counter=2
my_counter=3
my_counter=4

```
my_counter=5
my_counter=6
my_counter=7
my_counter=8
my_counter=8
my_counter=8
my_counter=8
my_counter=8
my_counter=6
```

上机操作练习 2

上机调试应用程序例 9.4,改写程序,有语句：my_counter++;也能通过编译。

思考：阅读下列程序,写出程序的运行结果。

生成时间类 Time,类的每个成员包含私有数据成员 h、m、s,分别表示当前时刻的小时、分钟和秒,重载"++"、"--"为 Time 类的成员函数,分别表示将当前时刻推后和提前一个小时。时间的表示采用 24 小时制;生成日期类 Date,类的每个成员包含私有数据成员 ye、mo、da,分别表示年、月和日;定义 disp()为类 Time 和类 Date 的友元函数,用来显示日期和时间。

```cpp
#include<iostream.h>
class Date;
class Time
{
protected:
    int s,m,h;
public:
    Time(int x,int y,int z);
    Time operator ++();
    Time operator --();
    friend void disp(Date& d,Time& t);
};
class Date
{
protected:
    int da;
    int mo;
    int ye;
public:
    Date(int x,int y,int z);
    friend void disp(Date& d,Time& t);
};
Time Time::operator ++()
{
```

```
        Time tm=*this;
        tm.h+=1;
        tm.h%=24;
        return tm;
    }
    Time Time::operator --()
    {
        Time tm=*this;
        tm.h-=1;
        if(tm.h==-1)
            tm.h=23;
        return tm;
    }
    Time::Time(int x,int y,int z)
    {
        h=x;
        m=y;
        s=z;
    }
    Date::Date(int x,int y,int z)
    {
        ye=x;
        mo=y;
        da=z;
    }
    void disp(Date& dt,Time& tm)
    {
        cout<<dt.mo<<"\t"<<dt.da<<"\t"<<dt.ye;
        cout<<" ";
        cout<<tm.h<<":"<<tm.m<<":"<<tm.s;
    }
    void main()
    {
        Date d1(2002,7,20);
        Time t1(9,12,35);
        cout<<endl<<"现在的时间是 ";
        disp(d1,t1);
        Time t2=++t1;
        cout<<endl<<"1 小时后的时间是";
        disp(d1,t2);
    }
```

上机操作练习 3

上机调试下列程序,程序用成员函数的前缀式、后缀式重载运算符++。

```cpp
#include<iostream.h>
class number
{
private:
    int num;
public:
    number(int i) {num=i;}
int operator++();
int operator++(int x);
void print() {cout<<"num"<<num<<endl;}
};
int number::operator++()
{
    num++;
    return num;
}
int number::operator++(int)
{
    int i=num;
    num++;
    return i;
}
void main()
{
    number n(10);
    int i=++n;
    cout<<"i="<<i<<endl;
    n.print();
    i=n++;
    cout<<"i="<<i<<endl;
    n.print();
}
```

例 9.5 用友元函数重载运算符 -- 。

```cpp
#include<iostream.h>
class rect
{
  private:
    int high,wide;
  public:
    rect(){ };
    rect(int x,int y)
  {
    high=x;
```

```cpp
      wide=y;
    }
    void show()
    {
      cout<<high<<endl;
      cout<<wide<<endl;
    }
    friend rect operator+(rect ob1,rect ob2);
    friend rect operator++(rect &arg);
    friend rect operator--(rect &arg);
    friend rect operator-(rect arg1,rect arg2);
};
rect operator+(rect arg1,rect arg2)
{
  rect temp;
  temp.high=arg1.high+arg2.high;
  temp.wide=arg1.wide+arg2.wide;
  return temp;
}
rect operator++(rect &ob)
{
  ob.high++;
  ob.wide++;
  return ob;
}
rect operator--(rect &ob)
{
  ob.high--;
  ob.wide--;
  return ob;
}
rect operator-(rect ob1,rect ob2)
{
  rect temp;
  temp.high=ob1.high-ob2.high;
  temp.wide=ob1.wide-ob2.wide;
  return temp;
}
void main()
{
  rect ob1(10,20),ob2(1,2);
  ob1.show();
  ++ob1;
  ob1.show();
```

```
    ob1=ob1+ob2;
    --ob1;
    ob1.show();
    ob1=ob1-ob2;
    ob1.show();
}
```

运行的结果为:

```
10
20
11
21
11
22
10
20
Press any key to continue
```

上机操作练习 4

上机调试应用程序例 9.5,并用成员函数重新编写此程序。

9.6 赋值运算符的重载

重载赋值运算符的主要目的是实现对象之间的赋值。例如:

obj2=obj1;

用成员函数时的定义格式:

类 & 类::operator=(const 类 &)
{…}   //复制类

类中说明:

类 & operator=(const 类 &);

在 C++ 中对象的赋值主要用于字符串的赋值。如在字符串对象赋值运算符重载函数可写为:

```
string & string ::operator=(const string& s)
{
delete [] str;
int length=strlen(s.str);
    str=new char[length+1];
```

```
    strcpy(str,s.str);
    return (*this);
}
```

通过上述形式的赋值运算符重载,可以用符号＝将源对象复制到目标对象。

例 9.6 重载运算符"＝"用于字符串的赋值。

```
#include<iostream.h>
#include<string.h>
class string
{
private:
char *str;
public:
string();
string(const char *);
~string(){delete[]str;}
string & operator = (const string& );
void display(){cout<<str<<'\n';}
};
string::string()
{
str='\0';
}
string::string(const char *s)
{
str=new char[strlen(s)+1];
strcpy(str,s);
}
string & string ::operator = (const string& s)
{
delete [] str;
int length=strlen(s.str);
str=new char[length+1];
strcpy(str,s.str);
return (*this);
}
void main()
{
string s1("浙江大学欢迎您!");
string s2;
s2=s1;
s1.display();
s2.display();
}
```

程序的运行结果如下:

浙江大学欢迎您!
浙江大学欢迎您!

上机操作练习 5

上机调试应用程序例 9.6。

注意:赋值运算符"="只能重载为成员函数,重载了的赋值运算符"="不能被继承。

9.7 二元运算符的重载

二元运算符是含有两个操作数的运算,可以通过成员函数与友元函数两种方法重载。下面主要讨论二元算术运算符、复合赋值运算符、比较运算符的重载。

1. 二元算术运算符

下面以算术运算符"+"为例,完成两个对象的和 obj1+obj2。用成员函数重载,在成员函数中包含一个形参。重载运算符"+"的函数声明如下:

类名 operator+(类名 obj2)

作为友元函数重载,它们含有两个形式参数。例如:

类名 operator+(类名 obj1,类名 obj2)

例如:

```
sample sample ::operator+(sample a)
{
    sample temp;              //临时对象
    temp.counter=counter+a.counter;
    return temp;
}
```

现在可以使用以下语句将对象进行加法操作:

obj3=obj1+obj2;

例 9.7 用友元函数重载运算符"-"。

```
#include<iostream.h>
class c1
{
  private:
    int a,b;
  public:
```

```
    c1 (int x=0,int y=0)
    {a=x;b=y;}
    friend c1 operator - (c1 obj);
    void show();
};
c1 operator - (c1 obj)
{
  obj.a=-obj.a;
  obj.b=-obj.b;
  return obj;
}
void c1::show()
{
cout<<"a="<<a<<"b="<<b<<endl;
}
int main()
{
c1 ob1(11,22),ob2;
ob1.show();
ob2=-ob1;
ob2.show();
return 0;
}
```

运行结果为:

```
a=11 b=22
a=-11 b=-22
```

像 BASIC 之类的语言有一种内置功能,该功能可通过使用运算符"+"来连接两个字符串。C++ 中没有这种功能,但是可以通过重载运算符"+"达到同样的效果。下面通过一个例子说明如何重载运算符"+"用于字符串的连接。

例 9.8 重载运算符"+"用于字符串的连接。

```
#include<iostream.h>
#include<string.h>
class string
{
private :
    char * str;
public:
    string();
    string(const char *);
    ~string(){delete[]str;}
    string & operator+(const string &ss);
```

```
    string & operator = (const string& );
    void display(){cout<<str<<'\n';}
};
string & string :: operator+ (const string& ss)
{
strcat(str,ss.str);
return *this;
}
string::string()
{str='\0';}
string::string(const char *s)
{
str=new char[strlen(s)+100];
strcpy(str,s);
}
string & string ::operator =(const string& s)
{
delete [] str;
    int length=strlen(s.str);
    str=new char[length+1];
    strcpy(str,s.str);
    return (*this);
}
void main()
{
    string s1("浙江大学、"),s3;
    string s2("清华大学欢迎您!");
    s3=s1+s2;
    s3.display();
}
```

程序执行结果如下：

浙江大学、清华大学欢迎您!

类似地，也可以重载其他二元算术运算符，从而可以对类对象进行减、乘和除运算。

上机操作练习6

上机调试应用程序例9.8。

2. 复合赋值运算符

复合赋值运算符可以像二元算术运算符一样被重载。诸如"+="之类的运算符将"赋值和加操作"合并为一个步骤。下面，请看使用同一个类 sample 的重载运算符函数的例子。

```
void sample::operator+=(sample a)
{
counter+=a.counter;
}
```

该运算符重载可应用于下列表达式：

obj1+=obj2;

例 9.9 用成员函数重载运算符"+="实现复数相加。

```
#include<iostream.h>
class point
{
int x,y;
public:
point(int i,int j){x=i;y=j;}
    void show(){cout<<x<<","<<y<<endl;}
    point operator+=(point p);
};
point point::operator+=(point p)
{
    return point(x+=p.x,y+=p.y);
}
void main()
{
    point p1(10,20),p2(3,30);
    p1.show();
    p2.show();
    p2+=p1;
    p2.show();
}
```

运行结果如下：

10,20
3,30
13,50

如果重载成员函数声明为：

```
sample sample::operator+=(sample a)
{
counter+=a.counter;
return sample(counter);
}
```

该运算符重载可应用于下列表达式：

obj3=obj1+=obj2;

类似地,也可以重载其他二元算术运算符,从而可以对类对象之间进行加、减、乘和除运算。

上机操作练习 7

编一个程序,用成员函数重载运算符"+"和"-",将两个二维数组相加和相减。要求第一个二维数组的值由构造函数设置,另一个二维数组的值由键盘输入。程序代码如下:

```cpp
#include<iostream.h>
#include<iomanip.h>
const int row=2;
const int col=3;
class array
{
public:
    array()
    {
        int i,j,k=1;
        for(i=0;i<row;i++)
            for(j=0;j<col;j++)
            {
                var[i][j]=k;
                k=k+1;
            }
    }
    void get_array()                            //由键盘输入数组的值
    {
        int i,j;
        cout<<"Please input 2 * 3 dimension data"<<endl;
        for(i=0;i<row;i++)
            for(j=0;j<col;j++)
                cin>>var[i][j];
    }
    void display()                              //显示数组的值
    {
        int i,j;
        for(i=0;i<row;i++)
        {
            for(j=0;j<col;j++)
                cout<<setw(5)<<var[i][j];
            cout<<endl;
        }
    }
```

```cpp
        array operator+ (array X)              //将两个数组相加
        {
            array temp;
            int i,j;
            for(i=0;i<row;i++)
                for(j=0;j<col;j++)
                    temp.var[i][j]=var[i][j]+X.var[i][j];
            return temp;
        }
        array operator- (array X)              //将两个数组相减
        {
            array temp;
            int i,j;
            for(i=0;i<row;i++)
                for(j=0;j<col;j++)
                    temp.var[i][j]=var[i][j]-X.var[i][j];
            return temp;
        }
    private:
        int var[row][col];

};
void main()
{
    array X,Y,Z;
    Y.get_array();
    cout<<"Display object X"<<endl;
    X.display();
    cout<<"Display object Y"<<endl;
    Y.display();
    Z=X+Y;
    cout<<"Display object Z=X+Y"<<endl;
    Z.display();
    Z=X-Y;
    cout<<"Display object Z=X-Y"<<endl;
    Z.display();
}
```

3. 比较运算符

比较和逻辑运算符是二元运算符，可重载的比较运算符包括<、<=、>、>=、==、!=，下面以重载>运算符为例进行说明。假如此时把">"符号重载为字符串的比较，可以把重载成员函数声明为：

```cpp
int string::operator>(const string ss)
```

```
{
return (strcmp(str,ss.str));
}
```

例 9.10 对给定的两个字符串进行比较,返回值为整数(1、0、-1),程序如下:

```
#include<iostream.h>
#include<string.h>
class string
{
private:
char * str;
float x;
public:
string();
string(const char * );
~string(){delete[]str;}
int operator>(const string &);
string & operator=(const string& );
};
int string:: operator>(const string &ss)
{
return strcmp(str,ss.str);
}
string::string()
{
str='\0';
}
string::string(const char * s)
{
str=new char[strlen(s)+1];
strcpy(str,s);
}
string & string ::operator=(const string& s)
{
delete [] str;
int length=strlen(s.str);
str=new char[length+1];
strcpy(str,s.str);
return (*this);
}
void main()
{
string s1("abcd");int x;
string s2("abCD");
```

```
x=s1>s2;
cout<<x<<'\n';
}
```

用同样的方法可以对其他比较运算符进行重载。

9.8　重载运算符()

格式:

类型 &operator()(参数表)

定义:

类型 & 类名::operator(int,int)
{ …　　　　　　　//定义()的函数体}

例9.11　重载运算符()的例子。

```
#include<iostream.h>
#include<iomanip.h>
class matrix
{
private:
int *m; int col; int row;
public:
matrix();
matrix(int,int);
int &operator()(int,int);
};
matrix::matrix()
{
    int i;
    col=4;row=4;
    m=new int[4*4];
    for(i=0;i<col*row;i++)
       *(m+i)=1;
}
matrix::matrix(int colu,int row)
{
    this->row=row;
    col=colu;
    m=new int[row*col];
    for(int i=0;i<col*row;i++)
       *(m+i)=1;
```

```
}
int &matrix::operator()(int r,int c)
{
    return (*(m+r*col+c));
}
void main()
{
    matrix a(4,4);
    a(1,2)=30;
    for(int i=0;i<4;i++){
        for(int j=0;j<4;j++)
            cout<<setw(3)<<a(i,j)<<' ';
        cout<<endl;
    }
}
```

结果为：

```
1  1  1  1
1  1  30 1
1  1  1  1
1  1  1  1
```

习　题

1. 运算符重载的目的是什么？
2. 使用成员函数和友元函数重载运算符有什么不同？
3. 简单论述运算符重载的规则。
4. C++规定不能用友元函数重载的运算符有哪些？
5. 读程序，写出程序运行的结果。

```
#include<iostream.h>
class number {
private:
    int num;
public:
    number(int i){num=i;}
    friend int operator++(number&);
    friend int operator++(number&,int);
    void print() {cout<<"num="<<num<<endl;}
};
int operator++(number& a)
{
```

```
    a.num++;
    return a.num;
}
int operator++(number& a,int)
{
int i=a.num++;
return i;
}
void main()
{
    number n(10);
    int i=++n;
    cout<<"i="<<i<<endl;
    n.print();
    i=n++;
    cout<<"i="<<i<<endl;
    n.print();
}
```

6. 读程序,写出程序运行的结果。

```
#include<iostream.h>
#include<string.h>
#include<stddef.h>
class MyClass
{
private:
    char *str;
    static char buffer[1024];
public:
    MyClass(char *n){cout<<"constructor"<<endl;
    str=new char[strlen(n)+1];
    strcpy(str,n);
};
MyClass()
{
cout<<"destructor"<<endl;
delete str;
}
void *operator new(size_t sz)
{
cout<<"newing...,size="<<sz<<endl;
return buffer;
}
void operator delete(void *ptr)
```

```
{
cout<<"deleteing..."<<endl;
}
};
char MyClass::buffer[1024];
void main()
{
MyClass *p=new MyClass("funny!");
delete p;
}
```

7. 读程序,写出程序运行的结果。

```
#include<iostream.h>
class number
{
private:
    int val;
public:
    number(int i){val=i;}
operator int();
};
number::operator int()
{
  return val;
}

class num:public number
{
public:
    num(int i):number(i){}
};
void main()
{
    num n(55);
    int i=n;
    cout<<i+n<<endl;
}
```

8. 读程序,写出程序运行的结果。

```
#include<iostream.h>
class rect
{
private:
  float wide,high;
```

```cpp
public:
    rect(){};
    rect(float x,float y) { wide=x; high=y; }
    void show(){ cout<<wide<<' '<<high<<endl;}
    rect operator-(rect ob2);
    friend rect operator-(rect ob1,float ob2);
    friend rect operator-(float ob1,rect ob2);
};
rect rect::operator-(rect ob2)
{
    rect temp;
    temp.wide=wide-ob2.wide;
    temp.high=high-ob2.high;
    return temp;
}
rect operator-(rect ob1,float ob2)
{
    rect temp;
    temp.wide=ob1.wide-ob2;
    temp.high=ob1.high-ob2;
    return temp;
}
rect operator-(float ob1,rect ob2)
{
    rect temp;
    temp.wide=ob1-ob2.wide;
    temp.high=ob1-ob2.high;
    return temp;
}
void main()
{
    rect obj1(10,20),obj2(50,30),obj3;
    obj1.show();
    obj1=obj2-20;
    obj1.show();
    obj3.show();
    obj3=30-obj2;
    obj3.show();
}
```

9. 定义一个复数类 Complex，使用友元函数来重载运算符＋、－、*、/ 对两个复数进行四则运算。

10. 编写一个复数类 Complex，用成员函数来重载复合运算符 *=，对两个复数进行乘运算。

11. 编写一个重载运算符"=="的程序,用于判断两个字符串对象是否相等。
12. 编写一个程序,用成员函数重载运算符"+"和"-",将两个二维数组相加、相减。
13. 定义一个多项式类来表示多项式 ax^3+bx^2+cx+d,请开发一个完整的类,包括构造函数、析构函数以及 get 函数(读取值)和 set 函数(设置值)。该类还要提供下述重载的运算符:
① 重载加法运算符"+",将两个多项式相加。
② 重载减法运算符"-",将两个多项式相减。
③ 重载赋值运算符"=",将一个多项式赋给另一个多项式。
④ 重载乘法运算符" * ",将两个多项式相乘。
⑤ 重载加法赋值运算符"+="、减法赋值运算符"-="以及乘法赋值运算符"*="。

第 10 章 继承

本章要点
- 继承与派生的基本概念；
- 单继承与多继承；
- 多继承中派生类的构造函数与析构函数；
- 多继承中的二义性与虚基类的概念。

本章难点
- 继承中的可访问性；
- 继承中构造函数的定义；
- 多继承中派生类构造函数、析构函数的调用顺序；
- 多继承中的二义性错误。

本章导读

在本章的学习过程中，注意父类的数据成员在派生类中的访问权限、派生类构造函数的定义、基类与派生类构造函数的调用顺序。在多继承中产生二义性编译错误的原因以及引入虚基类可以有效解决二义性错误的方法。

10.1 继承与派生

所谓继承，指新定义的类从已有类那里得到已有的属性和服务，从另一个角度来看，从已有类产生新类的过程就是类的派生。已有的类称为基类或父类，产生的新类称为派生类或子类。派生类同样也可以作为基类再派生新的类，这样就形成了类的层次结构。在面向对象的程序设计中，大量使用继承和派生。例如要定义不同的窗口，由于窗口都具有共同的特征，如窗口标题、窗口边框、窗口最大和最小等，程序员不需要也没有必要将每一个窗口定义一遍。这时可以先定义一个窗口类，然后以这个窗口类作为基类派生出其他不同的窗口类。

被继承的已有类称为基类（或父类、超类），派生出的新类称为派生类（或子类）。继承是一个常见的概念，现实世界中的许多事物都具有继承性，如图 10.1 是一个简单的继承的层次关系图。

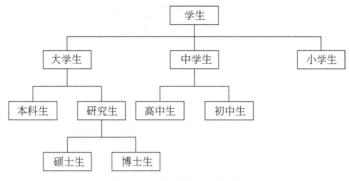

图 10.1 继承的层次关系图

在这个分类树中建立了一个层次结构,最高层是最普遍、最一般的,每一层都比它的前一层更具体,低层含有高层的特征,同时也与高层有细微的不同,它们之间是基类和派生类的关系。

在派生过程中,派生出来的新类也同样可以作为基类继续派生出新的类,一个类可以同时派生出多个派生类。图 10.1 中大学生是从学生派生出来,同时它又可以作为本科生和研究生的基类,从而构成了一个类族。在类族中,直接参与派生出某类的基类称为直接基类,基类的基类甚至更高层的基类称为间接基类。图 10.1 中,硕士生的直接基类是研究生,而大学生和学生都是它的间接基类。

继承是面向对象编程的基本构件和最重要的特征之一。在 C++ 中,派生类继承了基类的全部数据成员和除了构造、析构函数之外的全部成员函数,还可新增加自身的数据成员和成员函数。这些新增的成员正是派生类不同于基类的关键所在,是派生类对基类的发展。从图 10.2 可以看出基类与派生类之间的关系。

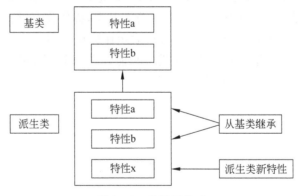

图 10.2 类继承关系

从基类产生派生类的方法一般分成两种:如果派生类从一个唯一的基类继承则称作单重继承;如果一个派生类从两个或两个以上的基类继承则称作多重继承,如图 10.3 所示。显然,多重继承更符合客观世界事物之间的复杂联系方式。下面将分别学习单继承、多继承的编程方法。

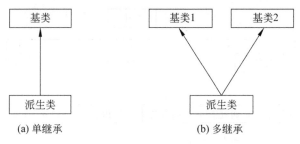

图 10.3 单继承与多继承示意图

10.2 继承访问控制

10.2.1 继承

继承是从一个已有的基类创建一个新类的过程。在 C++ 中，定义单继承派生类的一般语法格式为：

class 派生类名：[public/private/protected] 基类名
{
  <派生类数据成员和函数成员定义>
}

声明中的"基类名"是已有的类的名称，"派生类名"是继承原有类的特性而生成的新类名称。派生方式中[public/private/protected] 关键字 public、private 和 protected 表示了三种不同的继承方式：关键字 public 表示公有基类，称作公有继承；关键字 private 表示私有基类，称作私有继承；关键字 protected 表示保护基类，称作保护继承。在用继承方法产生派生类时，上述三种继承方式的关键字只能选择一个，当派生方式缺省时，默认为 private，即私有继承，在本书中强调 public 继承。

例如：

```
class A
{
  public:
    A(int x ) {a=x;}
    void print(){cout<<a<<endl;}
  protected :
    int a;
};
class B: public A
{
  public:
```

```
    B(int x,int y) : A(x)
    {b=y;}
    void print(){cout<<a<<" "<<b<<endl;}
      private:
    int b;
};
```

思考：派生类 B 中有哪些成员数据与成员函数？

基类的成员可以有 public、protected、private 三种访问属性,而不同的继承方式将导致基类成员在派生类中访问属性的变化。

不同继承方式的影响主要体现在以下两方面：

(1) 派生类中的新增成员对基类成员的访问控制。

(2) 派生类外部,通过派生类对象对基类成员的访问控制。

10.2.2 公有(public)继承

公有继承的特点是除基类的私有成员将继续为基类的私有成员外,基类的公有成员和保护成员将分别成为派生类的公有成员和保护成员,即派生类将共享基类中的公有成员和保护成员。派生类对基类的公有继承,可以使派生类拥有基类中的公有成员和保护成员,从而既简化了软件设计,又重用了已有的类模块资源。在软件设计中,大部分的继承方式都是公有继承方式。当类的继承方式为公有继承时,访问符合以下规则：

(1) 基类的 public 和 protected 成员的访问属性在派生类中保持不变,在派生类中对基类的 private 成员不可访问。

(2) 派生类中的成员函数可以直接访问基类中的 public 和 protected 成员,但不能访问基类的 private 成员。

(3) 通过派生类的对象只能访问基类的 public 成员。

公有继承的规则也可用表 10.1 来描述。

表 10.1　public 继承的规则

基类定义中成员的访问控制符	基类自身是否可访问基类的成员	在派生类是否可访问从基类继承的成员	在派生类外是否可访问从基类继承的成员
public	是	是	是
protected	是	是	否
private	是	否	否

例 10.1　公有继承的访问规则。

```
#include<iostream.h>
class Parent                          //基类
{
public:
```

```
        int pubD;
    protected:
        int protD;
    private:
        int privD;
};
class Son: public Parent            //派生类
{
public:
    void fn()
    {
        int x;
        x=pubD;                     //有效
        x=protD;                    //有效
        x=privD;                    //错误:不能访问基类私有成员
    }
};

void main()
{
    Parent p;                       //基类对象
    p.pubD=10;                      //有效
    p.protD=10;                     //错误:不能访问基类保护成员
    p.privD=10;                     //错误:不能访问基类私有成员
    Son s;                          //派生类对象
    s.pubD=20;                      //有效
    s.protD=20;                     //错误:不能访问基类保护成员
    s.privD=20;                     //错误:不能访问基类私有成员
}
```

在上面的例子可以看到,派生类的成员函数 fn()能访问 public 和 protected 声明的基类成员。但在 main()中,只可访问由 public 声明的基类成员。

如果在程序设计时预知所定义的类将用作基类,可以将基类中需要提供给派生类访问的成员声明为 protected,而不是 private。

例 10.2 公有继承。

```
#include<iostream.h>
class Parent                        //基类
{
protected:
    int x;
public:
    Parent()
```

```
    { x=0; }
    void setx(int a)
    { x=x+a;}
    void display()
    {
        cout<<"x="<<x<<endl;
    }
};
class Son: public Parent        //派生类
{
public:
    void increase()             //新增成员函数
    { x++;}                     //派生类成员访问基类保护成员
};

void main()
{
    Son s;
    s.setx(10);                 //派生类对象访问基类公有成员
    s.increase();
    s.display();
}
```

程序运行结果：

x=1

从这个例子可以看出，尽管派生类 Son 中只声明了一个函数，但却继承了基类的很多特性，实现了代码重用。

*10.2.3 私有(private)继承

私有继承的特点是除基类中的私有成员将继承为派生类的私有成员外，基类中的公有成员和保护成员也将成为派生类的私有成员。当类的继承方式为私有继承时，符合以下规则：

(1) 基类的 public 和 protected 成员都以 private 身份出现在派生类中，但基类的 private 成员不可访问。

(2) 派生类中的成员函数可以直接访问基类中的 public 和 protected 成员，但不能访问基类的 private 成员。

(3) 通过派生类的对象不能访问基类中的任何成员。

私有继承的规则也可用表 10.2 来描述。

表 10.2 private 继承的规则

基类定义中成员的访问控制符	基类自身是否可访问基类的成员	在派生类是否可访问从基类继承的成员	在派生类外是否可访问从基类继承的成员
public	是	是	否
protected	是	是	否
private	是	否	否

例 10.3 将上例改成私有继承方式，掌握私有继承规则。

```
#include<iostream.h>
class Parent                      //基类
{
protected:
    int x;
public:
    Parent() { x=0;}
    void setx(int a) { x=a;}
    void display()
    {
        cout<<"x="<<x<<endl;
    }
};
class Son: private Parent         //派生类
{
public:
    void increase()               //新增成员函数
    { x++;}                       //有效
};

void main()
{
    Son s;
    s.setx(20);                   //错误:不能访问基类任何成员
    s.increase();                 //有效
    s.display();                  //错误:不能访问基类任何成员
}
```

从上例可以看出，在类外部通过派生类的对象根本无法访问基类的任何成员，基类原有的外部接口被派生类封闭和隐藏起来。

例 10.4 思考本例中公有派生及私有派生中的访问规则。

```
#include<iostream.h>
class Parent                      //基类
{
```

```cpp
public:
    int pubD;
protected:
    int protD;
private:
    int privD;
};
class Son: public Parent        //公有派生类
{
public:
    void fn()
    {
        int x;
        x=pubD;                 //有效
        x=protD;                //有效
        x=privD;                //错误：不能访问
    }
};
class Daughter: private Parent //私有派生类
{
public:
    void fn()
    {
        int y;
        y=pubD;                 //有效,但pubD已被降为私有
        y=protD;                //有效,但protD已被降为私有
        y=privD;                //错误
    }
};
void main()
{
    Parent p;                   //基类对象
    p.pubD=10;                  //有效
    p.protD=10;                 //错误
    p.privD=10;                 //错误

    Son s;                      //公有派生类对象
    s.pubD=20;                  //有效
    s.protD=20;                 //错误
    s.privD=20;                 //错误

    Daughter d;                 //私有派生类对象
    d.pubD=30;                  //错误：不能访问,因为pubD在派生类中已被降为私有
    d.protD=30;                 //错误
```

```
        d.privD=30;              //错误
}
```

上述例子说明,在公有派生类中,不改变从基类继承的成员的访问级别,s.pubD 在类之外依然可以调用,而对于私有派生类,将改变从基类继承的成员的访问级别,d.pubD 已被降为私有,在类之外当然无法调用。

*10.2.4 保护继承(protected)

保护继承的特点是除基类的私有成员将继续为派生类的私有成员外,基类中的公有成员和保护成员将成为派生类的保护成员。派生类对基类的保护继承,可以在设计派生类的成员函数以及派生类的子派生类的成员函数时,调用基类中类似的成员函数,从而简化派生类成员函数以及派生类的子派生类成员函数的设计。当类的继承方式为保护继承时,符合以下规则:

(1) 基类的 public 和 protected 成员都以 protected 身份出现在派生类中,但基类的 private 成员不可访问。

(2) 派生类中的成员函数可以直接访问基类中的 public 和 protected 成员,但不能访问基类的 private 成员。

(3) 通过派生类的对象不能访问基类中的任何成员

保护继承的规则也可用表 10.3 来描述。

表 10.3 保护继承的规则

基类定义中成员的访问控制符	基类自身是否可访问基类的成员	在派生类是否可访问从基类继承的成员	在派生类外是否可访问从基类继承的成员
public	是	是	否
protected	是	是	否
private	是	否	否

从继承的访问规则可以看出,无论是私有派生还是公有派生,派生类都无权访问它的基类的私有成员。在 C++ 中提供保护成员,即 protected 成员。

保护成员可以被派生类的成员函数访问,但是对于外界是隐藏的,外部函数不能访问它。因此,为了便于派生类访问,可以将基类中需要提供给派生类访问的成员定义为保护成员。

例 10.5 类的保护成员的使用。

```
#include<iostream.h>
class demo
{
protected:
    int j;
public:
```

```
    demo(){j=0;}
    void add(int i){j+=i;}
    void sub(int i){j-=i;}
    void display() { cout<<"Current value of j is "<<j<<endl;}
};

class child :public demo
{
public:
    void sub(int i){j-=i;}
};

void main (void)
{
    child object;
    object.display();
    object.add(10);
    object.display();
    object.sub(5);
    object.display();
}
```

上例中,child 类派生于 demo 类,由于 demo 类的数据成员 j 为保护成员,所以 child 类可以像访问自己的数据成员一样访问该成员。child 类成员函数 sub 将其基类数据成员 j 的值减 i。该程序的运行结果为:

```
Current value of j is 0
Current value of j is 10
Current value of j is 5
```

10.3 派生类的构造函数的设计

继承使得派生类不仅拥有派生类中定义的数据成员和成员函数,而且拥有基类中定义的数据成员和成员函数。但是,基类中两个特殊的成员函数——构造函数和析构函数——不能被继承。

由于派生类对象的数据成员是由基类中定义的数据成员和派生类中定义的数据成员两部分组成,又由于基类的构造函数不能被派生类继承,因此,派生类的构造函数不仅要初始化派生类中定义的数据成员,而且要初始化派生类中的基类子对象,具体方法是在设计派生类构造函数时,显式调用基类的构造函数,为派生类对象中的基类子对象赋初值。

当创建一个派生类对象时,如何调用基类的构造函数对基类数据初始化,以及在撤消派生类对象时,又是如何调用基类的析构函数来对基类对象的数据成员进行处理呢?本节将对这些问题做详细讨论。

10.3.1 派生类中不含类对象的构造函数设计

派生类不含对象成员时构造函数的格式：

派生类构造函数名(参数表)：基类构造函数名(参数表)
{
    //新增成员初始化语句；
}

其中基类构造函数的参数通常来源于派生类构造函数的参数表，也可以用常数值。
例如：

```
#include<iostream.h>
class Parent
{
  protected:
    int age;
  public:
    Parent(int a) { age=a; }
    void display(){ cout<<"age="<<age<<endl; }
};

class Son: private Parent              //派生类
{
  public:
    Son(int a,int sy) : Parent(a)      //派生类中构造函数的定义
    { studyyear=sy; }
    void increase() { age++; }
    void display()
    { cout<<"age="<<age<<endl;
      cout<<"studyyear="<<studyyear<<endl;
    }
    private:
      int studyyear;
};

void main()
{
  Son s(20,12);
  s.increase();
  s.display();
}
```

注意：

（1）当基类中没有定义构造函数或有构造函数但无参数时，在派生类中可以不向基类传递参数，甚至可以不定义构造函数。

（2）如果派生类的基类也是一个派生类，则每个派生类只需负责其直接基类的构造，依次上溯。

（3）由于析构函数是不带参数的，在派生类中是否要定义析构函数与它所属的基类无关，所以基类的析构函数不会因派生类没有析构函数而得不到执行，它们各自是独立的。

例 10.6 派生类不含对象成员时构造函数的参数传递情况。

```
#include<iostream.h>
class Student
{
Private:
    int x;
public:
    Student( int n)                //基类构造函数
    {
        cout<<"constructing student.\n";
        x=n;
    }
    ~Student()                     //基类析构函数
    { cout<<"destructing student.\n";}
    void showx(){cout<<x<<endl;}
};

class Stu:public Student
{
    int y;
public:
    Stu ( int n,int m): Student (m)
        //定义派生类构造函数时,传递一个参数给基类构造函数
    {
        cout<<"constructing Stu.\n";
        y=n;
    }
    ~Stu ()                        //派生类析构函数
    {cout<<"destructing Stu.\n";}
    void showy()
    {cout<<y<<endl;}
};

void main()
```

```
    {
        Stu tp(10,20);
        tp.showx();
        tp.showy();
    }
```

程序运行结果为:

```
constructing student
constructing Stu
20
10
destructing Stu
destructing student
```

10.3.2 派生类中含类对象的构造函数设计

派生类中含有对象成员时构造函数的格式:

派生类构造函数名(参数表):基类构造函数名(参数表),对象成员名1(参数表),……,对象成员名n(参数表)
{
    //新增数据初始化语句(不包括对象成员);
}

注意:对派生类构造函数设计时,对基类初始化是基类名,而对类对象初始化是用对象名。

例10.7 派生类含对类象成员时构造函数的设计。

```cpp
#include<iostream.h>
class A
{
    protected:
        int a;
public:
    A(int i)
    {
        a=i;
        cout<<"Constructor called.A\n";
    }
    ~A()
    {cout<<"Destructor called.A\n";}
    void Print()
    {cout<<a<<",";}
    int Geta()
```

```cpp
        {return a;}
};

class B:public A
{
private:
    int b;
    A aa;                   //aa 为基类对象,作为派生类的对象成员
public:
    B(int i,int j,int k):A(i),aa(j)
//定义派生类的构造函数时,把参数传递给基类和对象成员构造函数
    {
        b=k;
        cout<<"Constructor called.B\n";
    }
    ~B(){cout<<"Destructor called.B\n";}
    void Print()
    {
        A::Print();
        cout<<b<<","<<aa.Geta()<<endl;
    }
};

void main()
{
    B bb1(3,4,5);
    bb1.Print();
}
```

程序运行结果为:

```
Constructor called.A
Constructor called.A
Constructor called.B
3,5,4
Destructor called.B
Destructor called.A
Destructor called.A
```

思考:观察程序运行过程中构造函数与析构函数的执行顺序。

10.3.3 派生类构造函数和析构函数的执行顺序

1. 派生类成员中不含类对象的情况

构造函数的执行顺序是:先执行基类的构造函数,再执行派生类的构造函数;析构函

数的执行顺序是:先执行派生类的析构函数,再执行基类的析构函数。

2. 派生类成员中含有类对象的情况

构造函数的执行顺序是:首先执行基类的构造函数,再执行对象成员的构造函数,最后执行派生类的构造函数;析构函数的执行顺序与构造函数的调用顺序正好相反。当派生类对象被删除时,派生类的析构函数被自动调用执行,由于析构函数也不能被继承,因此,系统在自动调用执行了派生类的析构函数后,还将自动调用执行基类的析构函数。注意,这样的执行顺序正好和构造函数的执行顺序相反。

例 10.8 派生类成员不含类对象时,构造函数和析构函数的执行顺序。

```cpp
#include<iostream.h>
class Student
{
public:
    Student()
    {
        cout<<"constructing student.\n";}
    ~Student()
    {
        cout<<"destructing student.\n";
    }
};
class Stu:public Student {
public:
    Stu ()
    {
        cout<<"constructing Stu.\n";
    }
    ~Stu ()
    {
        cout<<"destructing Stu.\n";
    }
};
void main()
{
    Stu tp;
}
```

程序运行结果为:

constructing student
constructing Stu
destructing Stu
destructing student

基类的构造函数、析构函数不能被继承,当基类中有构造函数且含有参数时,派生类必须定义构造函数以提供将参数传递给基类构造函数的途径。声明派生类构造函数时,只需要对本类中新增成员进行初始化,对继承来的基类成员的初始化由基类完成。派生类析构函数的声明方法与一般类的析构函数相同。

例 10.9 派生类构造函数、析构函数与基类构造函数、析构函数的调用关系。

```
#include<iostream.h>
class B
{
    public:
        B()
        {
            b=0;
            cout<<"B's default constructor called."<<endl;
        }
        B(int i)
        {
            b=i;
            cout<<"B's constructor called."<<endl;
        }
        ~B()
        {
            cout<<"B's destructor called."<<endl;
        }
        void Print()
        {
            cout<<b<<endl;
        }
    private:
        int b;
};

class C:public B            //派生类中没有声明析构函数
{
    public:
    C()                     //此处略去了:B(),不影响程序运行结果
    {
        c=0;
        cout<<"C's default constructor called."<<endl;
    }
    C(int i,int j):B(i)    //此处不能略去: B(i)
    {
        c=j;
        cout<<"C's constructor called."<<endl;
```

```
    }
    ~C()
    {
        cout<<c<<' ';
        cout<<"C's destructor called."<<endl;
    }

    void Print()
    {
        B::Print();
        cout<<c<<endl;
    }
    private:
        int c;
};
void main()
{
    C obj1;
    C obj2(5,6);
    obj1.Print();
    obj2.Print();
}
```

程序的运行结果为：

```
B's default constructor called.
C's default constructor called.
B's constructor called.
C's constructor called.
0
0
5
6
6 C's destructor called.
B's destructor called.
0 C's destructor called.
B's destructor called.
```

分析：在定义派生类对象 obj1 时，由于对象 obj1 无参数，首先调用基类默认值构造函数，再调用派生类默认值构造函数；定义派生类对象 obj2 时，对象 obj2 有两个参数，先调用基类的有参构造函数，再调用派生类有参构造函数。释放对象时先释放有参的对象，再释放无参的对象。

上机操作练习 1

阅读下列程序，分析程序运行的结果，并上机调试。

```cpp
#include<iostream.h>
const MAX=500;
class queue
{
protected:
    int q[MAX];
    int rear,front;
public:
    queue()
    {
        rear=0;front=0;
        cout<<"队列初始化\n";
    }
    void qinsert(int i)
    {
        rear++;
        q[rear]=i;
        cout<<"rear="<<rear<<endl;
    }
    int qdelete()
    {
        front++;
        cout<<"front="<<front<<endl;
        return q[front];
    }
};
class queue2:public queue{
public:
    void qinsert(int i)
    {
        if(rear<MAX)
        queue::qinsert(i);
        else
        {
            cout<<"队列已满\n";return;
        }
    }
    int qdelete()
    {
        if(front<rear)
        return queue::qdelete();
        else
        {
            cout<<"队列溢出\n";return 0;
```

```
            }
        }
};
void main()
{
    queue2 a;
    a.qinsert(327);
    a.qinsert(256);
    a.qinsert(1598);
    a.qinsert(872);
    cout<<"1: "<<a.qdelete()<<endl;
    cout<<"2: "<<a.qdelete()<<endl;
    cout<<"3: "<<a.qdelete()<<endl;
}
```

10.4 多继承

多继承与单继承的区别在于它们基类的个数,有两个或两个以上的基类的派生方法称为多继承派生。

10.4.1 多继承的基本概念

多继承是从现有的多个基类创建一个新类的过程。在多继承中,公有派生和私有派生对于基类成员在派生类中的可访问性与单继承的规则相同。

在 C++ 中,定义多继承派生类的一般语法格式为:

class 派生类名:派生方式1 基类名1,派生方式2 基类名2,…
{
    //派生类新增的数据成员和函数成员
};

冒号后面是基类表,各基类之间用逗号分隔。

例如:一所大学,有教员和学生,设想大学从研究生中聘请了一些年轻的助教,在这种情况下,助教既属于教员范畴也属于学生范畴。这样,类 Teach_Assistant 可以从类 Teacher 以及类 Student 中派生属性。这里有两个基类,Teacher 和 Student,派生类是 Teach_Assistant,如图 10.4 所示。

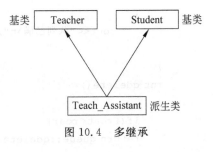

图 10.4 多继承

继承的语法如下:

```
class Teacher
{ };
class Student
{ };
class Teach_Assistant: public Teacher,public Student
{
   ...
}
```

多继承中派生类构造函数的格式：

派生类构造函数名(参数表)：基类1构造函数名(参数表),…基类n构造函数名(参数表)
{
    //新增数据初始化语句(不包括对象成员)；
}

多重继承的构造函数的执行顺序与单继承构造函数的执行顺序相同,也是遵循先执行基类的构造函数,再执行对象成员的构造函数,最后执行派生类构造函数的原则。而析构函数的执行顺序与构造函数的执行顺序相反。

需要指出的是,各个基类构造函数的执行顺序取决于定义派生类时所指定的各个基类的顺序,而与派生类构造函数的成员初始化列表中给定的基类顺序无关。

10.4.2 多继承中派生类的构造函数与析构函数

下面示例说明如何在多继承中处理派生类的构造函数。

例 10.10 多继承中派生类的构造函数的定义规则。

```
#include<iostream.h>
class Teacher
{
private:
    int x;
public:
    Teacher()
    {
        x=0;
    }
    Teacher(int s)
    {
        x=s;
        cout<<"Teacher!"<<endl;
    }
    ~Teacher()
    {
```

```cpp
        cout<<"~Teacher!"<<endl;
    }
};
class Student
{
private:
    int y;
public:
    Student()
    {
        y=0;
    }
    Student(int s)              //带参数的构造函数
    {
        y=s;
        cout<<"Student!"<<endl;
    }
    ~Student()
    {
        cout<<"~Student!"<<endl;
    }

};
class Teach_Assistant: public Teacher,public Student
{
private:
    int z;
public:
    Teach_Assistant():Teacher(),Student()
    {
        z=0;
    }
    Teach_Assistant(int s,int a,int b):Teacher(s),Student(a)
    {
        z=b;
        cout<<"Teach_Assistant!"<<endl;
    }
    ~Teach_Assistant()
    {
        cout<<"~Teach_Assistant!"<<endl;
    }
};
void main()
{
```

```
    Teach_Assistant AA(3,4,5);
}
```

在上面程序中,派生类 Teach_Assistant 中的不带参数的构造函数是这样定义的:Teach_Assistant():Teacher(),Student();跟单继承一样,也可以去掉冒号及其后面的内容,直接写成 Teach_Assistant(),不会影响程序运行结果。

如果构造函数有参数,那么,类 Teach_Assistant 中的构造函数除了为它本身的构造函数的参数提供值之外,还必须为这些构造函数的参数提供值。在下面语句中,我们可以看到如何完成此过程。

```
Teach_Assistant(int s,int a,int b):Teacher(s),Student(a)
{
    z=b;
    cout<<"Teach_Assistant!"<<endl;
}
```

传递给派生类 Teach_Assistant 构造函数的前两个参数会接着传递给 Teacher()和 Student()。最后一个参数用来初始化 Teach_Assistant 类中的数据成员。

程序运行结果为:

```
Teacher!
Student!
Teach_Assistant!
~Teach_Assistant!
~Student!
~Teacher!
```

上机操作练习 2

下面的程序包含了 Time 类和 Date 类的声明,要求设计一个 Birthtime 类,它继承了 Time 类和 Date 类,并且还有一项生出孩子的名字 Childname,同时设计主程序显示一个小孩的出生时间和名字,请模仿编写程序并上机调试。

```
#include<iostream.h>
#include<string.h>
class Time
{
public:
    Time(int h,int m,int s)
    {
        hours=h;
        minutes=m;
        seconds=s;
    }
```

```cpp
        void display()
        {
            cout<<hours<<":"<<minutes<<":"<<seconds<<endl;
        }
    protected:
        int hours,minutes,seconds;
};

class Date
{
public:
    Date(int m,int d,int y)
    {
        month=m;
        day=d;
        year=y;
    }
    void display()
    {
        cout<<month<<"/"<<day<<"/"<<year;
    }
protected:
    int month,day,year;
};
class Birthtime:public Time,public Date{
public:
    Birthtime(char * Cn,int mm,int dd,int yy,int hh,int mint,int ss)
        :Time(hh,mint,ss),Date(mm,dd,yy)
    {
        strcpy(Childname,Cn);
    }
    void display()
    {
        cout<<Childname<<' ';
        Date::display();
        cout<<endl;
        Time::display();
    }
protected:
    char Childname[20];
};
void main()
{
```

```cpp
    Birthtime yx("Yuanxiang",10,27,1996,13,20,0);
    yx.display();
}
```

上机操作练习 3

阅读下列程序,分析程序中多继承派生类构造函数的执行顺序。

```cpp
#include<iostream.h>
class A1
{
public:
    A1(int i)
    { a1=i;
      cout<<"Constructor A1."<<a1<<endl;
    }
    void Print()
    {cout<<a1<<endl;}
private:
    int a1;
};

class A2
{
public:
    A2(int j)
    {
      a2=j;
      cout<<"Constructor A2."<<a2<<endl;
    }
    void Print()
    {cout<<a2<<endl;}
private:
    int a2;
};

class A3
{
public:
    A3(int k)
    {
    a3=k;
    cout<<"Constructor A3."<<a3<<endl;
```

```
    }
    int Geta3()
    {return a3;}
private:
    int a3;
};

class D:public A1,public A2
{
public:
    D(int i,int j,int k,int l):A2(i),A1(j),a3(k)
        {
        d=l;
    cout<<"Constructor D."<<d<<endl;
    }
    void Print()
    {
    A1::Print();
    A2::Print();
    cout<<d<<","<<a3.Geta3()<<endl;
    }
private:
    int d;
    A3 a3;
};

void main()
{
  D dd(6,7,8,9);
  dd.Print();
  A2 a2(4);
  a2=dd;
  a2.Print();
  A1 a1(2);
  a1=dd;
  a1.Print();
}
```

思考：程序中把构造函数 D(int i,int j,int k,int l):A2(i),A1(j),a3(k)改写为 D(int i,int j,int k,int l):A1(i),A2(j),a3(k),基类的构造函数调用顺序如何？请验证。

10.5 多继承中的二义性问题

当两个或多个基类中有相同的函数或数据成员名称时,会出现一些问题,通常称之为"二义性问题"。在图 10.5 中,如果类 A 派生出类 AB 和类 AC,类 AB 和类 AC 共同派生出子类 ABC,假设类 A 中有成员 a,A 的派生类 AB 及 AC 继承了成员 a,同理,从 AB 及 AC 中派生出的子类 ABC 也含有成员 a,然而编译器将无法理解是从类 AB 中继承了 a 还是从类 AC 中继承了 a,这就造成了编译时的二义性问题。

例 10.11 存在多义性问题的程序。

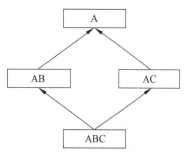

图 10.5 类 ABC 从不同途径继承了类 A 的成员

```
#include<iostream.h>
class A
{
protected:
    int a;
public:
    A(int x){a=x;}
    void show(){cout<<"AAAAAAAAAAAAAAA"<<endl;}
};
class AB:public A
{
protected:
    int ab;
public:
    AB(int x,int y):A(x)
    {ab=y;}
};
class AC:public A
{
protected:
    int ac;
public:
    AC(int x,int y):A(x)
    {ac=y;}

};
class ABC:public AB,public AC
{
 protected:
     int abc;
```

```
    public:
        ABC(int x,int y,int z):AB(x,y),AC(x,y)
        {
            abc=z;
        }
};

void main()
{
  ABC aaa(1,2,3);
  aaa.show ();
}
```

程序在编译时,会有"error C2385:'ABC::show' is ambiguous"错误提示,因为程序中使用语句:aaa.show ();时出错,原因是函数 show ()的二义性错误,编辑器无法区分从哪条路径继承过来的 show ()函数。即使不是从同一个基类继承而来,而是在多继承中多个基类中有相同的成员也会产生二义性错误,又如:

例 10.12 多继承中的二义性问题。

```
#include<iostream.h>
class Father
{
public:
    void display()
    {
        cout<<"父亲姓名:李明"<<endl;
    }
};
class Mother
{
public:
    void display()
    {
        cout<<"母亲姓名:赵四"<<endl;
    }
};
class Son: public Father,public Mother
{};
void main()
{
    Son s;
    s.display();              //含义模糊:编译错误
}
```

因为关于对象 s 调用哪个 display()函数存在二义性,所以编译器将发出一个错误消息。若要访问正确的函数或数据成员,需要使用作用域运算符。通过在派生类 Son 中定义一个新函数 display()可以解决这个问题。比如:

```
void Son::display()
{
    Father::display();
    Mother::display();
}
```

因为 Son::display()重写了来自它的两个基类的 display()函数,所以可确保无论在哪里为 Son 类型对象的调用 display(),都会调用 Son::display()。编译器会检测名称冲突,然后予以解决。

对于以上问题也可以定义虚基类的方式解决继承中的二义性问题。

10.6 虚 基 类

多继承是从多个基类创建新类的过程,多继承层次结构可能很复杂,而且会导致派生类从同一基类中继承多次。例如,对于例 10.12 中,Son 类派生自 Father 类和 Mother 类,而 Father 类和 Mother 类有一个公共基类 Person 类,如图 10.6 所示。设定基类 Person 有一个数据成员 age。类 Father 和类 Mother 都是从同一个基类 Person 派生而来,但它们所对应的是基类 Person 的不同副本。类 Son 是类 Father 和类 Mother 的派生类,因此类 Person 是类 Son 的间接基类,它有两个副本与类 Son 对应,从图 10.6 中可以看出,一个是 Father 派生路径上的副本,另一个是 Mother 派生路径上的副本。所以当派生类 Son 的对象试图引用类 Person 中的 setage()函数时,编译器不知道访问哪个副本,因此会发生编译器错误,这就是前一节所提到的二义性问题。

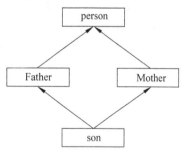

图 10.6 有公共基类的对象

例 10.13 公共基类继承问题。

```
#include<iostream.h>
class Person                          //公共基类
{
protected:
    int age;
public:
    void setage(int a){age=a;}
    void getage(){cout<<"The age is:"<<age<<endl;}
};
class Father:public Person            //直接继承
{ };
```

```
class Mother: public Person        //直接继承
{ };
class Son: public Father,public Mother
//间接继承 Person 类,Son 类通过 Father 类和 Mother 类间接继承了二个 age 数据成员的副本
{ };
void main()
{
    Son s;
    s.setage(28);
    s.getage();
}
```

在本例中会发生编译器错误,这就是前一节所提到的二义性问题。在 C++中,为了避免出现基类的两个副本,则可将基类说明为虚基类。从类派生新类时,使用关键字 virtual 将类说明为虚基类。

在例 10.11 及例 10.13 中只要将基类重新定义为虚基类就能解决二义性问题,如:

```
class Father: virtual public Person
{ };
class Mother: virtual public Person
{ };
```

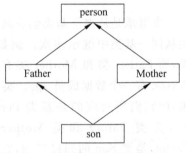

图 10.7 有虚公共基类的对象

在这两个类 Father 和 Mother 中使用关键字 virtual 会导致它们共享其基类 Person 的同一个单独公共对象。因此,类 Person 是虚基类。现在,Son 的一个对象可以显示成如图 10.7 给出的格式。

例 10.14 阅读程序,分析程序运行结果。

```
#include<iostream.h>
class A
{
    public:
        int n;
};
class B:virtual public A{};
class C:virtual public A{};
class D:public B,public C
{
    int getn(){return B::n;}
};
void main()
{
    D d;
    d.B::n=10;
    d.C::n=20;
```

```
        cout<<d.B::n<<","<<d.C::n<<endl;
}
```

上例中 D 类是从类 B 和类 C 派生的,而类 B 和类 C 又都是从虚基类 A 派生,故共享同一个副本,所以对于对象 d,d.B::n 与 d.C::n 是一个成员。程序运行结果为:

20,20

若去掉关键字 virtual,即类 A 不是一个虚基类时,尽管类 B 和类 C 又都是从类 A 派生,但各有自己的副本。所以对于对象 d,d.B::n 与 d.C::n 是两个不同的数据成员它们互无联系。这时输出结果为:

10,20

例 10.15 设计一个虚基类 base,包含姓名和年龄私有数据成员以及相关的成员函数,由它派生出领导类 leader,包含职务和部门私有数据成员以及相关的成员函数。再由 base 派生出工程师类 engineer,包含职称和专业私有数据成员以及相关的成员函数。然后由 leader 和 engineer 类派生出主任工程师类 chairman。采用一些数据进行测试。

分析: 由于 chairman 类从 leader 类和 engineer 类派生,而 leader 类和 engineer 类都是从 base 类派生的,所以为了使 base 只存一个副本,必须采用虚派生的方法。

```cpp
#include<iostream.h>
#include<string.h>
class base                                      //基类
{
    char * name;                                //姓名
    int age;                                    //年龄
public:
    base(){}
    void setname(char na[])
    {
        name=new char[strlen(na)+1];
        strcpy(name,na);
    }
    void setage(int a)
    {
        age=a;
    }
    char * getname() { return name; }
    int getage() { return age; }
};
class leader:virtual public base                //领导类
{
    char * job;                                 //职务
    char * dep;                                 //部门
```

```cpp
public:
    leader() { }
    void setjob(char jb[])
    {
        job=new char[strlen(jb)+1];
        strcpy (job,jb);
    }
     void setdep(char dp[])
    {
        dep=new char [strlen (dp) +1];
        strcpy (dep,dp);
    }
    char * getjob() { return job; }
    char * getdep() { return dep; }
};
class engineer:virtual public base        //工程师类
{
    char * major;                          //专业
    char * prof;                           //职称
public:
    engineer () { }
    void setmajor(char maj [])
    {
        major=new char[strlen(maj)+1];
        strcpy (major,maj);
    }
    void setprof(char pf[])
    {
        prof=new char[strlen(pf)+1];
        strcpy (prof,pf);
    }
    char * getmajor() {return major; }
    char * getprof() {return prof; }
};
class chairman:public leader,public engineer    //主任工程师类
{ };
void main()
{
    chairman c;
    c.setname("张林");
    c.setage(39);
    c.setjob("副处长");
    c.setdep("设计处");
    c.setmajor("电站锅炉设计");
```

```
    c.setprof("高级工程师");
    cout<<"输出结果："<<endl;
    cout<<" "<<c.getname()<<",年龄"<<c.getage()<<"岁"<<endl;
    cout<<" "<<"担任"<<c.getdep()<<c.getjob()<<","<<c.getprof()<<endl;
    cout<<" "<<"从事" <<c.getmajor()<<"专业" <<"。" <<endl;
}
```

上机操作练习 4

上机调试应用程序例 10.14。

习　　题

1. 选择题与问答题

(1) 下面叙述不正确的是(　　)。

　　A. 派生类一般都用公有派生

　　B. 对基类成员的访问必须是无二义性的

　　C. 赋值兼容规则也适用于多重继承的组合

　　D. 基类的公有成员在派生类中仍然是公有的

(2) 下面叙述不正确的是(　　)。

　　A. 基类的保护成员在派生类中仍然是保护的

　　B. 基类的保护成员在公有派生类中仍然是保护的

　　C. 基类的保护成员在私有派生类中仍然是私有的

　　D. 对基类成员的访问必须是无二义性

(3) 下面叙述不正确的是(　　)。

　　A. 成员的访问能力在私有派生类中和公有派生类中是不同的

　　B. 基类的私有成员在公有派生类中不可访问

　　C. 基类的不可访问成员在公有派生类中可访问

　　D. 公有基类成员在保护派生中是保护的

(4) 下面叙述正确的是(　　)。

　　A. 在基类和派生类中有 1 种访问级别

　　B. 在基类和派生类中有 3 种访问级别

　　C. 基类中的公有成员在私有派生类中是私有的

　　D. A 和 C 是对的

2. 程序阅读题

(1) 阅读下面程序，给出其运行结果。

```
#include<iostream.h>
class base
```

```
    {
        protected:
            int p;
    };
    class d1:private base
    {
    public:
        void f(int x) {p=x;}
        void show() {cout<<p<<endl;}
    };
    class d2:public d1
    {
    public:
        void g(int i)
        {f(i);
        }
    };
    void main()
    { base b;
      d1 d2o;
      d2o.f(3);
      d2o.show();
      d2o.f(6);
      d2o.show();
    }
```

(2) 阅读下面程序,给出其运行结果。

```
#include<iostream.h>
class housePet
{
public:
    void speak() {cout<<"huh?";}

};

class dog:public housePet
{
    public:
    void speak() {cout<<"woof\n";}
};

class cat:public housePet
{
public:
```

```
    void speak() {cout<<"meow\n";}
};

class bird:public housePet
{
public:
    void speak() {cout<<"chirp\n";}
};

void main()
{
    housePet * myHouse[3];
    dog Fido;
    cat Puff;
    bird Tweety;
    Fido.speak();
    Puff.speak();
    Tweety.speak();
    myHouse[0]=&Fido;
    myHouse[1]=&Puff;
    myHouse[2]=&Tweety;
    for(int i=0;i<3;i++)
        myHouse[i]->speak();
}
```

(3) 阅读下面程序,给出其运行结果。

```
#include<iostream.h>
class X
{
protected:
    int x;
public:
    X(int i) { x=i;
    cout<<"x="<<x<<endl;}
    ~X(){cout<<"类 x 的对象被删除!"<<endl;}
};

class Y
{
protected:
    int y;
public :
    Y(int i) {y=1;
    cout<<"y="<<y<<endl;}
```

```cpp
    ~Y(){cout<<"类 Y 的对象被删除!"<<endl;}
};
class mul:public X,public Y
{
public:
    mul (int i,int j):X(i),Y(j){cout<<i<<" * "<<j<<"="<<x*y<<endl;}
    ~mul(){cout <<"类 mul 的对象被删除!"<<endl;}
};
void main()
{
    mul demo(10,15);
}
```

(4) 阅读下面程序,给出其运行结果。

```cpp
#include<iostream.h>
class Obj
{
public :
  Obj(int x,int y):NW(x),RA(y){ }
  void Showv()
    { cout<<"Wheels:"<<NW<<endl;
      cout<<"Range:"<<RA<<endl; }
private:
  int NW;
  int RA;
};

class Car:public Obj
{
public:
  Car(int p,int x,int y):Obj(x,y),PG(p){ }
  void Show()
  {
    cout<<"\n Car:\n";
    Showv();
    cout<<"passengers:"<<PG<<endl;}
private:
  int PG;
};

class TR:public Obj
{
public:
  TR(int z,int x,int y):Obj(x,y),LL(z){ }
```

```
    void Show()
    {
    cout<<"\n Truck:\n";
    Showv();
    cout<<"load limit:"<<LL<<endl;}
private:
    int LL;
};

void main()
{   Car CC(5,4,500);
    TR TT(30000,12,1200);
    CC.Show();
    TT.Show();
}
```

(5) 分析下列程序的输出结果。

```
#include<iostream.h>
class B
{
public:
    B(int i) { b=i+50;show();}
    B(){}
    void show(){cout<<"B::show() called. "<<b<<endl;}
protected:
    int b;
};
class D: public B
{
public:
    D(int i):B(i) { d=i+100; show();}
    D(){ }
    void show() {cout<<"D::show() called. "<<d<<endl;}
protected:
    int d;
};
void main()
{
    D d1(108);
}
```

(6) 分析下列程序的输出结果。

```
#include<iostream.h>
class A
```

```cpp
{
public:
    A() {ver='A';}
    void print(){cout<<"The A version "<<ver<<endl;}
protected:
    char ver;
};

class D1:public A
{
public:
    D1(int number){info=number;ver='1';}
    void print(){cout<<"The D1 info:"<<info<<" version "<<ver<<endl;}
private:
    int info;
};
class D2:public A
{
public:
    D2(int number){info=number;}
    void print(){cout<<"The D2 info: "<<info<<" version "<<ver<<endl;}
private:
    int info;
};
class D3: public D1
{
public:
    D3(int number):D1(number) {
        info=number;
        ver='3';
    }
void print()
{
    cout<<"The D3 info: "<<info<<" version "<<ver<<endl;}
    private:
        int info;
};
void print_info(A * p)
{
    p->print();
}
void main()
{
    A  a;
```

```
    D1   d1(4);
    D2   d2(100);
    D3   d3(-25);
    print_info(&a);
    print_info(&d1);
    print_info(&d2);
    print_info(&d3);
}
```

(7) 分析下列程序的输出结果。

```
#include<iostream.h>
class base
{
private:
    int i;
public:
    void vfunc(int x)
    {
        cout<<"here call base's vfunc()\n";
        i=x;
        cout<<"i="<<i<<'\n';
    }
};
class derived1:public base
{
    int j;
public:
    void vfunc(int x)
    {
        cout<<"here call derived's vfuncss()\n";
        j=x;
        cout<<"j="<<j<<"\n";
    }
};
class derived2:public derived1
{
    int k;
public:
    void vfunv(int x)
    {
        cout<<"here call derived2's vfunc()\n";
        k=x;
        cout<<"k="<<k<<"\n";
    }
```

```
};
void main()
{
    base * p,obj;
    derived1 obj1;
    derived2 obj2;
    p=&obj;
    p->vfunc(10);
    p=&obj1;
    p->vfunc(20);
    p=&obj2;
    p->vfunc(30);
}
```

3. 编程题

(1) 修改例 10.12，使公共基类 Person、类 Father、Mother 和派生类 Son 都拥有默认构造函数和带有参数的构造函数，实现对数据成员 age 的初始化和赋值，并对公共基类 Person 采用虚基类。

(2) 试写出所能想到的所有形状（包括二维的和三维的），并生成一个形状层次结构。生成的层次结构要以 Shape 作为基类，并由此派生出类 TwoDimShape 和 ThreeDimShape。开发出层次结构后，定义其中的每个类。

(3) 已定义了圆类 Circle，有一个私有数据为圆半径 r，分别从 Circle 继承产生球类与圆柱类，圆柱类中增加了数据 h，最后从圆柱类与球类共同继承产生如图 10.8 所示的图形。

```
class Circle
{
  public:
    Circle(int x){r=x;}
    void print(){cout<<"s="<<3.14 * r * r<<endl;}
  protected:
    int r;
};
```

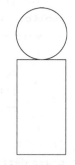

图 10.8 图形

第 11 章 多态性

本章要点
- 多态性的概念；
- 多态性的实现方法；
- 动态联编；
- 虚函数与多态性；
- 纯虚函数与抽象类。

本章难点
- 多态性的理解与实现的各种方法；
- 静态联编与动态联编；
- 虚函数的概念与作用；
- 纯虚函数与抽象类的应用。

本章导读

在本章的学习过程中，需要关注实现多态性的方法，尤其是在继承中派生类对象的动态多态性的实现。理解引入虚函数可以实现继承中的动态多态性，理解抽象类存在的必要性，掌握纯虚函数在派生类中多态性的实现。

11.1 多态性的概念

多态性是指调用同样的接口访问不同的函数，实现不同的功能。通俗地说，多态性是指用一个相同的名字定义不同的函数，这些函数的执行过程不同，但是有相似的操作。比如，不同类的层次关系的对象，调用相同名字的函数所呈现的状态不相同。

面向对象的多态性从实现的角度来讲，可以分为静态多态性和动态多态性两种。静态多态性是在编译的过程中确定同名操作的具体操作对象，而动态多态性则是在程序运行过程中动态地确定操作所针对的具体对象的。这种确定具体操作对象的过程就是联编(binding)，也称为绑定。

编译时的多态性主要是通过函数重载和运算符重载实现的，函数重载与运算符重载在前面的章节中曾做过详细的讨论，在本章中主要讨论用虚函数实现的动态多态性。

下面通过实例分析应用函数重载实现多态性。

例 11.1 通过函数重载实现静态多态性。

```cpp
#include<iostream.h>
class squared
{
public:
    int squ(int);
    double squ(double);
};

int squared::squ(int x)
{
    int s;
    s=x*x;
    return s;
}

double squared::squ(double y)
{
    return y*y;
}
int main()
{
    squared area;
    cout<<"The square of 2 is "<<area.squ(2)<<endl;
    cout<<"The square of 2.2 is "<<area.squ(2.2)<<endl;
    return 0;
}
```

程序的运行结果为:

```
The square of 2 is 4
The square of 2.2 is 4.84
```

在本程序中,通过调用重载函数来实现编译时的多态性,称为静态多态性。

例 11.2 通过对象调用类成员函数实现静态多态性。

```cpp
#include<iostream.h>
class point
{
private:
    double x,y;
public:
    point(double i,double j) {x=i;y=j;}
    double area() {return 0.0;}
```

```
};

const double pi=3.14159;
class circle:public point
{
private:
    double radius;
public:
    circle(double x,double y,double r):point(x,y)
    {radius=r;}
    double area() {return pi* radius* radius;}
};

void main()
{
point Ppoint(100,200);
double a=Ppoint.area();
cout<<"The area of the point is "<<a<<endl;
circle Ccircle(50,100,3.3);
a=Ccircle.area();
cout<<"The area of the circle is "<<a<<endl;
}
```

程序的运行结果为：

```
The area of the point is 0.
The area of the circle is 34.2119.
```

如果在类的继承中，定义一个指向基类的指针；那么虽然可以用此指针指向其他派生类的对象，但当调用与基类中同名的成员函数时，它调用的仍然是基类中的成员函数，无法达到调用派生类中的成员函数来实现多态性。请分析以下思考题。

思考：在例 11.2 中，类的定义不改变，改写 main() 函数，在 main 函数中通过指向基类的指针调用派生类的成员函数，作如下修改。

```
#include<iostream.h>
class point
{
private:
    double x,y;
public:
    point(double i,double j) {x=i;y=j;}
    double area() {return 0.0;}
};

const double pi=3.14159;
```

第 11 章 多态性 —— 349

```
class circle :public point
{
private:
    double radius;
public:
    circle(double x,double y,double r):point(x,y)
    {radius=r;}
    double area() {return pi* radius* radius;}
};
void main()
{
point * p;
circle Ccircle(100,200,3.3);
p=&Ccircle;
double a=p->area();
cout<<"The area of the circle is "<<a<<endl;
}
```

程序的运行结果是什么？

提示：point * p；定义了一个指向基类的指针。从程序的运行结果来分析，编译器在编译时，把 p 定义为指向基类 point 类的对象，根据指针的类型，它所指向的成员函数是 point 类的成员函数。C++编译器在编译时就决定了调用 point 类中定义的函数。无论指针指向何处，程序总是运行基类中的成员函数 area()。产生这些问题的原因在于静态联编，程序的运行结果不是我们所要的，因而输出的结果为：

```
The area of the circle is 0
```

如果要得出正确的结果，必须将基类 point 的成员函数 area()说明为虚函数。

11.2 虚 函 数

虚函数是重载的另一种表现形式。这是一种动态的重载方式，它提供了一种更灵活的多态性机制。虚函数允许函数调用与函数体之间的联系在运行时才建立，也就是在运行时才决定如何动作，即动态联编。

11.2.1 虚函数的定义

虚函数的定义方法是，在定义类时在其成员函数的前面加上关键字 virtual，即：

```
class 类名称
{
//类的其他成员
```

```
virtual 函数类型  函数名(参数序列);           //把此函数说明为虚函数
};
```

当函数说明为虚函数后,在定义该函数的代码前不用加关键字 virtual,如:

```
class point
{
private:
    double x,y;
public:
    point(double i,double j) {x=i;y=j;}
    virtual double area() {return 0.0;}      //虚函数的定义
};
```

当类的成员函数被定义为虚函数后,凡以该类为基类的派生类中所有与该函数定义完全相同的函数,无论其前面是否有关键字 virtual,编译器均将它们视为虚函数。

注意:

(1) 只有类的成员函数才能定义为虚函数,而不能是友元函数,也不能是静态成员函数。因为虚函数调用要靠特定的对象来决定该激活哪个函数。

(2) 在派生类中,与基类中的虚函数同名的函数,不论是否有虚函数的说明,一律视为虚函数。但在容易引起混乱的情况下,最好在对派生类的虚函数进行重新定义时也加上关键字 virtual。

(3) 虚函数被重新定义时,其函数的原型与基类中的函数原型必须完全相同。

(4) virtual 只用来说明类声明中的原型,不能用在函数实现时。

(5) 虚函数在本质上来说是覆盖而不是重载声明,因而在子类及派生类中虚函数原型完全相同。

(6) 虚函数的调用通常通过基类指针或引用,执行时会根据指针指向的对象的类,决定调用哪个函数。

11.2.2　虚函数的调用

将函数定义为虚函数后,可以达到动态联编的效果。请看下面的例子,此例子除了在基类 point 的成员函数 area()前加了关键词 virtual,其他与例 11.2 的思考题完全相同。

例 11.3　用虚函数实现的多态性。

```
#include<iostream.h>
class point
{
private:
    double x,y;
public:
    point(double i,double j) {x=i;y=j;}
    virtual double area() {return 0.0;}
```

```
};

const double pi=3.14159;
class circle :public point
{
private:
    double radius;
public:
    circle(double x,double y,double r):point(x,y)
    {radius=r;}
    double area() {return pi * radius * radius;}
};

void main()
{
point * p;
circle Ccircle(100,200,3.3);
p=&Ccircle;
double a=p->area();
cout<<"The area of the circle is "<<a<<endl;
}
```

程序运行结果如下：

The area of the circle is 34.2119

例 11.4 虚函数的应用。

```
#include<iostream.h>
class A
{
public :
    virtual void show() { cout<<"class A show() is called."<<endl;}
    //show()是虚函数,说明派生类中可以定义同名函数,实现不同的功能
};
class B : public A
{
public:
    void show() { cout<<"class B show() is called."<<endl;}
};
void main()
{
    A demo1,* ptr;
    B demo2;
    ptr=&demo1;
    ptr->show();
```

```
    ptr=&demo2;         //基类指针指向派生类对象,利用基类指针调用虚函数
    ptr->show();
}
```

程序执行的结果为:

```
class A show() is called.
class B show() is called.
```

从执行结果来分析,虽然我们都是通过基类指针 ptr 调用 show()函数,但随着基类指针真正所指对象的改变,系统所调用的虚函数也随之改变。

前面讲过,使用虚函数也可以通过引用达到动态联编的效果,所以可以把上例加以修改。修改后的程序如下:

例 11.5 虚函数的应用。

```
#include<iostream.h>
class A
{
public:
    virtual void show(){cout<<"class A show() is called."<<endl;}
};
void display(A*);
class B: public A
{
public:
    void show() { cout<<"class B show() is called."<<endl;}
};
void display (A* obj) { obj->show();}
void main()
{
    A demo1;
    B demo2;
    display(&demo1);
    display(&demo2);
}
```

程序执行的结果是:

```
class A show() is called.
class B show() is called.
```

上例中仅从 display 函数代码不能判断所调用的是哪个类的 show()函数,只有在程序执行时,根据 display()函数的参数指针所指向的对象不同才能决定调用哪个类的 show()函数。从而使 show()函数的调用达到动态联编的效果。

例 11.6 设有一个学生类 Student,它包括学生名、住址和出生年份等私有数据以及输出的虚函数 show(),从它派生出一个大学生 Academician 类及一个小学生类 Primary_ scholar。在大学生类中增加数据成员大学校名 university_name，在小学生类中所增加的数据成员是两门课的成绩，所有有关的输出都由虚函数 show()来实现。

程序如下：

```cpp
#include<iostream.h>
#include<string.h>
class Student
{
protected:
    char Name[10];
    char Ad[20];
    int Year;
public:
    Student(char *n,char *a,int y)
    { strcpy(Name,n);strcpy(Ad,a);Year=y;}
    virtual void show();
};

class Academician:public Student
{
private:
    char university_nane[20];
public:
    Academician(char *n,char *a,int y,char *un_n):Student(n,a,y)
    {
    strcpy(university_nane,un_n);
    }
void show();
};

class Primary_scholar:public Student
{
private:
    int course1,course2;
public:
    Primary_scholar(char *n,char *a,int y,int c1,int c2):Student(n,a,y)
    {course1=c1;
     course2=c2;}
void show();
};

void Student::show()
{
    cout<<endl;
```

```
        cout<<"姓名："<<Name<<endl;
        cout<<"住址："<<Ad<<endl;
        cout<<"年份："<<Year<<endl;
}
void Academician::show()
{
        Student::show();
        cout<<"大学名称："<<university_nane<<endl;
}
void Primary_scholar::show()
{
    Student::show();
        cout<<"课程成绩 1："<<course1<<endl;
        cout<<"课程成绩 2："<<course2<<endl;
}
void main()
{
        Student *p,A("张美丽","杭州市小和山高教园",1980);
        Academician B("王静","紫金港",1981,"浙江大学");
        Primary_scholar C("方芳","温州市南白象紫金沟",1979,89,95);
        cout<<"输出结果"<<endl<<endl;
        p=&A;
        p->show();
        p=&B;
        p->show();
        p=&C;
        p->show();
}
```

从运行结果可以得出，虚函数特点：当用指向派生类对象的基类指针访问函数时，指针指向不同的对象，就执行不同的虚函数版本。

上例中，也可以不使用指针而直接利用 A.show()、B.show()或 C.show()等方式来调用各对象自身的虚函数，但是这种调用是在编译时进行的静态联编，它没有充分利用虚函数的特性。只有通过基类指针访问虚函数时才能获得运行时的多态性。

上机操作练习 1

上机调试应用程序例 11.6。

11.2.3 虚函数和重载函数的区别

在一个派生类中重新定义基类的虚函数是函数重载的另一种形式，但它不同于一般的函数重载。虚函数和成员函数重载的区别主要体现在以下几方面：

(1) 重载函数要求其函数的参数或参数类型必须有所不同,函数的返回类型也可以不同。但是,当重载一个虚函数时,也就是说在派生类中重新定义虚函数时,要求函数名、返回类型、参数个数、参数的类型和顺序与基类中的虚函数原型完全相同。如果仅仅返回类型不同,其余均相同,系统会给出错误信息;若仅仅函数名相同,而参数的个数、类型或顺序不同,系统将它作为普通的函数重载,这时虚函数的特性会丢失。

(2) 重载函数可以是成员函数或友元函数,而虚函数只能是成员函数。

(3) 重载函数的调用是以所传递参数序列的差别作为调用不同函数的依据;而虚函数是根据对象的不同去调用不同类的虚函数的。

(4) 重载函数在编译时表现多态性,而虚函数在运行时表现出多态性。

例 11.7 举例说明虚函数和成员函数重载的区别。

```
#include<iostream.h>
class base
{
public:
    virtual void func1();
    virtual void func2();
    virtual void func3();
    void func4();
};

class derived :public base
{
public:
    virtual void func1();              //虚函数,这里可不写 virtual
    void func2(int x);                 //作为普通函数重载,虚特性消失
    //char func3();                    //错误,因为只有返回类型不同,应删去
    void func4();                      //是普通函数重载,不是虚函数
};

void base::func1()
{cout<<"base func1\n";}
void base::func2()
{cout<<"base func2\n";}
void base::func3()
{cout<<"base func3\n";}
void base::func4()
{cout<<"base func4\n";}

void derived::func1()
{cout<<"derived func1\n";}
void derived::func2(int x)
{cout<<"derived func2\n";}
```

```
void derived::func4()
{cout<<"derived func4\n";}

void main()
{
    base d1,*p;
    derived d2;
    p=&d2;
    p->func1();
    p->func2();
    p->func4();
}
```

删除语句 char func3();后,程序执行结果:

```
derived func1
base func2
base func4
```

　　此类在基类中定义了三个虚函数 func1()、func2()、func3(),这三个函数在派生类中被重新定义。func1()符合虚函数的定义规则,它仍是虚函数;func2()中增加了一个整型参数,变为了 func2(int x),因此它失去了虚特性,变为普通的重载函数;char func3()同基类的虚函数 void func3()相比较,仅返回类型不同,系统显示错误信息。基类中的函数 func4()和派生类中的函数 func4()没有 virtual 关键字,则为普通的重载函数。

　　在 main()主函数中,定义了一个基类指针 p。当 p 指向派生类对象 d2 时,p->func1()执行的是派生类中的成员函数,这是因为 func1()为虚函数;p->func2()执行的是基类的成员函数,因为函数 func2()丢失了虚特性,故按照普通的重载函数来处理;函数 func3()是错误的,本例中将其删除;p->func4()执行的是基类的成员函数,因为 func4()为普通的重载函数,不具有虚函数的特性。

11.3　纯虚函数与抽象类

11.3.1　纯虚函数

　　在 C++ 中有时我们设计基类的虚函数是为了被派生类继承,而基类中的虚函数并没有任何事情可做。在这种情况下,就可以将基类中的虚函数定义为纯虚函数。

　　纯虚函数的定义方法为:

virtual 函数类型 函数名称(参数序列)=0;

即将普通虚函数设置为 0。声明为纯虚函数之后,基类中就不再给出函数的实现部分。纯虚函数的函数体由派生类给出。

例如：

```
class Obj
{
public:
    virtual void Disp()=0;
};
```

C++中，还有一种情况是空的虚函数，空的虚函数是指函数体为空的虚函数，请注意它与纯虚函数的区别。纯虚函数没有函数体，而空的虚函数的函数体为空。纯虚函数所在的类是抽象类，不能直接进行实例化，而空的虚函数所在的类是可以实例化的。它们共同点是都可以派生出新的类，然后在新的类中给出虚函数的新的实现，即实现了多态性。

11.3.2 抽象类

一个类可以有多个纯虚函数，包含有纯虚函数的类称为抽象类。抽象类的作用是通过它为一个类族建立一个公共的接口，使它们能够更有效地发挥多态特性。

一个抽象类只能作为基类来派生子类。对于抽象类来说，不能说明抽象类的对象，但可以定义一个指向它的指针。这样，就可以间接处理抽象类，或通过该指针调用其派生类中的虚函数。如：

```
class A {                              //类 A 为抽象类
public:
    virtual void show()=0;             //纯虚函数作为类 A 的抽象类
};
A object;                              //错误，因 A 为抽象类，不能说明抽象类的对象
A *p;                                  //正确，可以声明指向抽象类的指针
```

例 11.8 纯虚函数的使用。

```
#include<iostream.h>
class A
{
public:
    virtual void show()=0;             //纯虚函数，类 A 是一个抽象类
};
class B:public A
{
public :
    virtual void show() {cout<<"class B"<<endl;}
};
class C:public B
{public :
    virtual void show() {cout<<"class C"<<endl;}
```

```
};
void display(A * a)
{
    a->show();
}
void main()
{
    B * b=new B;
    C * c=new C;
    display(b);
    display(c);
}
```

在这个例子中,在基类 A 中给出的纯虚函数没有什么意义,仅为派生类提供了一个统一的接口。具体的内容需要在派生类中重新定义 show(),由于把 show()说明为纯虚函数,因而程序执行的结果为:

```
class B
class C
```

例 11.9 在进位制转换中应用纯虚函数。

```
#include<iostream.h>
class num
{
protected:
    int val;
public:
    num(int i){val=i;}
    virtual void show()=0;
};

class hextype:public num
{public:
    hextype(int i):num(i) { };
    void show(){cout<<hex<<val<<endl;}
};
class dectype:public num
{
public:
    dectype(int i):num(i){};
    void show(){ cout<<dec<<val<<endl;}
};
void main()
{
    num * pn;
```

```
        dectype d(56);
        pn=&d;
        pn->show();
        hextype h(20);
        pn=&h;
        pn->show();
}
```

输出结果为：

56
14

例 11.10 编写一个程序，计算正方体、球体和圆柱体的表面积和体积。

分析：从正方体、球体和圆柱体的各种运算中抽象出一个公共基类 container 为抽象类，在其中定义求表面积和体积的纯虚函数。在抽象类中定义一个公共的数据成员 radius，本数据可作为正方体的边长、球体和圆柱体的半径。由此抽象类派生出三个类 cube、sphere、cylinder。在这三个类中都有求表面积和体积的成员函数。程序设计为：

```
#include<iostream.h>
class container
{
protected:
    double radius;
public:
    container(double ra){ radius=ra;}
    virtual double surface_area()=0;
    virtual double volume()=0;
};

class cube:public container
{
public:
    cube(double ra):container(ra){};
    double surface_area(){return 6 * radius * radius;}
    double volume(){return radius * radius * radius;}
};
class sphere:public container
{
public:
    sphere(double ra):container(ra){};
    double surface_area(){return 4 * 3.14159 * radius * radius;}
    double volume(){return 3.14159 * radius * radius * radius * 4/3;}
};
```

```cpp
class cylinder:public container
{
private:
    double height;
public:
    cylinder(double ra,double he):container(ra)
    {
        height=he;
    }
    double surface_area(){return 2*3.14159*radius*(height+radius);}
    double volume(){return 3.14159*radius*radius*height;}
};

void main()
{
    container *p;
    cube A(20);
    sphere B(15);
    cylinder C(10,4.5);
    p=&A;
    cout<<"输出结果："<<endl;
    cout<<"正方体表面积："<<p->surface_area()<<endl;
    cout<<"正方体体积："<<p->volume()<<endl;
    cout<<endl;
    p=&B;
    cout<<"球体表面积："<<p->surface_area()<<endl;
    cout<<"球体体积："<<p->volume()<<endl;
    cout<<endl;
    p=&C;
    cout<<"圆柱体表面积："<<p->surface_area()<<endl;
    cout<<"圆柱体体积："<<p->volume()<<endl;
}
```

上机操作练习 2

上机调试应用程序例 11.10。

*11.4　多态性的异质单向链

多态性是面向对象程序设计的一个重要特色和风格。本节将介绍利用多态性构造访问异质链表的统一函数调用界面的程序设计方法。其要点是：先为异质链表上各被链对象建立一个公共基类，即把链表上的各个不同类型的对象统一成一种类型，并在此基类中定义有关的虚函数,然后构造含有统一的对象指针类型转换形式的函数调用界面。此方法与传统方法相比,其程序要简洁得多,且易于扩充和维护。

例 11.11 假设在一个学校管理系理中有学生类 Student、教师类 Teacher 和职员类 Staff,现在要把这三个类的对象链接在一个链表中,即要构成一个异质链表。要求各类人员的信息都放到链表中,并能实现删除信息和输出每个人的信息。

基本信息包括:

学生:姓名、年龄、入学成绩

教师:姓名、年龄、职称

职员:姓名、年龄、业绩评级

```
#include<string.h>
#include<iostream.h>
#include<stdlib.h>
class DLinList;
class Person                              //基类 Person
{   friend class DLinList;
protected:
    char name[10];                        //姓名
    int age;                              //年龄
    Person *next;                         //下一个结点指针
    static Person *point;                 //static 基类指针
public:
    Person(char *nm,int ag);
    ~Person(void){ }
    virtual void CreatNode(void){ };      //空的虚函数
    virtual void Print(void);             //虚函数
};
Person::Person(char *nm,int ag)
{
    strcpy(name,nm);
    age=ag;
    next=NULL;
}
void Person::Print(void)
{
    cout<<"姓名:"<<name<<endl;
    cout<<"年龄:"<<age<<endl;
}

class student:public Person               //派生类 student
{
private:
    float score;                          //学习成绩
```

```cpp
public:
    student(char *nm,int ag,float sc):Person(nm,ag)
        {score=sc;}
    ~student(void){ }
    void CreatNode(void);              //虚函数
    void Print(void);                  //虚函数
};
void student::CreatNode(void)
{
    //创建Professor类的动态对象并由类指针变量point指示
    point=new student(name,age,score);
}
void student::Print(void)
{
    Person::Print();                   //调用基类的Print()
    cout<<"入学成绩:"<<score<<endl<<endl;
}


class teacher:public Person              //派生类professor
{
private:
    char position[15];                 //职称
public:
    teacher(char *nm,int ag,char *pos):Person(nm,ag)
{ strcpy(position,pos);}
    ~teacher(void){ }
    void CreatNode(void);              //虚函数
    void Print(void);                  //虚函数
};
void teacher::CreatNode(void)
{
    //创建Professor类的动态对象并由类指针变量point指示
    point=new teacher(name,age,position);
}
void teacher::Print(void)
{
    Person::Print();                   //调用基类的Print()
    cout<<"职称:"<<position<<endl<<endl;
}


class Staff:public Person                //派生类Staff
{
private:
    char Comment;                      //业绩评级
```

```cpp
   public:
      Staff(char *nm,int ag,char cm):Person(nm,ag)
      {Comment=cm;}
      ~Staff(void){}
      void CreatNode(void);              //虚函数
      void Print(void);                  //虚函数
};
void Staff::CreatNode(void)
{
   //创建 Staff 类的动态对象并由类指针变量 point 指示
   point=new Staff(name,age,Comment);
}
void Staff::Print(void)
{
   Person::Print();                      //调用基类的 Print()
   cout<<"业绩评级:"<<Comment<<endl<<endl;
}
class DLinList                            //异质单链表类
{ private:
   Person *head;                          //头指针为基类 Person 的指针
   int size;                              //异质单链表结点个数
   public:
   DLinList(void):head(NULL),size(0){ }   //构造函数
   ~DLinList(void);                       //析构函数
   Person *Index(int pos) const;          //定位 pos
   void Insert(Person *p,int pos);        //在第 pos 个结点前插入指针 p 所指结点
   void Delete(int pos);                  //删除第 pos 个结点
   void Print(void);                      //依次输出异质单链表结点的数据域值
};
DLinList::~DLinList(void)                 //析构函数
{
   Person *curr,*prev;
   curr=head;                             //curr 指向第一个结点
   while(curr!=NULL)                      //循环释放所有结点空间
   {  prev=curr;
      curr=curr->next;
      delete prev;
   }
   size=0;                                //结点个数置为初始化值 0
}
Person *DLinList::Index(int pos) const
//定位 pos,函数返回指向第 pos 个结点的指针
{  if(pos<-1 || pos >size)
   {  cout<<"参数 pos 越界出错!"<<endl;
```

```cpp
        exit(1);
    }
    if(pos ==-1) return head;              //pos 为-1 时,返回头指针 head
    Person * curr=head;                    //curr 指向第一个结点
    int i =0;                              //从 0 开始记数
    while(curr !=NULL && i<pos)            //寻找第 pos 个结点
    {   curr=curr ->next;
        i++;
    }
    return curr;                           //返回第 pos 个结点指针
}
void DLinList::Insert(Person * p,int pos)
//在第 pos 个结点前插入指针 p 所指结点
//注意指针 p 定义为基类 Person 的指针
{   if( pos<0 || pos >size)
    {   cout<<"参数 pos 越界出错!"<<endl;
        exit(1);
    }
    Person * prev=Index(pos -1);
    //prev 指向第 pos -1 个结点           //10

    //根据指针 p 当前的赋值,创建相应类的对象结点
    //新创建的结点由类指针变量 point 指示
    p ->CreatNode();
    if ( pos ==0)                          //当插入到链头位置时
    {   Person::point ->next=head;         //原链头赋给新结点的 next 域
        head=Person::point;                //头指针指向新结点
    }
    else                                   //当插入到非链头位置时
    {   Person::point ->next=prev ->next;  //新插入结点的后边部分勾链
        prev ->next=Person::point;         //新插入结点勾链
    }
    size++;
}
void DLinList::Delete( int pos)            //删除第 pos 个结点
{   if( pos<0 || pos >size)
    {   cout<<"参数 pos 越界出错!"<<endl;
        exit(1);}
    Person * kill;
    Person * prev=Index(pos -1);           //prev 指向第 pos -1 个结点
    if ( pos ==0)                          //当删除结点为第一个结点时
    {   kill=prev;                         //kill 指向第一个结点
        head=head ->next;                  //head 指向第二个结点
    }
```

```
        else                               //当删除结点不为第一个结点时
        {   kill =prev ->next;             //kill 指向第 pos 个结点
            prev ->next=prev ->next ->next;//第 pos 个结点脱链
        }
        delete kill;                       //释放 kill 所指结点空间
        size--;                            //结点个数减 1
    }
}
void DLinList::Print(void)                 //依次输出异质单链表结点的数据域值
{
    Person * curr=head;
    while ( curr !=NULL)
    {
        curr ->Print();
        curr=curr ->next;
    }
}

Person * Person::point=NULL;               //初始化类指针变量 point
void main(void)
{   DLinList personList;
    student stud1("张群",20,88);
    teacher teac1("李鹏",50,"教授");
    teacher teac2("刘清",32,"讲师");
    Staff staf1("王飞",30,'A');
    personList.Insert(&stud1,0);           //把 prof1 插入到 personList 的第 1 个结点中
    personList.Insert(&teac1,1);
    personList.Insert(&teac2,2);
    personList.Insert(&staf1,3);
    personList.Delete(2);                  //删除 personList 中的第 4 个结点
    personList.Print();                    //依次输出显示 personList 各结点的数据域值
}
```

程序执行的结果为：

姓名：张群
年龄：20
入学成绩：88

姓名：李鹏
年龄：50
职称：教授

姓名：王飞
年龄：30

业绩评级:A

从程序的运行结果可知:通过 personList.Print();不仅统一了界面,简化了程序设计,更主要的是解决了异质链表中不同类型的被链对象的自动输出问题。

上机操作练习 3

上机调试应用程序例 11.11。

习 题

1. 问答题

(1) 静态联编和动态联编的区别是什么?

(2) 什么是虚函数?为什么要定义虚函数?它与动态联编有什么联系?

(3) 在调用虚函数时,与普通的成员函数有什么不同?

(4) 什么是纯虚函数?什么是抽象类?

(5) 抽象类的特性是什么?

2. 程序阅读题

(1) 阅读下面程序,给出其运行结果。

```cpp
#include<iostream.h>
class A
{
public:
    virtual void Func(){cout<<"A::Func()"<<endl;}
};
class B:public A
{
public:
    void Func(){cout<<"B::Func()"<<endl;}
};
class C:public B
{
public:
    void Func(){cout<<"C::Func()"<<endl;}
};
void show(A * ObA){ ObA->Func(); }
void main()
{
    A ObA;
    B ObB;
    C ObC;
```

```
        show(&ObA);
        show(&ObB);
        show(&ObC);
}
```

(2) 分析下列程序的输出结果。

```
#include"iostream.h"
class base
{
    int i;
public:
    virtual void vfunc(int x)
    {
        cout<<"here call base's vfunc()\n";
        i=x;
        cout<<"i="<<i<<'\n';
    }
};
class derived1:public base
{
    int j;
public:
    void vfunc(int x)
    {
        cout<<"here call derived's vfuncss()\n";
        j=x;
        cout<<"j="<<j<<"\n";
    }
};
class derived2:public derived1
{
    int k;
public:
    void vfunv(int x)
    {
        cout<<"here call derived2's vfunc()\n";
        k=x;
        cout<<"k="<<k<<"\n";
    }
};
void main()
{
    base * p,obj;
    derived1 obj1;
```

```
        derived2 obj2;
        p=&obj;
        p->vfunc(10);
        p=&obj1;
        p->vfunc(20);
        p=&obj2;
        p->vfunc(30);
    }
```

(3) 分析下列程序的输出结果。

```
#include<iostream.h>
class num
{
protected:
    int v;
public:
    virtual void show()=0;
};
class Dec_Hex:public num{
public:
    Dec_Hex(int i){v=i;}
    void show(){cout<<dec<<v<<" "<<hex<<v<<endl;}
};
void main()
{
    Dec_Hex h(10),*p;
    h.show();
    p=&h;
    p->show();
}
```

(4) 分析下列程序的输出结果。

```
#include<iostream.h>
class circle
{
public:
    int r;
    circle(int x)
    { r=x;
    }
    virtual void show()=0;
};
class area:public circle
{
```

```cpp
public:
    area(int i):circle(i){}
    void show()
    {
        cout<<"area is "<<3.14*r*r<<endl;
    }
};
class perimeter:public circle
{
public:
    perimeter(int i):circle(i){}
    void show()
    {
        cout<<"perimeter is "<<2*3.14*r<<endl;
    }
};
void main()
{
    circle *p;
    area ob1(10);
    perimeter ob2(20);
    p=&ob1;
    p->show();
    p=&ob2;
    p->show();
}
```

(5) 分析下列程序的输出结果。

```cpp
#include<iostream.h>
class A
{
public:
    A(){cout<<"执行缺省构造函数 A()"<<endl;}
    ~A(){cout<<"执行析构函数~A()"<<endl;}
    virtual void Func()=0;
};
class B:public A
{
public:
    B(){cout<<"执行缺省构造函数 B()"<<endl;}
    ~B(){cout<<"执行析构函数~B()"<<endl;}
    void Func(){cout<<"执行 B::Func()"<<endl;}
};
```

```
class C:public A
{
public:
    C(){cout<<"执行缺省构造函数 C()"<<endl;}
    ~C(){cout<<"执行析构造函数~C()"<<endl;}
    void Func(){cout<<"执行 C::Func()"<<endl;}
};
void Funcobj(A * obj)
{ obj->Func(); }
void destroyobj(A * obj)
{delete obj;}
void main()
{
    B * obB=new B;
    C * obC=new C;
    Funcobj(obB);
    Funcobj(obC);
    cout<<"destroy the object"<<endl;
    destroyobj(obB);
    destroyobj(obC);
}
```

(6) 分析下列程序的输出结果。

```
#include<iostream.h>
class figure
{
protected:
    double x,y;
public:
    figure(double a,double b){x=a;y=b;}
    virtual void show_area()
    {
        cout<<"No area computation defined";
        cout<<"for this class.\n";}
};
class triangle:public figure
{
public:
    triangle(double a,double b):figure(a,b){; }
    void show_area()
    {
        cout<<"Triangle with height "<<x;
        cout<<"and base "<<y<<" has an area of ";
        cout<<x * y * 0.5<<endl;}
};
```

```
class square:public figure
{
public:
    square(double a,double b):figure(a,b){ }
    void show_area()
    {
      cout<<"Square with dimension "<<x;
      cout<<" * "<<y<<" has an area of ";
      cout<<x * y<<endl;
    }
};
class circle:public figure
{
public:
    circle(double a):figure(a,a){ }
    void show_area()
    {
        cout<<"Circle with radius "<<x;
        cout<<"has an area of ";
        cout<<x * x * 3.1416<<endl;
    }
};

void main()
{
    figure * p;
    triangle t(10.6,6.0);
    square s(10.0,6.0);
    circle c(10.0);
    p=&t;
    p->show_area();
    p=&s;
    p->show_area();
    p=&c;
    p->show_area();
}
```

3. 编程题

(1) 已知有类定义如下：

```
class Base
{
public:
    virtual void Print(){cout<<"Base\n";}
};
```

从 Base 类派生出两个新类 BaseA、BaseB, 每个类用成员函数 Print() 来打印自己的类名。在 main()函数中创建这些类的对象及类的指针,通过该指针来调用 Print()函数。

(2) 类 Shape 中的虚函数 Area()用来计算各类形状的面积。它有三个公有派生类:类 Circle 用来描述圆形,类 Rectangle 用来描述矩形,类 Cube 用来描述立方体。请用 main()函数进行测试。

(3) 抽象类 Student 用来记录学生的一般信息,含姓名:char Name[10];char * Id;类 MajorStudent 是类 Student 的公有派生类,它含所学的专业 char * Major;此专业费用:int Cost。请用 main()函数进行测试。

(4) 含有一个纯虚函数 Show 的抽象类 person,含姓名:char * Name;派生出两个类,学生类 Student 及教师类。三门课考试成绩都在 75 分以上的学生为优等生,教师一年发表的论文数量在 3 篇以上(含 3 篇)为合格教师。请用 main()函数进行测试。

(5) 编写一个程序,实现对图书和杂志的销售管理。输入一系列图书和杂志的销售记录,将销售良好(要求图书每月销量在 400 本以上,杂志每月销量在 2000 本以上)的图书和杂志名称显示出来。

(6) 给定类 Convert 用于描述度量单位的转换。数据成员 init 表示原值,conv 表示转换值,这种转换过程由纯虚函数 Convert()完成,实际转换过程由派生类完成,类 Convert 的定义为:

```
class Convert
{
protected:
    double init;
    double conv;
public:
    Convert(double in){init=in;}
    double GetInit(){ return init;}
    double GetConv(){ return conv;}
    virtual void Compute()=0;
}
```

请设计一个程序,用以完成度量单位的转换。其中类 Kg_to_g 是描述千克向克的转换。它是类 Convert 公有派生类,对 Compute()函数进行了重新定义,用于完成实际转换。类 F_to_c 用来描述华氏温度向摄氏温度的转换,它也是类 Convert 公有派生类,对 Compute()函数进行了重新定义,用于完成实际转换。

第12章 I/O流与文件

本章要点
- C++流的概念；
- ios类的成员函数实现格式化输入与输出；
- 用io操纵符实现格式化输入与输出；
- 文本文件的操作；
- 二进制文件的操作。

本章难点
- ios类的成员函数格式输入输出的应用；
- io操纵符实现格式化输入输出的应用；
- 文件的操作过程、二进制文件的读写；
- 随机文件的操作。

本章导读

在本章学习过程中，要掌握两类格式化输入输出。第一类是用ios类的对象调用它的成员函数实现格式化输入输出，在这种情况下应注意类成员函数的参数使用。第二类是用I/O操纵符实现格式化输入与输出。它又分两种情况：第一种情况使用非参数化I/O操纵符进行控制，例如操纵符dec、hex、oct等；第二种情况是应用参数化I/O操纵符，如setfill(int c)、setprecision(int n)等。

文件是存储在外存介质上的字符序列的集合。在C++中文件按文本文件和二进制文件进行操作。要掌握文件流读、写的概念，文件流读、写是文件与内存等设备之间的信息交换过程。要区分文件与文件流的概念，文件是静态的，文件流是动态的。

12.1　C++流的概念

C++的I/O是以字节流的形式实现的，每一个C++编译系统都带有一个面向对象的输入输出软件包，这就是I/O流类库。

所谓流，是指数据从一个对象流向另一个对象。在C++程序中，数据可以从键盘流入到程序中，也可以从程序中流向屏幕或磁盘文件，把数据的流动抽象为"流"。流在使用前要被建立,使用后要被删除,还要使用一些特定的操作从流中获取数据或向流中添加数据。从流中获取数据的操作称为提取操作,向流中添加数据的操作称为插入操作。在 C++ 中通过使用 I/O 流来执行标准的输入和输出操作。

C++ 流库是 C++ 为了完成输入输出工作而预定义的类的集合,这些类构成一个层次结构的系统。它有两个平行的基类,分别是 streambuf 和 ios 类,所有其他流类都是从它们直接或间接地派生出来的。

12.1.1 streambuf 类

streambuf 类负责缓冲区的处理。它为一个缓冲区提供内存,同时提供使用缓冲区的方法。从 streambuf 派生出 filebuf 类、strstreambuf 类和 conbuf 类,它们都属于流库中的类。

streambuf 类层次结构如图 12.1 所示。

filebuf 类主要针对文件缓冲区管理,strstreambuf 类提供了提取和插入操作的缓冲区管理,conbuf 类对输出、输出操作提供缓冲区管理。

图 12.1 streambuf 类层次结构

12.1.2 ios 类

ios 类定义了用户经常使用的输入输出格式控制成员函数和一些有关格式控制、状态检测等枚举常量,从它派生出输入流类 ifstream,输出流类 iostream。ios 类层次结构如图 12.2 所示。

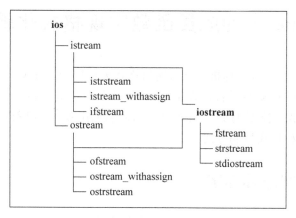

图 12.2 ios 类层次结构

ios 类是所有 ios 类层次的基类,ios 类主要完成所有派生类中都需要的流的状态设置、状态报告,以及显示精度、域宽、填充字符的设置,文件流的操作模式定义等。

ios 类的数据成员中包括一个 streambuf 类类型的指针数据成员,因此,ios 类和 streambuf 类之间的对象模式属于整体一部分模式。ios 类层次利用 ios 类中定义为

streambuf类类型的指针数据成员,通过调用streambuf类中的公有成员函数,在缓冲区信息交换的基础上,进一步实现了信息的格式化输入输出。

ios类共有12个直接和间接派生类。ios类的两个直接派生类分别是输入流istream类和输出流ostream类。istream类有三个派生类,分别是输入字符串流istrstream类、输入赋值流istream_withassign类和输入文件流ifstream类。ostream类有三个派生类,分别是输出字符串流ostrstream类、输出赋值流ostream_withassign类和输出文件流ofstream类。另外,以istream类和ostream类为基类,多重继承派生出了iostream类。iostream类有三个派生类,分别是输入输出文件流fstream类、输入输出字符串流strstream类和标准输入输出流stdiostream类。

在ios类层次中,istream类和ostream类是最复杂和最重要的类。istream类提供主要的输入操作,ostream类提供主要的输出操作。C++的流库预定义了4个流,它们是cin、cout、cerr和clog,其中cin是流istream的一个对象、cout、cerr和clog是流ostream的一个对象,详细功能见表12.1。

表12.1 cin、cout、cerr、clog及含义

流对象	含义
cin是标准输入流对象	在缺省情况下,输入设备是键盘
cout是标准输出流对象	在缺省情况下,输出设备是显示终端
cerr是标准错误输出流对象	在缺省情况下,输出设备是显示终端
clog是标准错误输出流对象	在缺省情况下,输出设备是显示终端

12.2 用ios类的成员函数实现格式化输入与输出

在很多情况下,需要对计算机的输入输出格式进行控制。在C++中除了可以利用C中的printf()和scanf()函数进行格式化外,还提供了两种进行格式控制的方法:一种是使用ios类中有关格式控制的成员函数;另一种是使用成为操纵符的特殊类型的函数。本节主要介绍第一种格式控制方法。

12.2.1 I/O状态标志字

每一个输入流或输出流都有自己当前的数据格式控制状态,ios定义的数据格式化标志如下:

```
enum{
skipws=0x0001,           //跳过输入中的空白(skip white space)
left=0x0002,             //输出左对齐
right=0x0004,            //输出右对齐
```

```
    internal=0x0008,              //在符号或基位与数值之间补齐空格
    dec=0x0010,                   //按十进制输入输出(decimal)
    oct=0x0020,                   //按八进制输入输出(octal)
    hex=0x0040,                   //按十六进制输入输出(hexadecimal)
    showbase=0x0080,              //输出数制的基(showbase indicator)
    showpoint=0x0100,             //强制浮点数输出小数点(show positive)
    uppercase=0x0200,             //十六进制采用大写输出(uppercase)
    showpos=0x0400,               //在正数前加上'+'(show positive)
    scientific=0x0800,            //浮点数使用科学记数法
    fixed=0x1000,                 //浮点数使用普通记数法
    unitbuf=0x2000,               //每次插入后刷新所有流(unitbuffer)
    stdio=0x4000                  //每次插入后刷新标准输出和标准错误输出流
};
```

符号 0x 表示十六进制。如果设置了某个状态标志位，则对应位为 1，否则为 0。例如，dec＝0x0010 就表示状态标志 x_flag 的二进制数为 0000000000010000。

12.2.2　ios 类中用于控制输入输出格式的成员函数

上面的常量供成员函数 ios::flag() 和 ios::setf() 来设置流的格式。在 iostream.h 中的 ios 类中定义如表 12.2 所示的几个处理标志的成员函数。

表 12.2　ios 类的成员函数

成员函数	作　用
long flag()	允许程序员设置标志字的值，并返回以前所设置的标志字
long setf(long,long)	用于设置标志字的某一位，第二个参数指定所要操作的位，第一个参数指定为该位所设置的值
long setf(long)	用来设置参数指定的标志位
long unsetf(long)	清除参数指定的标志位
int width(int)	返回以前设置显示数据的域宽
int width()	只返回当前域宽(缺省宽度为 0)
char fill(char)	设置填充字符，空余的位置填充字符来填充，缺省条件下是空格。这个函数返回以前设置的填充字符
char fill()	获得当前的填充字符
int precision(int)	返回以前设置的精度(小数点后的小数位数)
int precision()	返回当前的精度

注意：类成员函数的调用通过类的对象，而操纵符的调用必须通过输入输出对象将其输入或输出到所控制的数据流中。例如：

```
    cout.setf(ios::hex);          //类成员函数的使用,对象 cout
    cout<<hex<<1234;              //操纵符的使用方式
```

1. 设置状态标志

ios 中定义了用于设置状态标志的成员函数 setf，它的原型为：

```
long ios::setf(long flags);
```

该成员函数的功能为把指定位的状态标志设置为 1。使用方式为：

```
stream_obj.setf(ios::scientific);
```

其中 stream_obj 是被影响的流对象，编程中用得最多的是 cin 和 cout 这两个流对象。如要设置输出为十六进制形式时，可在该输出数值前加上如下语句：

```
cout.setf(ios::hex);
```

该语句将把状态标志的 hex 对应位设置为 1。由于枚举数值 hex 是在 ios 类中定义的，所以参数要写成 ios::hex。

注意：要设置多个标志时，彼此用或运算符"|"分隔，例如：

```
cout.setf(ios::dec|ios::scientific);
```

可以由格式标志位成员函数设置的标志有：输出数据的对齐方式、数据的数制、浮点格式等，如表 12.3 所示。

表 12.3 标准 C++ 输入输出格式标志符

格式标志位		设置后的格式变化	输入输出
对齐标志位	left	左对齐，填充字符在输出右边	输出
	right	右对齐，填充字符在输出左边	输出
	internal	填充字符在符号与数据中间	输出
数制标志位	dec	以十进制输入输出	输入输出
	hex	以十六进制输入输出	输入输出
	oct	以八进制输入输出	输入输出
浮点标志位	fixed	以小数形式显示浮点数	输出
	scientific	以科学计数法显示浮点数	输出
其他标志符	showpoint	显示小数点	输出
	showbase	显示数据基数的前缀	输出
	showpos	在正数前显示符号+	输出
	skipws	在输入操作时跳过空白字符	输入
	uppercase	在十六进制中显示 0X，科学计数中显示 E	输出
	boolapha	在 bool 值中用 false 或 true 输入	输入输出
	unitbuf	输入完成后刷新缓冲区	输出

2. 清除状态标志

为清除一个状态标志,使用 ios 的成员函数 unsetf,它的原型为:

`long ios::unsetf(long flags);`

它把指定的状态标志位置 0,即清除了指定的状态标志。此函数的使用方式与 setf 相同。

3. 取状态标志

用 ios 的成员函数 flags 可以取状态标志,它有两个重载版本:

`long ios::flags();`
`long ios::flags(long flag);`

第一个成员函数的功能为返回当前流的状态标志位数值;第二个成员函数的功能为设置指定位的状态标志,并返回设置前的状态标志位数值。

例 12.1 综合使用上述三种操作状态标志的成员函数实现输入输出。

```
#include<iostream.h>
void showflags(long f)
{
    long i;
    for(i=0x8000;i;i=i>>1)          //使 i 中为"1"的位不断右移
        if(i&f)
            cout<<"1";              //若 f 中某位为"1"则输出"1"
        else
            cout<<"0";
    cout<<"\n";
}
void main()
{
    long f;
    f=cout.flags();                                 //当前状态标志
    showflags(f);
    cout.setf(ios::showpos|ios::scientific);        //追加标志字
    f=cout.flags();
    showflags(f);
    cout.unsetf(ios::scientific);                   //去掉 scientific 标志
    f=cout.flags();
    showflags(f);
}
```

程序输出如下:

0000000000000000
0000110000000000
0000010000000000

其中,第一行显示的是缺省状态下的状态标志值,即 skipws 和 unitbuf 被设定了;第

第 12 章 I/O 流与文件 —— 379

二行显示的是追加设定了 showpos 和 scientific 这两个标志后的状态标志值；第三行显示的是清除了 scientific 标志后的状态标志值。

ios 类中除了定义了操作状态标志的成员函数之外，还提供了能设置域宽、填充字符和显示精度的成员函数。

4. 设置域宽

域宽用于控制输出格式，ios 中有两个重载的成员函数可对域宽进行操作：

int ios::width() 返回当前的域宽值。

int ios::width(int wid) 此函数用于设置域宽，并返回原来的域宽值。注意，所设置的域宽仅对下一个流输出操作有效，当一次输出操作完成之后，域宽又恢复为 0。

5. 设置填充字符

填充字符的作用是，当输出值不足以填满域宽时用该字符来填充，缺省情况下填充字符为空格。实际应用中，设置填充字符应该与设置域宽相配合，否则无空格可填，设置了填充字符也没有意义。

ios 类提供了两个重载的成员函数可操作填充字符：

char ios::fill() 返回当前的填充字符。
char ios::fill(char c) 此函数用参数 C 重新设置填充字符，并返回设置前的填充字符。

6. 设置显示精度

ios 类提供了两个重载的成员函数可操作显示精度：

int ios::precision() 返回当前的显示精度。
int ios::precision(int num) 此函数用参数 num 重新设置显示精度，并返回设置前的显示精度。

例 12.2 上述各种成员函数的使用方法。

```
#include<iostream.h>
void main()
{
    cout<<"default width is "<<cout.width()<<"\n";
    cout<<"default fill is "<<cout.fill()<<"\n";
    cout<<"default precision is "<<cout.precision()<<"\n";
    cout<<111<<" "<<222.34567<<"\n";
    cout.precision(3);
    cout.width(8);
    cout<<"current width is "<<cout.width()<<"\n";
    cout<<"current precision is "<<cout.precision()<<"\n";
    cout<<111<<" "<<222.45678<<" "<<456.78<<"\n";
    cout<<"current width is "<<cout.width()<<"\n";
    cout.fill('*');
    cout.width(8);
    cout<<111<<" "<<123.45678<<"\n";
}
```

该程序运行结果为:

```
default width is 0
default fill is
default precision is 6
111 222.346
current width is 8
current precision is 3
111 222 457
current width is 0
*****111 123
```

从上列输出结果可以看出以下几点。

(1) 缺省域宽为 0,即用密集状态输出;缺省的填充字符为空格,缺省的输出精度为 0,即按照数据的实际精度输出。

(2) 设置了显示精度之后,若数据的实际精度与设置的精度不一致,当实际精度大于设置的精度时,四舍五入后按照设置的精度输出;实际精度小于设置的精度时,按照实际精度输出。

(3) 设置域宽之后,只对其后最接近它的第一个输出有影响,第一个输出完成后系统立即把域宽置为 0。

上机操作练习 1

上机调试例 12.2。

12.2.3　ios 类中的其他成员函数

cin 与 cout 是输入输出对象,分别与输入输出设备相关联。cin 与 cout 还有其他一些成员函数,用于更好地控制输入输出操作。这些函数见表 12.4 所示。

表 12.4　用于控制输入输出的 I/O 函数

成员函数	功　　能	举　　例
getline(aLine,n)	从键盘或标准输入设备读取整行文本或 n 个字符到 aLine	cin.getline(a,30);读取一行或 30 个字符到缓冲区 a
gcount()	确定从键盘读取的字符数	cin.gcount()
ignore(n,ch)	略去输入的 n 个字符或略去到 ch 为止的字符	cin.ignore(5,'a');略去输入的 5 个字符或直到字符'a'
get()	每次读入一个字符	cin.get();
put	输出一个字符	cin.put();

例 12.3 上述各种成员函数的使用方法。

```
#include<iostream.h>
void main()
{
    char aLine[81],aChar;
    cin.getline(aLine,15);
    cout<<"You entered 0-15 characters is"<<aLine<<endl;
    cout<<"You entered: "<<cin.gcount()<<"characters."<<endl;
    cout<<"Again enter a line of text and press Enter to end"<<endl;
    cin.ignore(5,'A');
    aChar=cin.get();
    while(aChar!='\n')
    {
        cout.put(aChar);
        aChar=cin.get();
    }
    cout<<"End of I/O"<<endl;
}
```

该程序运行结果如图 12.3 所示。

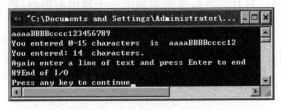

图 12.3　程序运行结果

上机操作练习 2

上机调试例 12.3。

12.3　用 I/O 操纵符实现格式化输入与输出

I/O 操纵符在输入输出运算符中提供特殊数据格式,可控制输出字段宽度、精度及不进位制数据。

12.3.1　I/O 操纵符

下面先讨论操纵符算子。操纵符算子(Manipulator)是一系列特殊的函数,见表 12.5,它不属于任何类的成员,主要用来格式化流的输入输出,它们定义在 iostream.h

和 iomanip.h 两个头文件中。操纵符支持 ios 类操作，所派生出 ios 的所有流类均可使用这些操纵符。

表 12.5 操纵符算子

操纵符函数	含 义
dec	设置转换基数为十进制数
oct	设置转换基数为八进制数
hex	设置转换基数为十六进制数
ws	提取空白字符
ends	插入一个 null 字符
endl	插入一个新行并刷新流
flush	刷新流
showbase(int n)	设置以 n 表示的整型基数（0～10 为十进制）
resetiosflags(long l)	清除 l 指定的格式化标志
setfill(int c)	设置以 c 表示的填充字符
setiosflags(long l)	设置以 l 表示的格式化标志
setprecision(int n)	设置以 n 表示的浮点精度
setw(int n)	设置以 n 表示的 I/O 列宽

在表 12.5 中 dec、hex、oct 可叫非参数化 I/O 操纵符，而 setfill(int c)、setprecision(int n) 可叫做参数化 I/O 操纵符。

在使用操纵符时，必须经过输入或输出运算符才能发挥操纵符的作用，也就是说先把操纵符算子送入到输入 cin、输出 cout。例如：

```
cout<<dec:
cout<<setprecision(2);
```

等。

如果像下面这样使用操纵符将不会产生任何作用：

```
setprecision(2);
```

下面通过一个例子介绍操作符的使用方法。

```
#include<iostream.h>
#include<iomanip.h>
#include<stdio.h>
void main()
{
    cout<<hex;
    cout<<100<<endl;
```

```
        cout<<200<<endl;
        cout<<dec;
        cout<<"This is "<<ends<<" an example"<<endl;
        cout<<"please press any key to display then extline."<<endl;
        cout<<"This line is buffered.";
        getchar();
        cout<<flush<<endl;
}
```

运行程序,它首先显示下面四行为:

```
64
c8
This is an example
please press any key to display then extline.
```

按任一个键后显示下面一行,然后退出:

```
This line is buffered.
Press any key to continue
```

最后一行被 cout 语句送到输出缓冲区中,但并没有显示出来,按任一个键后 flush 语句刷新输出缓冲区,这时才显示出该信息。

注意:默认数制格式为十进制数输出,dec、hex、oct 的效果是永久性的,对流设置后要复位才能改变输出格式。

例 12.4 参数化 I/O 操纵符的用法。

```
#include<iostream.h>
#include<iomanip.h>
#include<conio.h>
void main()
{
    cout<<123<<setw(5)<<456<<88<<endl;
    cout.setf(ios::hex);
    cout<<123<<setw(5)<<setfill('*')<<456<<setw(5)<<88<<endl;
    cout.setf(ios::showbase);
    cout<<100<<endl;
    cout<<1234.567<<endl;
    cout<<setprecision(3)<<1234.567<<endl;
    cout<<1234.567<<endl;
    cout<<setprecision(5)<<1234.567<<endl;
    cout<<setprecision(7)<<1234.567<<endl;
    cout<<setprecision(9)<<1234.567<<endl;
}
```

输出结果为:

```
123 45688
7b**1c8***58
0x64
1234.57
1.23e+003
1.23e+003
1234.6
1234.567
1234.567
Press any key to continue
```

在第一个输出语句中，setw(5)把下一次输出整数456的域宽设置为5，但输出后域宽马上恢复为0，故输出的整数88与前面输出的456连在一起了。在第二个输出语句中为后两个整数都设置了域宽5，并把填充字符设置为"*"，故得到了预想的格式。可见设置域宽的控制函数与成员函数ios::wid由完全相同，仅对最靠近它的下一个流输出操作有影响。

上机操作练习3

上机调试例12.4。

12.3.2 用户自定义操纵符

C++除了提供标准的控制符和控制函数之外，也提供了用户自己建立控制符函数的方法。其用途主要有两个：第一，当要对预先未定义的设备进行操作时，定义自己的控制函数能使得对这类设备的操作变得方便；第二，当多次重复使用几个相同的控制符时，可以把这些控制符合并在一个控制函数中，以便于用户使用。

操纵符是一类特殊的函数，也可由程序员自己定义。对于输出操纵符而言，其一般形式如下：

```
ostream & manip_name(ostream & stream)
{
    //函数代码
    return str;
}
```

例12.5 下面用一个例子来说明用户自定义操纵符函数的定义和使用方法。

```
#include<iostream.h>
#include<iomanip.h>
ostream & setout(ostream & stream)
{
    stream.setf(ios::left);
    stream<<setw(8)<<setfill('*');
```

```
        returnstream;
}
void main()
{
        cout<<"first line:"<<setout<<25<<"\n";
        cout<<"second line:"<<setout<<148<<"\n";
}
```

输出为：

first line:25******
second line:148*****

虽然操纵符函数具有一个指向所操作流的对象引用作为形式参数，但当操纵符用于输出操作且不带参数时，即使括号对也不能出现。

通常在两种情况下我们需要设计自己的操纵符函数。第一种情况是有一些新设备没有预定义的操纵符可供使用，定义自己操纵符使得向这些新设备输出更加方便；第二种情况是需要多次重复使用同样的操作序列，我们可以将这些操作组合在一个新的操纵符中。

12.4 文件的操作

文件是存储在外存介质上的字符序列的集合。按文件内容的组织形式，文件可分为文本文件和二进制文件。文本文件中的内容以 ASCII 代码形式存放。我们知道，数据在内存中是以二进制形式存放的，数据的二进制表示形式比数据的 ASCII 代码表示形式要节省许多存储空间。二进制文件以计算机内部的二进制表示形式存储字符和数值。

文件流是文件与内存等设备之间的信息交换过程。定义一个输入流对象，用来将一个打开的文件数据流向其他设备（如内存），称为文件"读"；同样道理，定义一个输出流对象，用来将其他设备（如内存）的数据流向一个打开的文件的过程，称为文件"写"；简单地说，文件是静态的，文件流是动态的，如图 12.4 所示。

注意：外部介质上的文件和内存变量交换信息时，文件流的读对应着内存变量的输入；文件流的写对应着内存变量的输出。

12.4.1 文件的操作过程

文件的操作过程如下：

（1）根据文件的实际输入输出情况定义 ifstream、ofstream、fstream 类的对象。
（2）当对象定义后，可调用函数 open 来打开文件、并判断是否成功。
（3）对文件进行操作，应用函数 get、getline、read 进行读操作，应用函数 put、write 进行写操作。

（4）用函数 eof() 判断是否结束。

（5）操作完毕，用函数 close 来关闭文件。操作格式：文件类对象.close()。

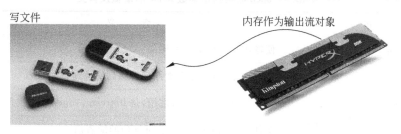

(a) 在内存中定义一个输出流对象，对外存储设备来说是写文件

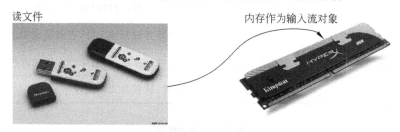

(b) 在内存中定义一个输入流对象，对外存储设备来说是读文件

图 12.4　文件的读写与输入输出流对象的关系

12.4.2　定义文件流对象

文件流可以分为三类：输入流、输出流以及输入输出流，相应地我们必须将流声明为 ifstream、ofstream 以及 fstream 类的对象。

例如，流对象的声明：

```
ifstream input_file;        //声明一个输入流对象
ofstream output_file;       //声明一个输出流对象
fstream io_file;            //声明一个输入输出流对象
```

12.4.3　文件的打开与关闭

1. 文件的打开

打开文件有两种方式，用成员函数 open 和用类的构造函数。

1) 用成员函数 open 打开文件

声明了流对象之后，可使用函数 open() 打开文件。文件的打开即是在流与文件之间建立一个连接。

其中，成员函数 open() 原型为：

```
void open(char * filename,int mode,int access);
```

filename 为要打开的文件名(包括路径名和文件扩展名),mod 值决定对文件打开的方式,access 决定打开文件的属性,mod、access 值如表 12.6、表 12.7 所示。

表 12.6　open 成员函数参数 mode 的取值及含义

方　式	含　义
ios::app	使输出追加到文件的尾部
ios::ate	打开一个文件,并把文件指针移到文件尾部
ios::in	打开一个文件供输入之用,是 ifstream::open() 的缺省值
ios::out	文件输出,是 ofstream::open() 的缺省值
ios::nocreate	如果文件存在,则打开该文件;否则设置错误标识
ios::noreplace	如果文件不存在时,创建并打开该文件,否则设置错误标识
ios::trunc	打开一个文件,如果文件已存在,则删除原文件的内容
ios::binary	以二进制形式打开文件,缺省为文本文件

表 12.7　access 值

取值	含义	取值	含义
0	一般文件	2	隐藏文件
1	只读文件	4	系统文件

参数 mode 在缺省方式下,文件将以文本文件的方式打开,而不是二进制文件。
了解了文件的使用方式后,可以通过以下步骤打开文件:
① 定义一个流类的对象,例如:

`ifstream inFile;`

② 使用 open() 函数打开文件,也就是使某一文件与上面定义的流相联系。例如:

`inFile.open("book.txt",ios::in,0);`　　　//打开一个普通的输出文件 book.txt

以上是打开文件的一般操作步骤。而由于文件的 mode 参数和 access 参数都有缺省值,对于类 ifstream,mode 的缺省值为 ios::in,access 的缺省值为"0";类 ofstream,mode 的缺省值为 ios::out,access 的缺省值也为"0"。因此,上面的语句也可以写成为:

`inFile.open("book.txt");`

与其他状态标志一样,当一个文件需要用两会总或是两种以上的方式打开时,可以用位或运算"|"组合在一起,如 ios::in|ios::binafy 表示以只读方式打开二进制文件。

2) 用类的构造函数打开文件

在大多数情况下,可以不用 open() 函数打开文件。可以用类 ifstream、ofstream、fstream 生成文件对象时用构造函数打开文件,这些构造函数的参数与 open() 函数的完

全相同。因此,定义一个文件输入流的对象 in 用于读取文件 book.txt 中的信息,可以写成:

```
ifstream inFile("book.txt");
```

它相当于:

```
ifstream inFile;
inFile.open("book.txt");
```

定义一个文件输出流对象 outFile 用于写入文件 data.txt,可以写成:

```
ofstream outFile("data.txt");
```

或

```
ofstream outFile;
outFile.open ("data.txt");
```

2. 文件的关闭

文件使用前必须先打开,使用完毕后必须关闭。关闭文件,实际上就是使打开的文件与流"脱钩"。可使用函数 close() 来关闭文件,close() 函数也是流类中的成员函数,它不带参数,没有返回值,例如:

```
inFile.close();
```

关闭与流 inFile 相连接的文件。

文件使用完毕之后,必须将其关闭。

12.4.4 文件的操作方式

1. 文件的读写函数

把存放在外部磁盘文件中数据读出或把内存中的数据写入到文件,可使用函数 get、getline、read、put、write,它们的功能如表 12.8 所示。

表 12.8 文件操作的常用函数

函 数 原 型	功　　能
get(char)	从文件中读取一个字符
getline(char * pch,int count,char delim='\n');	从文件中读取 count 个字符,delim 为读取时的结束符
read(char * pch,int count);	从文件中读取 count 个字符,常用于二进制文件
put(char ch);	向文件写入一个字符
write(const har * pch,int count);	向文件写入 count 个字符,常用于二进制文件

2. 文件检测错误的函数

如果打开文件时发生错误,C++ 就无法打开文件。在 C++ 中设置了一个状态量以提示打开文件时是否发生错误,如表12.9所示。

表12.9 状态检测函数

函数	含 义	函数	含 义
good()	无任何错误发生,返回非零	eof()	数据流到达文件尾,返回真值非零
bad()	流操作发生错误,返回非零	fail()	流操作发生错误,返回非零

下面是一个测试状态量的例子:

```
offstream fstr                      //定义一个文件流对象 fstr
fstr.open("liu.txt",ios::out);      //打开这个文件流对象 fstr
if(!fstr.good())
{
cout<<"文件打开失败"<<endl;exit(0);
}
```

测试文件尾的例子如下:

```
ifstream inFile;
inFile.open("book.txt");
...
while(!inFile.eof())
{
   //代码其余部分
}
```

12.4.5 文本文件应用举例

以上介绍了对文件操作的一些基本概念,下面先介绍文本文件的一些应用。

例 12.6 定义文件输出流对象,输出流与磁盘文件 liu1.txt 相关联,首先输入两个数据到输出流对象,再从键盘输入字符到输出流对象,直到读入字符'♯'结束。然后定义文件输入流对象,再输出到屏幕上,直到文件结束。分析下列程序输出结果。

```
#include<fstream.h>
void main()
{
    ofstream ostrm;
    ostrm.open("liu1.txt");
    ostrm<<2000<<endl;
    ostrm<<10.85<<endl;
    char ch;
    cin>>ch;
    while(ch!='#')
    {
```

```
        ostrm<<ch;
        cin>>ch;
    }
    ostrm.close();
    ifstream istrm("liu1.txt");
    int n;
    double d;
    istrm>>n>>d;
    cout<<n<<","<<d<<endl;
    while(!istrm.eof())
    {
        istrm>>ch;
        cout<<ch;
    }
    istrm.close();
}
```

程序执行情况如图12.5所示。

图12.5　程序运行结果

上机操作练习 4

（1）调试例12.6中的程序。

（2）阅读下列程序，程序的功能是将英文文本文件datain.txt中的小写字母都转换成大写字母，输出到文件dataout.txt中，然后显示dataout.txt文件中的内容并且统计字符的个数。注意：程序调试时先建立文本文件dataout.txt。

```
#include<iostream>
#include<fstream>
using namespace std;
int Copy(const char *s1,const char *s2)
{
    char ch;
    fstream infile,outfile;
    infile.open(s1,ios::in);
    if(!infile)
    {
        cout<<"文件"<<s1<<"不能打开"<<endl;
            return 0;
```

```cpp
        }
        outfile.open(s2,ios::out);
        if(!outfile)
        {
            cout<<"文件"<<s2<<"不能打开"<<endl;
                return 0;
        }
        while(infile.get(ch))
            outfile.put(char(toupper(ch)));
        infile.close();
        outfile.close();
        return 1;
    }
    int Display(const char * s)
    {
        char ch;
        int i=0;
        fstream infile;
        infile.open(s,ios::in);
        if(!infile)
            cout<<"文件"<<s<<"不能打开"<<endl;
        else
            while(infile.get(ch))
            {
                cout<<ch;
                i++;
            }
            infile.close();
            return i;
    }
    void main()
    {
        int temp;
        char * str1="D:\datain.txt", * str2="D:\dataout.txt";
        int x=Copy(str1,str2);
        if(x) temp=Display(str2);
        cout<<"共有字符"<<temp<<"个。"<<endl;
    }
```

例 12.7 编写一个程序,统计 a1.txt 文件的行数,并将所有行前加上行号后写到 a2.txt 文件中。

分析:以读的方式打开文件 a1.txt,以写的方式打开文件 a2.txt,输入流对象 infile 与 a1.txt 相关联,输出流对象 outfile 与 a2.txt 相关联。如果读取文件没有结束,循环将持续。写入到文件 a2.txt 中需加上行号 i,只需使用语句:outfile<<++i<<". "<<buf<<endl;。

程序代码为：

```cpp
#include<iostream>
#include<fstream>
using namespace std;
int Line()
{
    char buf[500];
    int i=0;
    fstream outfile,infile;
    infile.open("D:\a1.txt",ios::in);
    if(!infile)
    {
        cout<<"文件 a1.txt 不能打开"<<endl;
        return 0;
    }
    outfile.open("D:\a2.txt",ios::in);
    if(!outfile)
    {
        cout<<"文件 a2.txt 不能创建"<<endl;
        return 0;
    }
    while(!infile.eof())
    {
        infile.getline(buf,sizeof(buf));
        if(!infile.eof())
            outfile<<++i<<"."<<buf<<endl;
    }
    cout<<"a1.txt 的行数是："<<i<<endl;
    cout<<"a1.txt=>a2.txt 转换成功!"<<endl;
    infile.close();
    outfile.close();
    return 1;
}
void main()
{
    if(Line())
        cout<<"OK"<<endl;
}
```

上机操作练习 5

阅读下列程序，并调试。程序的功能是打开一个文件 data.txt,显示文本文件内容，但是文件中所有以"//"开头的注释信息不显示出来。

```cpp
#include<iostream>
#include<fstream>
using namespace std;
void main()
{
    char ch1,ch2;
    fstream infile;
    infile.open("D:\data.txt",ios::in);
    if(!infile)
    {
        cout<<"文件 data.txt 不能打开"<<endl;
        return;
    }
    while(infile.get(ch1))
    {
        if(ch1=='/')
        {
            infile.get(ch2);
            if(!infile)break;
            if(ch2=='/')
            {
                while(infile.get(ch1))
                {
                    if(ch1=='\n')
                    {
                        cout<<endl;
                        break;
                    }
                }
            }
            else
            {
                cout<<ch1;
                cout<<ch2;
            }
        }
        else if(ch1=='\n')
            cout<<endl;
        else
            cout.put(ch1);
    }
    infile.close();
}
```

上机操作练习 6

编写程序建立一个文本文件,读入一篇短文存放到文件中,短文每行不超过 80 个字符。然后从文件里读出短文,显示在屏幕上。(提示:短文以 Ctrl-Z 表示结束,程序中用 cin 对象的 eof()函数表示 Ctrl-Z),请调试下列程序。

```cpp
#include<iostream>
#include<fstream>
using namespace std;
void main()
{
    ofstream ofile;
    ifstream ifile;
    char buf[80];
    ofile.open("D:\abc.txt");
    while(!cin.eof())
    {
        cin.getline(buf,80);
        ofile<<buf<<endl;
    }
    ofile.close();
    cout<<endl;
    ifile.open("D:\abc.txt");
    while(!ifile.eof())
    {
        ifile.getline(buf,80);
        if(ifile.eof())break;
        cout<<buf<<endl;
    }
    ifile.close();
}
```

上机操作练习 7

调试下列程序,程序的功能用于统计某文本文件中单词 is 的个数。

```cpp
#include<iostream.h>
#include<fstream.h>
#include<ctype.h>
int main()
{
    int flag=0,flag2=0;
    int sum=0;
    char ch;
```

```
    fstream in("'file1.txt",ios::in);
    if(!in)
    {
        cerr<<"Error open file.";
        return 0;
    }
    while((ch=in.get())!=EOF)
        if(ch==' ')
        {
            if(flag!=1)
                flag=1;
        }
        else
        {
            if(flag==1&&ch=='i')
                flag2=1;
            if(flag2==1&&ch=='s')
            {
                sum++;
                flag2=0;
            }
            flag=0;
        }
    cout<<sum;
    return 1;
}
```

思考：如何统计一个文本文件中单词"the"的个数。

12.4.6　二进制文件的操作

二进制文件的特点是可以处理所有类型的文件,不作任何字符转换。例如设计一个程序将一个文件复制到另一个文件,那么这两个文件都必须以二进制形式打开,否则只能复制文本文件这一类了。

在文本文件中可以用 ASCII 值 26(Ctrl+Z)表示文件的结束,或用函数 eof() 检测文件是否结束,而在二进制文件中只能用 eof() 函数检测文件是否结束。

要用二进制方式打开文件,可以用 ios::binary 方式指定符。例如,下列语句以二进制方式打开文件 liu1.dat。

```
ifstream inF("liu1.dat",ios::in|ios::binary);
```

例 12.8　设计一个类 CDate,用以存放并可以显示年、月、日的信息,由用户输入数据,然后存入二进制文件 date.dat。

```cpp
#include<iostream.h>
#include<fstream.h>
class CDate
{
private:
    int y,m,d;
public:
    void input()
    {
      cout<<"输入年";
      cin>>y;
      cout<<"输入月";
      cin>>m;
      cout<<"输入日";
      cin>>d;
    }
    void display()
    {
      if(m<1||m>12||d<1||d>31)
          cerr<<"日期有错误!"<<endl;
      else
          cout<<y<<"年"<<m<<"月"<<d<<"日"<<endl;
    }
};
void main()
{
    CDate date;
    date.input();
    date.display();
    fstream outfile;
    outfile.open("d:\\date.dat",ios::out|ios::binary);
    if(!outfile)
    {
        cerr<<"不能打开输出文件"<<endl;
        return;
    }
    outfile.write((char *)&date,sizeof(CDate));
    outfile.close();
}
```

上机操作练习 8

上机调试例 12.8。

二进制文件用流的成员函数 get() 读入一个字节,用 put() 写入一个字节,这两个函数的原型为:

```
istream & get(char & ch);
ostream & put(char & ch);
```

get()从相关的流中读出一个字节放到 ch 中,并返回对该流的引用;如果遇到文件结束则返回空字符'\x00'。put()将 ch 字节的内容写入相关的流,并返回对该流的引用。

每次用 get()读入一个字节后,文件的当前读位置向后移动一个字节,下一个 get()操作读入的将是下一个字节。同样,put()写入一个字节后,文件的当前写位置向后移动一个字节,下次 put()写入的字节将紧接着在上一字节后面。get()和 put()都只能对字节进行处理,如果处理字符串就必须使用循环语句对字符串中的每两个字节逐一进行读写操作。

例 12.9 把类对象数据写入二进制文件。

```
#include<fstream.h>
#include<string.h>
class Item
{
    char partCode[5];
    char descrip[20];
    int num;
    float price;
public:
    Item(){partCode[0]='\0';}
    Item(char P[],char D[],int N,float PR):num(N),price(PR)
    {  strcpy(partCode,P);
       strcpy(descrip,D);
    }
};
class Inventory
{
    Item parts[50];
public:
    static int numInInv;
    Inventory(){ }
    void addToInv(char [],char [],int,float);
    void toDisk(void);
};
void Inventory::addToInv(char P[],char D[],int N,float PR)
{
    parts[numInInv]=Item(P,D,N,PR);
    numInInv++;
}
void Inventory:: toDisk(void)
{
    ofstream invOut("inv.dat");
    invOut.write((char *)this,sizeof(*this));
```

```
}
int Inventory::numInInv=0;
void main()
{
   Inventory parts;
   parts.addToInv("aaaa","aabbb",14,2.34);
   parts.addToInv("bbbb","bbccc",24,3.34);
   parts.addToInv("cccc","ccddd",4,3.4);
   parts.addToInv("aaaa","aabbb",14,2.34);
   parts.toDisk();
   cout<<Inventory::numInInv<<" parts were written."<<endl;
}
```

程序的运行结果为：

4 parts were written.

可以查找文件 inv.dat 已经存在，不过它是二进制文件，不能以文本文件的形式读出。

12.4.7 文件的随机读写

每一个文件都有两个指针：一个是读指针，说明输入操作当前在文件中的位置；另一个是写指针，说明下次写操作的当前位置。每次执行输入或输出时，相应的读写指针将自动向后移动。C++语言的文件流不仅可以按这种顺序方式进行读写，而且还可以随机地移动文件的读写指针。有一些外部设备（如磁带、行式打印机等）关联的流只能作顺序访问，但在许多情况下使用随机方式访问文件更加方便灵活。

文件的随机读写用函数 seekg() 和 seekp() 完成，函数名中的 g 和 p 分别表示 get 与 put，这两个函数的原型为：

```
istream & seekg(streamoffoffset,seek_dirorigin);
ostream&seekp(streamoffoffset,seek_dirorigin);
```

其中，streamoff 是在 iostream.h 中定义的能够包含 offset 的最大合法类型（如 long）；seek-dir 被定义为以下枚举类型：

```
enumseek_dir
{
    beg=0;              //文件开头处(beginning)
    cur=1;              //当前位置(current)
    end=2;              //文件结尾处
};
```

seekg() 将相应文件的当前读指针从指定的起始位置 origin 开始移动 offset 个字节。seekp() 则将相应文件的当前写指针从 origin 开始移动 offset 个字节。由于文本文件存在字符转换问题，难以准确计算文件的字节长度，所以随机访问方式一般用于二进制文件。

文件读写指针的当前位置可用以下函数确定：

```
streampostellg();        //返回当前读指针的位置
streampostellp();        //返回当前写指针的位置
```

例 12.10　文件的随机存取。

```
#include<fstream.h>
#include<stdlib.h>
fstream fstr;
int main()
{
    char ch;
    fstr.open("alph.txt",ios::in|ios::out);
    if(!fstr.good())
        {
        cout<<"\n * * * Error opening file * * * \n";
        exit(0);
        }
    for(ch='A';ch<='Z';ch++)
        fstr<<ch;
    cout<<"Seeking to letter 8.\n";
    fstr.seekg(8L,ios::beg);
    fstr>>ch;
    cout<<"Then int character is "<<ch<<"\n";
    cout<<"Moving 8 more letters.\n";
    fstr.seekg(8L,ios::cur);
    fstr>>ch;
    cout<<"The 9th character past I is "<<ch<<"\n";
    fstr.seekg(-1L,ios::end);
    fstr>>ch;
    cout<<"The last second character past I is "<<ch<<"\n";
    fstr.close();
    return 0;
}
```

程序运行的结果如图 12.6 所示。

图 12.6　程序运行结果

例 12.11　从文件尾开始读写。

```cpp
#include<fstream.h>
#include<stdlib.h>
ifstream fstr;
int main()
{
    int cstr;
    char in_char;
    fstr.open("alph.txt",ios::in);
    if(!fstr.good())
        {
        cout<<"\n***Error opening file***\n";
        exit(0);
        }
    fstr.seekg(-1L,ios::end);
    for(cstr=0;cstr<26;cstr++)
        {
        fstr>>in_char;
        cout<<in_char;
        fstr.seekg(-2L,ios::cur);
        }
    fstr.close();
    cout<<endl;
    return 0;
}
```

思考：改写例 12.8 程序，将 10 个 CDate 类型的数据写入文件 date.dat 中，然后再设计一个程序代码如下，接收用户输入的数据编号（从 1 到 10），再将文件中对应的数据显示出来。请参考以下源程序。

```cpp
#include<iostream>
#include<fstream>
using namespace std;
class CDate
{
private:
    int y,m,d;
public:
    void input()
    {
        cout<<"输入年";
        cin>>y;
        cout<<"输入月";
        cin>>m;
```

```
        cout<<"输入日";
        cin>>d;
    }
    void display()
    {
        if(m<1||m>12||d<1||d>31)
            cerr<<"日期有错误!"<<endl;
        else
            cout<<y<<"年"<<m<<"月"<<d<<"日"<<endl;
    }
};
void main()
{
    CDate datex;
    int i;
    long pos;
    datex.input();
    fstream infile;
    infile.open("d:\date.dat",ios::in|ios::binary);
    if(!infile)
    {
        cerr<<"不能打开输入文件"<<endl;
        return;
    }
    cout<<"请输入数据编号(1-10): ";
    cin>>i;
    pos=(i-1)*sizeof(CDate);
    infile.seekg(pos);
    infile.read((char *)&datex,sizeof(CDate));
    datex.display();
    infile.close();
}
```

12.5 用户自定义类型的输入输出

如果用户自定义了一个结构体数据类型或对象类型,用重载输出运算符和输入运算符的方法,可以使用户能像输入输出固有数据类型那样,用输出运算符"<<"和输入运算符">>"来输入输出该结构体数据类型或对象类型。

假设用户自定义了一个结构体数据类型 DataType 如下:

```
struct DataType
{
```

```
    int x;
    int y;
};
```

可以通过重载输出运算符"<<"和输入运算符">>",从而用输出运算符"<<"输出该结构体数据,用输入运算符">>"输入该结构体数据。

12.5.1 输出运算符"<<"重载

对输出运算符"<<",重载的函数原型为:

```
ostream &operator<<(ostream &os,DataType &d)
{
    //操作代码
    return os;
}
```

重载的 operator << 函数必须返回一个输出流类 ostream 对象的引用,这样,重载的输出运算符"<<"也能够连续使用。

重载的 operator << 函数有两个参数:

(1) ostream &os,重载的输出运算符将向该对象写数据,函数必须返回该引用,即 return 后面的标识符必须和该对象名相同。

(2) DataType &d,要写到输出流中结构体数据的引用。这个参数的类型定义成 DataType d 或 DataType *d 都行,但最好的方法是定义成引用类型。

上述输出运算符重载的实现可以设计如下:

```
ostream &operator<<(ostream &os,DataType &d)
{
    os<<"d.x = "<<d.x<<endl;        //写到虚参的输出流 os
    os<<"d.y = "<<d.y<<endl;        //写到虚参的输出流 os
    return os;                      //返回输出流对象的引用
}
```

注意,由于输出运算符"<<"是双目运算符,并且使用时必须是输出流对象为第一操作数,输出数据为第二操作数,所以上述函数的两个参数的次序只能如此,不能改变。

有了上述定义,用户程序中就可以有如下程序段:

```
DataType myData1,myData2;
myData1.x=123;
myData1.y=234;
myData2.x=345;
myData2.y=456;
cout<<myData1<<myData2;            //用输出运算符"<<"连续输出
```

该程序编译时,最后一行语句将和上述输出运算符重载函数匹配,这样,实参 cout 将替换虚参 os,实参 myData1(或 myData2)将替换虚参 d。由于函数返回输出流对象 cout 的引用,因此输出运算符可以连用。

该程序段运行的输出结果为:

```
d.x=123;
d.y=234;
d.x=345;
d.y=456;
```

12.5.2 输入运算符">>"重载

输入运算符">>"重载的函数原型为:

```
istream &operator >>(istream &is,DataType &d)
{
    //操作代码
    return is;
}
```

重载的 operator >> 函数也必须返回一个输入流类 istream 对象的引用,这样,重载的输入运算符">>"也就能够连续使用。

重载的 operator >> 函数有两个参数:

(1) istream &is,重载的输入运算符将从该对象读数据,函数必须返回该引用;

(2) DataType &d,要读出的输入流结构体数据的引用。这个参数的类型定义成 DataType d 或 DataType * d 都行,但最好的方法是定义成引用类型。

上述输入运算符重载的实现可以设计如下:

```
istream &operator >>(istream &is,DataType &d)
{
    cout<<"输入 x: ";
    is >>d.x;                              //从虚参的输入流 is 读
    cout<<"输入 y: ";
    is >>d.y;                              //从虚参的输入流 is 读
    return is;                             //返回输入流对象的引用
}
```

例 12.12 一个完整的对上述结构体类型 DataType 的输入运算符重载和输出运算符重载的示例程序。

```
#include<iostream.h>
struct DataType
{
    int x;
    int y;
```

```cpp
};
istream &operator >> (istream &is,DataType &d)    //输入运算符重载
{
    cout<<"输入 x: ";
    is >>d.x;                                      //从虚参的输入流 is 读
    cout<<"输入 y: ";
    is >>d.y;                                      //从虚参的输入流 is 读
    return is;                                     //返回输入流对象的引用
}
ostream &operator<< (ostream &os,DataType &d)     //输出运算符重载
{
    os<<"d.x="<<d.x<<endl;                         //写到虚参的输出流 os
    os<<"d.y="<<d.y<<endl;                         //写到虚参的输出流 os
    return os;                                     //返回输出流对象的引用
}

void main(void)
{
    DataType myData1,myData2;
    cin >>myData1 >>myData2;                       //输入
    cout<<myData1<<myData2;                        //输出
}
```

运行结果如图 12.7 所示。

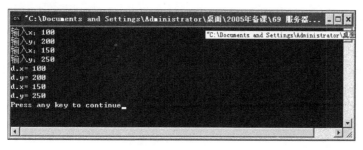

图 12.7 程序运行结果

不仅用户自定义的结构体数据类型可以重载输入运算符和输出运算符,用户自己设计的类中的数据成员也可以通过重载输入运算符和输出运算符,从而用">>"输入和用"<<"输出。重载">>"和"<<"时必须把运算符重载函数定义为该类的友元函数。这是因为运算符重载函数必须要使用类的私有数据成员,若不定义运算符重载函数为该类的友元函数,则运算符重载函数不能使用该类的私有数据成员。

例 12.13 用户自定义的插入运算符和提取运算符。

```cpp
#include<iostream.h>
class PhoneNumber
{
```

```cpp
    private:
        char nationCode[4];                        //含'\0'
        char areaCode[5];
        char phoneCode[9];
    public:
        friend ostream& operator<<(ostream&,PhoneNumber&);
        friend istream& operator>>(istream&,PhoneNumber&);
};
ostream& operator<<(ostream& output,PhoneNumber& num)
{
    output<<"("<<num.nationCode<<")"
        <<num.areaCode<<"-"<<num.phoneCode;
    return output;
}
istream& operator>>(istream& input,PhoneNumber& num)
{
    input.ignore();                              //跳过(
    input.getline(num.nationCode,4);
    input.ignore();                              //跳过)
    input.getline(num.areaCode,5);
    input.ignore();                              //跳过-
    input.getline(num.phoneCode,9);
    return input;
}
void main()
{
    PhoneNumber phone;
    cout<<"Enter a telephone number in the form(086)0571-88273333\n";
    cin>>phone;
    cout<<"The phone number entered was:\n"
        <<phone<<endl;
}
```

程序运行结果如图12.8所示。

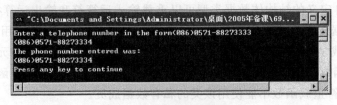

图12.8 程序运行结果

该程序为处理用户自定义的电话号码类PhoneNumber的数据重载了这两个运算符。另外，该程序假定电话号码的输入是正确的。

提取运算符的参数是对 istream 对象的引用和对自定义类型对象的引用,返回对 istream 对象的引用。在该程序中,重载的提取运算符用于把形如(086)0571-88273333 的电话号码输入到 PhoneNumber 类型的对象中。运算符函数分别将电话号码的三个部分分别读到被引用的 PhoneNumber 对象的成员 nationCode、areaCode 和 phoneCode 中(在运算符函数中,被引用对象是 num;在 main 函数中,被引用对象是 phone)。

调用成员函数 ignore()去掉了括号和破折号。运算符函数返回 istream& 类型的引用 input。通过返回对流引用,可以在一条语句中执行完对类 PhoneNumber 的对象的输入操作后,继续执行对类 PhoneNumber 的其他对象或其他数据类型的输入操作。如两个 PhoneNumber 对象可以按下列方式输入:

```
cin>>phone1>>phone2;
```

插入运算符的两个参数是对 ostream 对象的引用和对自定义类型(本例中为 PhoneNumber)的对象的引用,返回对 ostream 对象的引用。在该程序中,重载的插入运算符按输入格式显示类 PhoneNumber 的对象。该运算符函数将电话号码各部分显示为字符串,因为它们是以字符串格式存储的(类 istream 中的成员函数 getline 在结束输入后存储一个空字符)。重载的运算符函数在类 PhoneNumber 中被声明为友元函数。为了能够访问类中非公有成员,重载的输入和输出运算符必须被声明为类的友元。

C++ 允许为用户自定义类型增加新的输入输出能力,而无需修改类 ostream 或 istream 中的声明和私有数据成员,从而提高了 C++ 的可扩展性。

习　　题

1. 选择题

(1) 使用操作子对数据进行格式输出时,应包含(　　)文件。

　　A. iostream. h　　　B. fstream. h　　　C. iomanlp. h　　　D. stdlib. h

(2) 在 ios 中提供控制格式的标志位中,(　　)是转换为十六进制形式的标志位。

　　A. hex　　　B. oct　　　C. dec　　　D. left

(3) 控制格式输出输入的操作子中,(　　)是设置域宽的。

　　A. ws　　　B. oct　　　C. setflll()　　　D. setw()

(4) 进行文件操作时需要包含(　　)文件。

　　A. iostream. h　　　B. fstream. h　　　C. stdio. h　　　D. stdlib. h

(5) 磁盘文件操作中,打开磁盘文件的访问方式常量中,(　　)是以追加方式打开文件的。

　　A. in　　　B. out　　　C. app　　　D. ate

(6) 下列函数中,(　　)是对文件进行写操作的。

　　A. get()　　　B. read()　　　C. seekg()　　　D. put()

2. 问答题

(1) 在 C++ 的输入输出操作中，"流"的概念如何理解？从流的角度说明什么是提取操作？什么是插入操作？

(2) 屏幕输出一个字符串有哪些方法？屏幕输出一个字符有哪些方法？

(3) 键盘输入一个字符串有哪些方法？键盘输入一个字符有哪些方法？

(4) 存取顺序文件的三种方法是什么？顺序文件与随机文件的不同点？

(5) 采用什么方法打开和关闭磁盘文件？

(6) 流的错误状态如何处理？

3. 分析下列程序的输出结果

(1) 分析下列程序，写出程序执行的结果。

```
#include<iostream.h>
#include<math.h>
int main()
{
    double x;
    cout.precision(4);
    cout<<" x sqrt(x) x^2\n\n";
    for (x=1.0;x<=20.0;x++)
    {
        cout.width(8);
        cout<<x<<' ';
        cout.width(8);
        cout<<sqrt(x)<<' ';
        cout.width(8);
        cout<<x * x<<'\n';
    }
    return 0;
}
```

(2) 分析下列程序，写出程序执行的结果。

```
#include<iostream.h>
void showflags(long f)
{
    long i;
    for(i=0x8000;i;i=i>>1)
        if (i&f) cout<<"1";
        else cout<<"0";
    cout<<endl;
}
int main()
{
```

```
    long f;
    f=cout.flags();
    showflags(f);
    cout.setf(ios::showpos|ios::scientific);
    f=cout.flags();
    showflags(f);
    cout.unsetf(ios::scientific);
    f=cout.flags();
    showflags(f);
    f=cout.flags(ios::oct);
    showflags(f);
    f=cout.flags();
    showflags(f);
    return 0;
}
```

(3) 分析下列程序，写出程序执行的结果。

```
#include<iostream.h>
#include<string.h>
class phonebook
{
    char name[30];int num;
    public:
    phonebook(char *n,int a)
    {strcpy(name,n);num=a;}
    friend ostream &operator<< (ostream &stream,phonebook o)
    { stream<<o.name<<"_";
      stream<<o.num<<endl;
      return stream;
    }
};
void main()
{
    phonebook a("liujiahai",1999);
    phonebook b("fang",1998);
    cout<<a<<b;
}
```

(4) 分析下列程序，写出程序执行的结果。

```
#include<iostream.h>
#include<strstrea.h>
char a[]="1000";
void main()
```

```
    {
        int dval,oval,hval;
        istrstream iss(a,sizeof(a));
        iss>>dec>>dval;
        iss.seekg(ios::beg);
        iss>>oct>>oval;
        iss.seekg(ios::beg);
        iss>>hex>>hval;
        cout<<"decVal: "<<dval<<endl;
        cout<<"otcVal: "<<oval<<endl;
        cout<<"hexVal: "<<hval<<endl;
    }
```

(5) 分析下列程序,写出程序执行的结果。

```
#include<fstream.h>
#include<stdlib.h>
ifstream fin;
int main()
{
    char filename[12];
    char in_char;
    cout<<"What is the name of the file ";
    cout<<"you want to see ?";
    cin>>filename;
    fin.open(filename,ios::in);
    if(!fin.good())
    {
        cout<<"\n\n* * That file dose not exit * * * \n";
        exit(0);
    }
    while(fin.get(in_char))
        cout<<in_char;
    fin.close();
    return 0;
}
```

(6) 分析下列程序,写出程序执行的结果。

```
#include<iostream.h>
#include<fstream.h>
#include<stdlib.h>
void main()
{
    fstream outfile,infile;
    outfile.open("text.dat",ios::out);
```

```cpp
        if(!outfile)
        {
            cout<<"text.dat can't open.\n";
            abort();
        }
    outfile<<"123456789\n";
    outfile<<"aaabbbbbbccc<n"<<"ddddfffeeeegggghhh<n";
    outfile<<"ok!\n";
    outfile.close();
    infile.open("text.dat",ios::in);
    if(!infile)
    {
        cout<<"file cant open.";
        abort();
    }
    char textline[80];
    while(!infile.eof())
    {
        infile.getline(textline,sizeof(textline));
        cout<<textline<<endl;
    }
}
```

(7) 阅读程序,写出程序执行的结果。

```cpp
#include<fstream.h>
#include<stdlib.h>
ifstream fstr;
int main()
{
    int ctr;
    char in_char;
    fstr.open("ALPH.EXE",ios::in);
    if(!fstr.good())
    {
        cout<<"\n* * *Error opening file * * * \n";
        exit(0);
    }
    fstr.seekg(-1L,ios::end);
    for(ctr=0;ctr<26;ctr++)
    {
        fstr>>in_char;
        cout<<in_char;
        fstr.seekg(-2L,ios::cur);
    }
```

```
        fstr.close();
        return 0;
}
```

(8) 阅读程序,写出程序执行的结果。

```
#include<fstream.h>
#include<stdlib.h>
int main(int argc,char * argv[])
{
    if (argc!=4)
    {
        cout<<"Usage:CHANGE<filename><byte><char>\n";
        return 1;
    }
    fstream out(argv[1],ios::in|ios::out);
    if (! out)
    {
        cout<<"Cannot open file"<<argv[1]<<"\n";
        return 1;
    }
    out.seekp(atoi(argv[2]),ios::beg);
    out.put(* argv[3]);
    out.close();
    return 0;
}
```

4. 编程题

(1) 从键盘输入一个字符串,并逐个将字符串的每个字符传送到磁盘文件"file1.txt"中,字符串的结束标记为"#"。

(2) 从键盘输入若干行字符,存入磁盘文件 file2.txt 中。

(3) 写一个从文件中读取字符的程序,文件中的大小写字符相互转换,其他字符不变,并把它显示在屏幕上。

(4) 有一文本文件 file3.txt,请编写一个程序将文件中的英文字母及数字字符显示在屏幕上。

(5) 把文本文件 file4.txt 中的数字字符复制到文本文件 file5.txt 中。

(6) 类 stu 用来描述学生的姓名、学号、年龄,建立一个 student.txt 文件,将若干学生的信息保存在文件中。

第13章 模板和异常处理

本章要点
- 用函数模板生成相关(重载)函数组；
- 用类模板生成相关类型组；
- 异常处理的基本思想；
- 关键字 try、throw、catch 的使用。

本章难点
- 函数模板的概念及应用；
- 类模板的概念及应用；
- 异常处理程序的编写。

本章导读

为了实现代码重用，代码必须是通用的。使用模板仅设计一个通用类型的函数，就可使该函数适用于各种类型的情况；或者仅设计一个通用类型的类，就可使该类适用于各种类型的情况。通用代码不受使用的数据类型和操作的影响。在多数情况下，越通用的代码越能够重用。模板就是 C++ 语言中代码重用的一种实现方法。模板使我们可以用同一个代码实现一组相关函数或一组相关类。

13.1 模 板

面向对象方法支持类的参数多态性，C++ 语言解决类的参数多态性问题的方法是模板。模板是一种基于类型参数生成函数和类的机制，是实现代码重用机制的一种工具。它可以实现类型参数化，即把类型定义为参数，从而实现代码重用。代码重用是 C++ 语言中最重要的特性之一。

例如需要设计两个函数，其参数与返回值一个是整数类型，另一个是浮点数类型。仔细分析函数可以发现，这两个函数的代码几乎完全一样，只是在涉及数据元素类型定义的地方前者用 int，后者用 float。对于结构和处理方法相同、只是数据类型不同。

模板按照用途分为函数模板和类模板。模板把函数或类中的数据类型作为参数设计函数或类，这样设计的函数或类还不是一个完全的函数或完全的类，只有经过参数实例化，变为一个类型参数具体的函数,才能完成函数的功能。参数实例化是指给函数模板或类模板带入了实际的类型参数。C++语言把经过参数实例化的函数模板称为模板函数,把经过参数实例化的类模板称为模板类。

例如对求绝对值编写一个函数模板,这样就可以对 int、float、double 等类型的数据求绝对值。或者可以编写一个类模板实现对任意数据的存取。

一个函数模板可以经参数实例化后生成许多仅类型参数不同的模板函数;一个类模板可以经参数实例化后生成许多仅类型参数不同的模板类,而每个模板类都可以定义各自的许多对象,如图 13.1 所示。

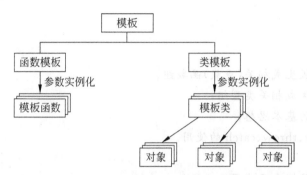

图 13.1　函数模板与模板函数、类模板与模板类之间的关系

函数模板和类模板像是具有各种形状的模板,而模板函数和模板类则相当于按照模板描绘,其形状都是相同的,只是画上的颜色不同。

C++语言模板的声明格式为:

template<模板参数表>
　　模板定义体

其中,template 为声明模板的关键字;模板参数表可包括一个或一个以上的模板参数,每个模板参数由关键字 class 和模板形参两部分组成,当模板形参多于一个时,各模板形参用逗号分开;模板定义体是该模板的作用体,可以是函数或类。C++语言的模板机制能大大减少程序代码行数,并在不降低类型安全性的前提下增加了程序代码的灵活性。

13.1.1　函数模板

通常,希望设计的算法可以处理多种数据类型。使用函数实现算法时,如果用重载函数也只是使用相同的函数名,函数体仍然需要分别定义。例如:

```
int abs(int x)
{
    return x<0?-x:x;
}
double abs(double x)
{
```

```
    return x<0?-x:x;
}
```

这两个函数只有参数类型不同,功能完全一样。类似这样的情况,编写一段通用代码适用于多种不同数据类型、便可以大大提高代码的重用性,从而提高软件的开发效率。使用函数模板就能够实现这一目的,函数模板机制为用户提供了把功能相似、仅数据类型不同的函数设计为通用的函数模板的方法。函数模板的定义只需要编写一次。根据调用函数时提供的参数类型,C++自动产生单独的目标代码函数来正确地处理每种类型的调用。

函数模板的语句格式为:

```
template <class 类型参数表>
返回类型 函数名(函数模板形参表)
{
    函数体
}
template<class T>         //模板形参为T
T abs(T x)                //函数模板
{
    if (x >=0) return x;
    else return -x;
}
```

其中,关键字 class 也可以用关键字 typename 代替。例如:

template <class T>

或

template <typename T>

注意:函数模板的每个形式参数前都必须放置关键字 class(或 typename)。关键字 class(typename)指定了函数模板类型参数,表示"任何内部类型或用户自定义类型"。

例 13.1 定义一个求绝对值的函数模板。

```
#include<iostream.h>
template<typename T>
T abs(T x)
{   return x<0?-x:x;
}
void main()
{
    int n=-5;
    double d=-5.5;
    cout<<abs(n)<<endl;
    cout<<abs(d)<<endl;
}
```

运行结果：

5
5.5

分析：编译器从调用 abs()时实际参数的类型，推导出函数模板的类型参数。例如，对于调用表达式 abs(n)，由于实际参数 n 为 int 型，所以推导出模板中类型参数 T 为 int。当类型参数的含义确定后，编译器将以函数模板为样板，生成一个函数：

```
int abs(int x)
{
    return x<0?-x:x;
}
```

同理，如果实际参数 n 为 double 型，编译器将推导出模板中类型参数 T 为 double，生成一个函数：

```
double abs(double x)
{
return x<0?-x:x;
}
```

例 13.2 假设定义了一个函数模板：

```
template<class T>
T abs(T x,T y)
{
    return (x>y)?x:y;
}
```

并定义了：

```
int i;
char c;
```

下列语句中正确的调用有哪些？

```
max(i,i);
max(i,c);
max(c,c);
max(i,(int)c);
```

分析：由于函数模板形参表中 x、y 的参数类型相同，实例化的模板参数也必须保持一致的类型，因而 max(i,i)、max(c,c)、max(i,(int)c)调用都是正确的，而 max(i,c)调用中参数类型不一致，产生错误。

例 13.3 定义一个求三个数最大值的函数模板。

```
#include<iostream.h>
template<class T >
```

```cpp
T maximum( T value1,T value2,T value3 )
{
    T max=value1;
    if (value2 >max)
        max=value2;
    if (value3 >max)
        max=value3;
    return max;
}
int main()
{
    int int1,int2,int3;
    cout<<"Input three integer values: ";
    cin >>int1>>int2 >>int3;
    cout<<"The maximum integer value is: "
    <<maximum(int1,int2,int3);              //int version
    double double1,double2,double3;
    cout<<"\nInput three double values: ";
    cin >>double1>>double2 >>double3;
    cout<<"The maximum double value is: "
    <<maximum(double1,double2,double3);     //double version
    char char1,char2,char3;
    cout<<"\nInput three characters: ";
    cin >>char1>>char2>>char3;
    cout<<"The maximum character value is: "
    <<maximum(char1,char2,char3)            //char version
    <<endl;
    return 0;
}
```

如果程序运行中分别输入10　50　3、3.6　2.7　−3.4、j　p　g,其结果如图13.2所示。

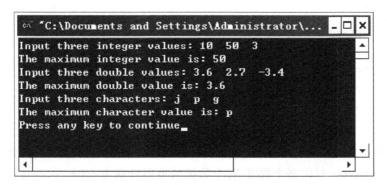

图13.2　程序运行结果

模板函数与重载是密切相关的。从函数模板产生的相关函数都是同名的,因此编译器用重载的解决方法调用相应函数。

编译器通过匹配过程确定调用哪个函数。首先,编译器寻找和使用最符合函数名和参数类型的函数调用。如果找不到,则编译器检查是否可以用函数模板产生符合函数名和参数类型的模板函数。如果找不到匹配或产生多个匹配,则会产生编译错误。

例 13.4 定义一个数组的函数模板。

```
#include<iostream.h>
template<class T>
void printArray( const T * array,const int count )
{
    for(int i=0;i<count;i++)
        cout<<array[i]<<" ";
    cout<<endl;
}
int main()
{
    const int aCount=5,bCount=7,cCount=6;
    int a[aCount]={1,2,3,4,5};
    double b[bCount]={1.1,2.2,3.3,4.4,5.5,6.6,7.7};
    char c[cCount]="HELLO";
    cout<<"Array a contains:"<<endl;
    printArray(a,aCount);
    cout<<"Array b contains:"<<endl;
    printArray(b,bCount);
    cout<<"Array c contains:"<<endl;
    printArray(c,cCount);
    return 0;
}
```

运行结果:

```
Array a contains:
1 2 3 4 5
Array b contains:
1.1 2.2 3.3 4.4 5.5 6.6 7.7
Array c contains:
H E L L O
```

分析:程序首先实例化 int 数组 a、double 数组 b、和 char 数组 c,长度分别为 5,7,6。然后调用 printArray 打印每个数组,每个数组的类型分别为 int *、double *、char *。例如:对于语句 printfArray(a,aCout)编译器实例化 printfArray 模板函数的类型参数 T 为 int。对于语句 printfArray(b,bCout)编译器实例化 printfArray 模板函数的类型参数 T

为 double。对于语句 printfArray(c,cCout)编译器实例化 printfArray 模板函数的类型参数 T 为 char。

例 13.5 写一个函数模板,使用冒泡排序将不同类型的数组内容由小到大排列。

分析:函数的参数有两个,其中一个为通用类型的数组,另一个为数组的元素个数,类型为整型,因而函数模板可写成:

```
#include<iostream.h>
template<class T>
void sort(T *array,int size)
{
    int i,j;
    T temp;
    for(i=0;i<size-1;i++)
      for(j=0;j<size-i-1;j++)
        if(array[j]>array[j+1])
          {
            temp=array[j];
            array[j]=array[j+1];
            array[j+1]=temp;
          }
}
```

测试用的 main 函数如下:

```
void main()
{
    int intarray[7]={50,12,9,34,7,8,5};
    int i;
    sort(intarray,7);
    for(i=0;i<7;i++)
        cout<<intarray[i]<<' ';
    cout<<endl;
    double doublearray[7]={22.50,12.34,31.9,3.4,78.7,8.5,9.5};
    sort(doublearray,7);
    for(i=0;i<7;i++)
        cout<<doublearray[i]<<' ';
    cout<<endl;
    char chararray[7]={'t','p','a','h','e','i','h'};
    sort(chararray,7);
    for(i=0;i<7;i++)
        cout<<chararray[i]<<' ';
    cout<<endl;
}
```

程序的运行结果如图 13.3 所示。

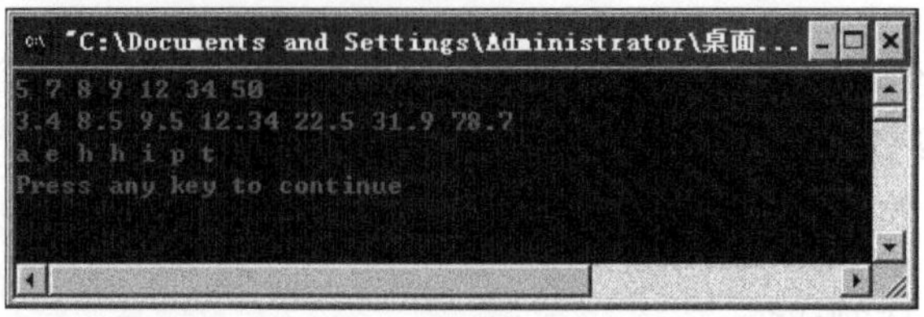

图 13.3 程序运行结果

13.1.2 类模板

类模板机制为用户提供了把数据成员和成员函数相似,仅数据类型不同的类设计为通用的类模板的方法。类模板的语句格式为:

```
template<模板形参表>
class 类名
{
    类模板体定义;
};
```

使用类模板用户可以为类定义一种模式,使得类中的某些数据成员、某些成员函数的参数、某些成员函数的返回值能够取任意类型(包括系统预定义的和用户自定义的)。

例如:

```
template<class T>
template<class T,int element>
```

如果"模板参数表"内容包含上述多项内容时,各项内容以逗号分隔。

注意:模板类的成员函数若在类外实现,则必须是模板函数。

模板类按下列形式声明对象:

模板类<模板参数表>对象名 1,… 对象名 n;

例 13.6 试改写以下类,使它成为一个类模板。

```
class A
{
private:
    int size;
    double *p;
    double min;
    double max;
public:
    A(double *p,int size);
    double min(double *);
```

```
    double max(double *);
    void dispMin();
    void dispMax();
}
```

分析：将一个类转换为一个类模板时，首先要找出有哪些变量会被指定为其他的数据类型，在本例中，size 是用来表示个数的，因此类型不会变动，而 *p、min 和 max 则有可能被指定为 int、double、float 和 char 等，因此要将这些数据类型参数化，然后，则对成员函数中的一些响应部分进行调整。因而把上述类改写为如下的类模板。

```
template<class T>
class A
{
private:
        int size;
        T *p;
        T min;
        T max;
    public:
    A(T *p,int size);
    T min(T *);
    T max(T *);
    void dispMin();
    void dispMax();
}
```

例 13.7 有一个 myclass 类，有两个不同类型的私有数据 i、j。请把它定义为模板类，写出相应的构造函数，并用 main 函数进行测试。

分析：因为有两个不同的参数，i 的类型声明为 Type1，j 的类型声明为 Type2，因而类模板声明为：

```
template<class Type1,class Type2 >
```

假定定义的对象 obj1 的两个私有数据的类型分别为 int 及 double，对象 obj2 的两个私有数据的类型分别为 char 及字符串类型，类模板的实例化为：

```
myclass<int,double>obj1(86,175.2);
myclass<char,char *>obj2('m',"Zhejiang university");
```

完整的程序设计如下：

```
#include<iostream.h>
template<class Type1,class Type2 >
class myclass
{
    private:
```

```cpp
        Type1 i;
        Type2 j;
    public:
        myclass(Type1 a,Type2 b)
        {
            i=a;j=b;
        }
        void show()
        {
            cout<<i<<' '<<j<<endl;
        }
};
void main()
{
    myclass<int,double>obj1(86,175.2);
    myclass<char,char *>obj2('m',"Zhejiang university");
    obj1.show();
    obj2.show();
}
```

例 13.8 类模板应用实例,请自行分析以下程序的运行结果。

```cpp
#include<iostream.h>
#include<stdlib.h>
template<class T>              //类模板:实现对任意类型数据进行存取
class Store
{
    private:
        T item;                //item用于存放任意类型的数据
        int haveValue;         //haveValue 标记 item 是否已被存入内容
    public:
        Store(void);           //缺省形式(无形参)的构造函数
        T GetElement(void);    //提取数据函数
        void PutElement(T x);  //存入数据函数
};
//注意:模板类的成员函数,若在类外实现,则必须是模板函数
//缺省形式构造函数的实现
template<class T>
Store<T>::Store(void):haveValue(0)
{   }

//提取数据函数的实现
template<class T>
T Store<T>::GetElement(void)
{
```

```cpp
    //如果试图提取未初始化的数据,则终止程序
    if(haveValue==0)
    {
        cout<<"No item present! "<<endl;
        exit(1);
    }
    return item;              //返回 item 中存放的数据
}

//存入数据函数的实现
template<class T>
void Store<T>::PutElement(T x)
{
    haveValue++;              //将 haveValue 置为 TRUE,表示 item 中已存入数值
    item=x;                   //将 x 值存入 item
}
struct Student
{
    int studID;               //学号
    float gpa;                //平均分
};
                              //重载"=="使之判断学号相等与否
int operator==(Student a,Student b)
{
    return a.studID==b.studID;
}

void main(void)
{
    Student graduate={1000,23};
    //定义 Student 类型结构体变量的同时赋以初值
    Store<int>A,B;
    //定义两个 Store 类对象,其中数据成员 item 为 int 类型
    Store<Student>S;
    //定义 Store 类对象 S,其中数据成员 item 为 Student 类型
    Store<double>D;
    //定义 Store 类对象 D,其中数据成员 item 为 double 类型
    A.PutElement(3);          //向对象 A 中存入数据(初始化对象 A)
    B.PutElement(-7);         //向对象 B 中存入数据(初始化对象 B)
    cout<<A.GetElement()<<" "<<B.GetElement()<<endl;
    //输出对象 A 和 B 的数据成员
    S.PutElement(graduate);   //向对象 D 中存入数据(初始化对象 D)
    cout<<"The student id is "<<S.GetElement().studID<<endl;
    //输出对象 S 的数据成员
```

```
        cout<<"Retrieving object D ";
        cout<<D.GetElement()<<endl;        //输出对象 S 的数据成员
        //由于 D 未经初始化,在执行函数 D.GetElement()过程中导致程序终止
}
```

运行结果：

```
3    -7
The student id is 1000
Retrieving object D No item present !
```

例 13.9 建立了一个简单的单向链表类模板,并通过建立一个保存字符的链接表 list,并调试演该类模板。

分析：类模板的声明类似于函数模板的声明。list 类对象被定义的时候才确定模板参数的实际类型。

这个例子中定义了一个类模板 list,它有一个类型参数 T,类定义的模板声明由 template<class T>开始,类声明部分与普通类声明的方法相同,只是在部分地方用参数 T 表示数据类型。

模板类的每一个非内置函数的定义是一个独立的模板,同样以 template<class T>开始,函数头中的类名由模板类名加模板参数构成,如 list<T>。

模板类在使用时与函数模板不同,函数模板无须显式指明使用模板时的参数(使用了函数重载机制),模板类在使用时必须指明参数,形式为：模板类名<模板参数表>。例子中的 list<char>即是如此,编译器根据参数 char 生成一个 char 的 list 类,理解程序时可以将 list<char>看成是一个完整的类名。在使用时 list 不能单独出现,它总是和尖括号中的参数表一起出现。

也可以用 list 保存用户自定义的数据类型。例如,欲保存地址信息,可使用以下结构：

```
struct addr{
    char name[40];
    char street[40];
    char city[30];
    char state[3];
    char zip[12];
}
```

然后,为了产生保存 addr 型的 list 对象,可以用如下的声明(假定 structvar 包含有效的 addr 结构)：

```
list<addr>obj(structvar);
```

实现本题功能的程序如下：

```
#include<iostream.h>
template<class T>
```

```cpp
class list
{
  public:
      list(T d);
      void add(list *node)
      {
          node->next=this;
          next=0;
      }
      list * getnext(){return next;}
      T getdata(){return data;}
  private:
      T data;
      list * next;
};
template<class T>
list<T>::list(T d)
{
    data=d;
    next=0;
}
void main()
{
    list<char>start('a');
    list<char> * p,* last;
    int i;
    //建立链表
    last=&start;
    for(i=1;i<26;i++)
    {
        p=new list<char>('a'+i);
        p->add(last);
        last=p;
    }
    //显示链表
    p=&start;
    while(p)
    {
        cout<<p->getdata();
        p=p->getnext();
    }
}
```

本程序的运行结果如下：

abcdefghijklmnopqrstuvwxyz

例 13.10 使用 Stacklink 栈类模板实现将十进制转换为八进制数。

分析：由于进栈的是整数，所以使用模板定义一个整数栈。本例使用的是带头结点的单链表，第一个结点不会存储栈元素。也就是说，空栈时，链表有一个结点，栈指针 top 指向该结点。

Stacklink 类中有构造函数、析构函数、进栈、出栈（并返回栈顶元素）和栈空成员函数。

在构造函数中需要申请一个空间，然后将该空间的指针域清零，最后用栈顶指针指向新申请的空间。

析构函数则负责删除单链表中的所有结点。

进栈操作的步骤是申请一个空间将申请的空间的指针域指向原栈顶元素，并将申请空间的数据域用需要进栈的数据赋值，最后栈指针指向新申请的空间。

判栈空是判断链表中是否只剩一个结点（表头结点）。若是，说明栈为空返回 1；否则，返回 0。

退栈（并返回栈顶元素）的操作是：先判栈空，栈不为空时，做下列操作：取栈顶元素、删除表头的结点，返回原栈顶元素。

主函数的功能是将一个十进制数转换成八进制数。利用栈将八进制数的每一位数存放到栈中，退栈上时将该数累加。

例如：对十进制数 100，是将 4、40、100 进栈，退栈时将 100＋40＋4＝144。

实现本题功能的程序如下：

```cpp
#include<iostream.h>
#include<stdlib.h>
template<class Type>
class node
{
  public:
      Type data;
      node<Type> * next;
};
template<class Type>
class Stacklink
{
  public:
      Stacklink();                       //构造函数
      ~Stacklink();                      //析构函数
      void push(Type value);             //进栈
      Type pop();                        //出栈,并返回栈顶元素
      int isnull();                      //判栈空
  private:
      node<Type> * top;
```

```cpp
};
template<class Type>
Stacklink<Type>::Stacklink()
{
    node<Type> * T;
    T=new node<Type>;                   //申请一个空间
    T->next=NULL;                       //指针项清零
    top=T;                              //栈顶指针指向新申请的空间
                    //本例使用的是带头结点的单链表,第一个结点不会存储栈元素
}
template<class Type>
Stacklink<Type>::~Stacklink()
{
    node<Type> * N, * Temp;
    for(N=top;N!=NULL;)                 //从表头开始删除
    {
        Temp=N;
        N=N->next;
        delete Temp;
    }
}
template<class Type>
void Stacklink<Type>::push(Type value)  //进栈操作
{
    node<Type> * T;
    T=new node<Type>;                   //申请一个空间
    if(T!=NULL)                         //判断申请是否成功
    {
        T->next=top;                    //新申请的空间的指针域指向原栈顶元素
        T->data=value;                  //新申请的空间的数据赋值
        top=T;                          //栈指针指向新申请的空间
    }
    else
    {
        cout<<"assigned failure!";
        exit(1);
    }
}
template<class Type>
int Stacklink<Type>::isnull()           //判栈空
{
    if(top->next==NULL) return 1;       //如果链表中只剩一个结点(表头结点),栈为空返回1
    else return 0;
}
```

```cpp
template<class Type>
Type Stacklink<Type>::pop()            //退栈
{
    Type value;
    node<Type> * Temp;
    if(top->next==NULL)                //判栈空
    {
        cout<<"\n The stack is Null!\n";
        return (0);
    }
value=top->data;
Temp=top;
top=top->next;
delete Temp;
return(value);
}
void main()
{
    int l=1,octal=0;
    long decimal,j;
    cout<<"\n please input integer: ";
    cin>>decimal;
    j=decimal;
    Stacklink<int>ss;
    while(j!=0)
    {
        ss.push(j%8*l);
        j=j/8;
        l=l*10;
    }
    cout<<endl;
    while(!ss.isnull())
    {
        j=ss.pop();
        octal=j+octal;
    }
    cout<<octal;
}
```

上机操作练习 1

(1) 阅读下列程序，建立并演示链式队列类模板，并上机调试。

```cpp
#include<ctype.h>
#include<iostream.h>
```

```cpp
#include<iomanip.h>
template<class Type>
class node
{
  public:
      Type data;
      node<Type> * next;
};
template<class Type>
class queuelink
{
  public:
      queuelink();
      ~queuelink();
      void put(Type value);
      Type get();
      void clear();
      void showqueue();
  private:
      node<Type> * head;
      node<Type> * rear;
};
template<class Type>
queuelink<Type>::queuelink()
{
    node<Type> * T;
    T=new node<Type>;
    T->next=NULL;
    head=rear=T;
}
template<class Type>
queuelink<Type>::~queuelink()
{
    node<Type> * N, * Temp;
    for(N=rear;N!=NULL;)
    {
        Temp=N;
        N=N->next;
        delete Temp;
    }
}
template<class Type>
void queuelink<Type>::put(Type value)
{
```

```cpp
    node<Type> * T;
    T=new node<Type>;
    T->next=NULL;
    head->data=value;
    head->next=T;
    head=head->next;
    cout<<"You have put a data into the queue!\n";
}
template<class Type>
Type queuelink<Type>::get()
{
    Type value;
    node<Type> * T;
    if(head==rear)
    {
        cout<<"\n The queue has no data!\n";
        return (0);
    }
    value=rear->data;
    T=rear;
    rear=rear->next;
    delete T;
    cout<<"\n Get"<<value<<" from queue. \n";
    return (value);
}
template<class Type>
void queuelink<Type>::clear()
{
    head=rear;
    cout<<"\n***Queue is Empty!**\n";
}
template<class Type>
void queuelink<Type>::showqueue()
{
    node<Type> * T;
    if(head==rear)
    {
        cout<<" \n The queue has no data! ";
        return;
    }
    cout<<" \n The content of queue: \n ";
    for(T=rear;T!=head;T=T->next)
        cout<<setw(5)<<T->data;
    cout<<"\n\n";
```

```
}
main()
{
    cout<<"<p>------Put data to queue\n";
    cout<<"<G>------Get data from queue\n";
    cout<<"<L>------Clear queue\n";
    cout<<"<S>------Show the content of queue\n";
    cout<<"<Q>------Quit...\n";
    queuelink<char>ss;
    char value;
    char ch;
    while(1)
    {
        cout<<"\n Please select an item: ";
        cin>>ch;
        ch=toupper(ch);
        switch(ch)
        {
        case 'P':
            cout<<"\n Enter the value that";
            cout<<" you want to put: ";
            cin>>value;
            ss.put(value);
            break;
        case 'G':
            value=ss.get();
            break;
        case 'L':
            ss.clear();
            break;
        case 'S':
            ss.showqueue();
            break;
        case 'Q':
            return 0;
        default:
            cout<<"\n You have inputted awrong item! Please try agiain!\n";
            continue;
        }
    }
}
```

(2) 改写上述程序,输入时根据键盘输入的数据可以成批输入。

13.2 异常处理

异常处理是 C++ 语言的一个主要特性。只要执行程序时遇到错误,就称为发生了异常。异常是特殊类型的错误。它在程序运行时发生。为了避免程序因异常而终止,需要在程序中处理这些异常,如图 13.4 所示。

图 13.4　异常处理

然而,大多数程序设计人员在实际设计中往往忽略异常处理,似乎是在没有错误的状态下编程。毫无疑问,异常处理的繁琐及错误检查引起的代码膨胀是导致上述问题的主要原因。C++ 语言提供了简便而又有效的异常处理方法,使出错处理程序的编写不再繁琐。

13.2.1　异常处理的基本思想

C++ 语言异常处理用于错误检测函数无法处理错误的情况。这种函数抛出异常,如果有异常处理器捕获这个异常,则处理这个异常。如果没有异常处理器捕获这个异常,则程序终止,如图 13.5 所示。

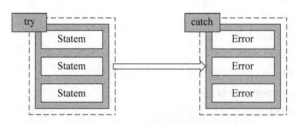

图 13.5　异常处理的基本思想

通常在 try 语句块中包含出错时产生异常的代码。try 语句块后面是一个或几个 catch 块。每个 catch 块指定捕获和处理一种异常,而且每个 catch 块包含一个异常处理器。如果异常与 catch 块中的参数类型相符,则执行该 catch 块的代码。如果找不到相应异常处理器,则调用 terminate 函数(默认调用函数 abort)终止程序。

函数的 try 块中抛出异常,或者从 try 块直接或间接调用的函数抛出异常。抛出异常时,程序控制离开 try 块,从 catch 块中搜索相应异常处理器。如果 try 块中没有抛出异常,则跳过该块的异常处理器,程序在最后一个 catch 块之后恢复执行。

13.2.2 异常处理的实现

throw 表达式语法：

throw 表达式

throw 表达式用来抛出异常，throw 的操作数在表示异常类型语法上与 return 语句的操作数相似，如果程序中有多处要抛出异常，应该用不同的操作数类型来互相区别，操作数的值不能区别不同的异常。

try 块语法：

try
    复合语句
catch(异常声明类型)
    复合语句
catch(异常声明类型)
    复合语句
    …

try 块中的复合语句的存放可能会发生异常的代码，如果这段代码运行时真的遇到异常情况，则其中的 throw 表达式就会抛出这个异常。

catch 块是用来捕获由 throw 表达式抛出的异常的。catch 块中的复合语句是异常处理程序。

例 13.11 处理除数为零的异常。

```
#include<iostream.h>
int Div(int x,int y);
void main()
{
    try
    {
        cout<<"5/2="<<Div(5,2)<<endl;
        cout<<"8/0="<<Div(8,0)<<endl;
        cout<<"7/1="<<Div(7,1)<<endl;
    }
    catch(int)
    {
        cout<<"except of deviding zero.\n";
    }
    cout<<"that is ok.\n";
}
int Div(int x,int y)
{
    if(y==0)
```

```
        throw y;
    return x/y;
}
```

运行结果：

```
5/2=2
exception of diving zero.
that is ok.
```

分析：程序在执行语句"cout<<"8/0="<<Div(8,0)<<endl"时，在函数 Div 中语句：if(y==0) throwy;表示当 y 为 0 时,异常被"throw y"语句抛出,在 main()函数中被"catch(int)"语句捕获,异常处理程序"{cout<<"except of deviding zero.\n";}"输出相应信息后,程序流程跳转到主函数的最后一条语句,输出"that is ok."。而语句"cout<<"7/1="<<Div(7,1)<<endl;"没有被执行。

思考：编写一程序,程序的功能是对表达式开根号,根据初等数学此表达式必须大于0,通过调用函数 f1 判断是否会出现异常、如何处理异常及调用函数 f,函数 f 计算表达式的开根号及抛出异常,请编写程序。参考代码如下：

```
#include<iostream.h>
#include<math.h>
class YC{};
double f(double x,double y)
{
    if(x<y)
        throw YC();
    else
        return sqrt(x-y);
}
void f1(double x,double y)
{
    try{
        cout<<"x="<<x<<",y="<<y<<endl;
        double s=f(x,y);
        cout<<"结果为:"<<s<<endl;
    }
    catch(YC){
        cout<<"出现异常!\n 负数不可以开根号!"<<endl;
        return;
    }
}
void main()
{
    double x=5,y=-100;
    f1(x,y);
```

```
    x=5,y=100;
    f1(x,y);
}
```

例 13.12 设有表达式：$f(a,b,c)=\sqrt{a+b/c}$，计算表达式的值，要求能排除除数为 0 及根号小于 0 的异常。

分析：在求 $f(a,b,c)$ 表达式时可能会遇到两种异常：除数为 0 和负数开根号，因此需要设立两个处理这些异常的类 YC1、YC2，分别在 c 为 0 及负数开根号时抛出异常，在函数 f1 中首先调用函数 f，捕获不同的错误及处理错误。程序代码如下：

```
#include<iostream.h>
#include<math.h>
class YC1{};
class YC2{};
double f(double a,double b,double c)
{
    if(c==0)
        throw YC1();
    else if(a+b/c<0)
        throw YC2();
    else
        return sqrt(a+b/c);
}

void f1(double a,double b,double c)
{
    try{
        cout<<"a="<<a<<",b="<<b<<",c="<<c<<endl;
        double s=f(a,b,c);
        cout<<"结果为:"<<s<<endl;
    }
    catch(YC1){
        cout<<"除数不可以为 0!"<<endl;
        return;
    }
    catch(YC2){
        cout<<"负数不可以开根号!"<<endl;
        return;
    }
}
void main()
{
    double a=5,b=-100,c=2;
    f1(a,b,c);
```

```
        a=23,b=35,c=0;
        f1(a,b,c);
        a=43,b=75,c=15;
        f1(a,b,c);
}
```

上机操作练习 2

(1) 调试例 13.12 程序。

(2) 根据上述思考题,编写函数 f(double x,double y,double z),求表达式:
$$\sqrt{x-y} + \sqrt{y/z}$$
的值,并能够处理各种异常。代码如下,请调试。

```
#include<iostream.h>
#include<math.h>
class YC1{};
class YC2{};
double f(double x,double y,double z)
{
    if(x<y)
            throw YC1();
        if(y*z<0)
            throw YC2();
    else if(z==0)
            throw YC2();
        return sqrt(x-y)+sqrt(y/z);
}
void f1(double x,double y,double z)
{
    try{
        cout<<"x="<<x<<",y="<<y<<",z="<<z<<endl;
        double s=f(x,y,z);
        cout<<"结果为:"<<s<<endl;
    }
    catch(YC1)
        {
        cout<<"出现异常!\n负数不可以开根号!"<<endl;
        return;
        }
    catch(YC2)
        {
        cout<<"出现异常!\n除数不可以为0!"<<endl;
        return;
```

```
    }
}
void main()
{
    double x=5,y=-100,z=2;
    f1(x,y,z);
    x=5,y=100,z=-2;
    f1(x,y,z);
    x=5,y=-100,z=0;
    f1(x,y,z);
    x=126,y=45,z=5;
    f1(x,y,z);
}
```

13.2.3 异常生命周期

运行于异常生命期的五个阶段(参照例 13.13):
(1) 程序或运行库遇到一个错误状况(阶段 1)并且抛出一个异常(阶段 2)。
(2) 程序的运行停止于异常点,开始搜索异常处理函数。搜索沿调用栈向上搜索。
(3) 搜索结束于找到了一个异常申明与异常对象的静态类型相匹配(阶段 3),于是进入相应的异常处理函数。
(4) 异常处理函数结束后,跳到此异常处理函数所在的 try 块下面最近的一条语句开始执行(阶段 5)。

例 13.13 上述步骤演示于这个简单的例子中。

```
#include<stdio.h>
static void f(int n)
{
    if (n!=0)            //阶段 1
    throw 123;           //阶段 2
}
extern int main()
{
    try
    {
    f(1);
    printf("resuming,should never appear\n");
    }
    catch(int)           //阶段 3
    {
    //阶段 4
    printf("caught 'int' exception\n");
```

```
    }
    catch(char *)                    //阶段 3
    {
        //阶段 4
        printf("caught 'char *' exception\n");
    }
    catch(…)                         //阶段 3
    {
        //阶段 4
        printf("caught typeless exception\n");
    }
    //阶段 5
    printf("terminating,after 'try' block\n");
    return 0;
}
```

程序运行的结果为:

```
caught 'int' exception
terminating,after 'try' block
```

注意:catch(…)表示其他情况。

13.2.4 异常规格说明

为了加强程序的可读性,使用户能方便地知道所使用的函数会抛出哪些异常,C++语言提供了异常规格说明语法。

我们可以利用它清晰地告诉用户函数抛出的异常的类型,这样用户就可方便地进行异常处理。这就是异常规格说明,它存在于函数说明中,位于参数列表之后。

异常规格说明使用了关键字 throw,函数的所有潜在异常类型均随着关键字 throw 而插入函数说明中。所以函数说明可以带有异常说明。例如:

```
void f() throw (A,B,C,D);
```

这表明函数 f()能够且只能够抛出类型 A,B,C,D。而传统函数声明

```
void f();
```

意味着函数可能抛出任何一种异常。

如果是

```
void f() throw();
```

这意味着函数不会有异常抛出。

为了得到好的程序方案和文件,为了方便函数调用者,每当写一个有异常抛出的函数时都应当加入异常规格说明。

13.2.5 异常处理中的构造与析构

C++ 语言异常处理的真正能力，不仅在于它能够处理各种不同类型的异常，还在于它具有为异常抛出前构造的所有局部对象自动调用析构函数的能力。

要捕获析构函数中抛出的异常，可以将调用析构函数的函数放在 try 块中，并提供相应类型的 catch 处理器。所抛出对象的析构函数在异常处理器执行完毕之后执行。

例 13.14 使用带析构语义的类的 C++ 异常处理。

```cpp
#include<iostream.h>
void MyFunc( void );
class Expt
{
    public:
      Expt(){};
      ~Expt(){};
      const char * ShowReason() const
      {
      return "Expt 类异常。";
      }
};
class Demo
{
public:
    Demo();
    ~Demo();
};
Demo::Demo()
{
    cout<<"构造 Demo."<<endl;
}
Demo::~Demo()
{
    cout<<"析构 Demo."<<endl;
}
void MyFunc()
{
    Demo D;
    cout<<"在 MyFunc()中抛掷 Expt 类异常。"<<endl;
    throw Expt();
}
int main()
{
```

```
        cout<<"在 main 函数中。"<<endl;
        try
        {
            cout<<"在 try 块中,调用 MyFunc()。"<<endl;
            MyFunc();
        }
        catch( Expt E )
        {
            cout<<"在 catch 异常处理程序中。"<<endl;
            cout<<"捕获到 Expt 类型异常:";
            cout<<E.ShowReason()<<endl;
        }
        catch( char *str )
        {
            cout<<"捕获到其他的异常:"<<str<<endl;
        }
        cout<<"回到 main 函数。从这里恢复执行。"<<endl;
        return 0;
    }
```

运行结果:

在 main 函数中。
在 try 块中,调用 MyFunc()。
构造 Demo()。
在 MyFunc()中抛掷 Expt 异常。
析构 Demo()。
在 catch 异常处理程序中。
捕获到 Expt 类型异常:Expt 类异常。
回到 main 函数。从这里恢复执行。

习　　题

(1) 什么叫模板?什么叫函数模板?什么叫模板函数?
(2) 什么叫类模板?什么叫模板类?
(3) 什么叫模板形参?什么叫模板实参?什么叫参数实例化?
(4) 使用模板函数实现 Swap(x , y),函数功能为交换 x , y 的值。
(5) 什么叫做异常?什么叫做异常处理?
(6) C++ 的异常处理机制有何优点?
(7) 设计一个异常 Exception 抽象类,在此基础上派生一个 OutOfMenory 类响应内存不足,一个 RangeError 类响应输入的数不在指定范围内,实现并测试这几个类。
(8) 建立一个适用于多种数据类型的 List 模板类。编写一个测试该模板类的程序。

(9) 用模块函数实现找出两个数值中最小值的程序。

(10) 用模块函数实现找出三个数值中按最小值到最大值的排序程序。

(11) 建立类 rationalNumber(分数类),使之具有下述能力:

① 建立构造函数,它能防止分母为 0、当分数不是最简形式时进行约分以及避免分母为负数等等。

② 重载加法、减法、乘法以及除法运算符。

(12) 分析下面的程序并给出运行结果。

```
#include<iostream.h>
template<class T>
T max(T a,T b)
{
    return(a>b)? (a):(b);
}

void main()
{
    int a=8,b=114;
    double x=8.9,y=9.8;
    cout<<max(x,y)<<endl;
    cout<<max(a,b)<<endl;
    cout<<max(a+x,b+y)<<endl;
    cout<<max(a+y,b+x)<<endl;
}
```

第 14 章 可视化程序设计初步

本章要点
- 学习 Windows 编程的基础知识；
- 事件驱动；
- 用继承的方法编写 Windows 程序。

本章难点
- 键盘消息的响应；
- 鼠标消息的响应；
- 用继承的方法编写 Windows 程序。

本章导读

目前，图形界面的应用程序越来越普遍。例如：记事本、计算器、字处理软件 Word、电子表格软件 Excel、演示文稿软件 PowerPoint 等。

Windows 程序设计是针对事件或消息处理进行。当一个应用程序如果需要从用户处得到某些信息时，必须用到输入设备，而键盘和鼠标是计算机系统的基本输入设备，即涉及到键盘消息、鼠标消息，本章以 Windows 环境为例，讲解 C++ 图形程序的开发过程。

14.1 Windows 程序设计基本概念

14.1.1 Windows 消息

所有的 Windows 应用程序都是由消息驱动的，消息有以下特点：

(1) 消息处理是 windows 应用程序的核心。

(2) 消息就是操作系统通知应用程序某件事情已经发生的一种方式。

(3) 当用户键入、移动鼠标或双击鼠标，或者用户改变窗口的大小，都将向适当的窗口发送消息。

(4) 一个窗口可以向另一个窗口发送消息。

14.1.2 消息的种类

在 Windows 程序中,消息大致可以分为三类:标准的 Windows 消息、控件消息和命令消息。

1. 标准的 Windows 消息

标准的 Windows 消息又可分为三类:键盘消息、鼠标消息和窗口消息。
- 键盘消息对键盘的某个键的动作相关。
- 鼠标消息涉及到鼠标的单击、双击、拖动等。
- 窗口消息一般与创建窗口、绘制窗口、移动窗口和销毁窗口等动作有关。

所有以 WM_为前缀的消息都是标准的 Windows 消息,如:
- WM_LBUTTONDOWN   按下鼠标左键所生成的消息。
- WM_LBUTTONUP   释放鼠标左键所生成的消息。
- WM_MOUSEMOVE   鼠标在窗口中移动时生成的消息。

当按下鼠标左键时,此事件发送一个 WM_ LBUTTONDOWN 的 Windows 消息;当鼠标在窗口中移动时,发送 WM_ MOUSEMOVE 消息;而当鼠标左键弹起时,则发送 WM_LBUTTONUP 消息。

(1) 键盘消息。当键盘的某个键被按下时,将产生 WM_CHAR 消息,这个消息带有字符代码值、重复次数、先前状态码三个参数。WM_CHAR 消息的处理函数为 OnChar()。

(2) 鼠标消息。在 Windows 中,处理鼠标操作基本上有下列三种:
- 单击(Click):表示按一下鼠标的左键或右键,然后释放。
- 双击(Double Click):表示快速连续按两下鼠标左键。
- 拖动(Drag):指按住鼠标的按键后,再移动鼠标。

所有这些鼠标操作,都会产生相应的消息。常用的鼠标消息有:
- WM_MOUSEMOVE   鼠标移动时产生的消息。
- WM_RBUTTONDOWN   鼠标右键按下时产生的消息。
- WM_LBUTTONDOWN   鼠标左键按下时产生消息。
- WM_LBUTTONDBLCLK   鼠标左键双击时产生消息。

(3) 窗口消息。常用的窗口消息有:
- WM_PAINT   窗口内容重绘。
- WM_MAXIMIZE   窗口最大化。
- WM_MINIMIZE   窗口最小化。
- WM_RESIZE   窗口重定义大小。
- WM_HSCROLL、WM_VSCROLL   窗口滚动。
- WM_TIME   窗口定时消息等。

下面详细讨论 WM_PAINT 消息。当调用成员函数 UpdateWindow 或 RedrawWindow

要求重新绘制窗口内容时,应用程序将收到 WM_PAINT 消息。当窗口最小化后再还原或被其他窗口遮盖后又重新显示时,当前窗口中的内容必须重新绘制,消息 WM_PAINT 就是为实现这个功能的。一般情况下,应用程序比系统更了解窗口中的内容,也更易于维护窗口中的信息。当然系统也可以帮助维护窗口内容,它的方式是向 Windows 应用程序发送 WM_PAINT 消息,应用程序检索到此消息后,就重新显示窗口中的内容。WM_PAINT 消息的处理函数为 OnPaint()。

2. 控件消息

在 Visual C++ 中,控件消息是指:控件或其他子窗口向父窗口发送 WM_COMMAND 消息或控件类所发送的消息。发送控件消息的控件在 Visual C++ 中使用唯一的 ID 号来进行标识,使用控件类来操纵。

控件消息分为以下两类:

(1) 从控件传给系统的消息,通常这类消息的前缀的最后一个字符为 N;

(2) 由系统发送给控件的消息,这类消息前缀的最后一个字符为 M。

例如,当用户对编辑框中的文本进行修改时,编辑框将发送给父窗口一条包含控件通知码 EN_CHANGE 的 WM_COMMAND 消息。窗口的消息处理函数将以某种适当的方式对通知消息做出响应,如检索编辑框中的文本等。与其他标准的 Windows 消息一样,控件消息也应该在视图类、窗口类中进行处理。但是,如果用户单击按钮控件时,发出的控件通知消息 BN_CLICKED 将作为命令消息来处理。

3. 命令消息

命令消息是指菜单项、工具栏按钮、加速键等用户界面对象发送的 WM_COMMAND 消息。它和控件消息的区别在于:控件消息只能由特定控件向 Windows 系统传送,而命令消息是由用户界面对象发送的,它可以被更多的对象处理。在文档对象、视图对象、窗体对象、控件对象中都能处理这种消息。发送命令消息的用户界面对象在 Visual C++ 中是使用唯一的 ID 号来标识的。

在 Windows 中,菜单项、工具栏按钮和加速键都是可以产生命令的用户界面对象。例如,选择程序的"文件"菜单中的"打开"菜单项,则产生一条 ID_FILE_OPEN 命令,然后通过消息映射调用函数 OnFileOpen() 来进行处理。MFC 预定义了一些命令 ID,也可以由编程人员自己定义。

14.2 Windows 程序设计举例

C++ 开发 Windows 的应用程序一种方法是使用 MFC(Microsoft Foundation Class,微软基础类库)进行设计程序。MFC 是一个庞大的类库,扩展了 C++ 的类结构。

创建显示一个窗口的应用程序所必需的两个基础类:

- – CFrameWnd
- – CwinApp

它们的基类、派生类及函数的分级图表如图 14.1 所示。

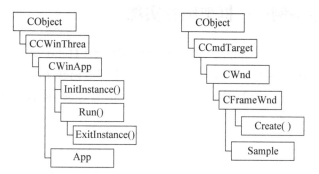

图 14.1　CObject-CWinApp 和 CFrameWnd 的基类

14.2.1　CWinApp 类

在程序设计中,要求编程人员派生一个自己的类,此类从 CWinApp 类继承,然后定义派生类的一个对象,在派生类中可以使用基类提供的成员函数,从而可以初始化、运行以及终止应用程序的每一实例。

CWinApp 类的成员函数 InitInstance()的功能是在程序第一次运行时使应用程序初始化及每次运行该程序的副本时对实例初始化。

在运行应用程序时,Windows 调用由基础类库所提供的函数 WinMain(),WinMain 依次调用 CWinApp 派生类的函数 InitInstance(),创建一个窗口以及显示该窗口,再调用函数 Run(),运行应用程序的消息循环,接收 Windows 消息,根据消息来完成应用程序所设定的任务,直至该应用程序收到一个 WM_QUIT 消息为止或每当用户按下 Alt+F4 键时,应用程序从 Run 成员函数内部调用函数 ExitInstance(),使应用程序从当前所在的实例中退出。当应用程序终止时,执行清除工作。

14.2.2　CFrameWnd 类

CFrameWnd 类提供 Windows 单文档接口(SDI)、或弹出框架窗口的功能,以及管理该窗口的成员。

要创建一个有用的应用程序框架窗口,必须从 CFrameWnd 类中派生出一个类,在此派生类中可以添加变量,用于保存为该应用程序指定的数据;也可以添加消息处理函数,用于处理指向该窗口的消息。

CFrameWnd 类的主要成员函数 Create(),CFrameWnd 对象的创建包括如下两个步骤:

(1) 通过调用构造函数创建 CFrameWnd 对象调用 Create 函数。

(2) 创建框架窗口并将之附于 CFrameWnd 对象上。

14.2.3 程序举例——框架编程实现

本例产生一个应用程序的框架,应用程序的标题为"Hello MFC",程序实现中先从 MFC 的 CwinApp 作为基类,产生派生类 MyApp,重写虚函数 InitInstance()实现窗口的初始化,在 InitInstance()函数中创建 CFrameWnd 的对象,创建一个窗口,并显示此窗口。

1. 源程序

```cpp
#include<afxwin.h>                              //载入 afxwin 标头文件
class MyApp : public CWinApp                    //继承 CWinApp
{
  public:
    BOOL InitInstance()                         //程序进入点
    {
        CFrameWnd * Frame=new CFrameWnd();      //建立 CFrameWnd 控件
        m_pMainWnd=Frame;                       //将 m_pMainWnd 设定为 Frame
        Frame->Create(NULL,"Hello MFC");        //建立视窗
        Frame->ShowWindow(SW_SHOW);             //显示视窗
        return true;
    }
};
MyApp a_app;
```

2. 应用程序分析

程序入口函数是 WinMain(),WinMain()调用 InitInstance()来产生最初的文档、视图和主框架窗口,然后生成工具栏和状态栏。当 InitInstance()函数执行完毕后,WinMain()函数将调用成员函数 Run(),进入处理消息的循环,接收系统或用户的消息,完成用户需要的功能。当程序终止时,接收到 WM_QUIT 消息,MFC 调用 CWinApp 类的成员函数 ExitInstance(),最后退出应用程序,将控制权交给操作系统。

3. 程序调试过程

(1) 选择 Microsoft Visual C++ 6.0,打开 VC 环境。
(2) 单击"文件"→"新建"命令。
(3) 在"新建"对话框的"工程"属性页中选择 Win32 Application;此页右上角输入工程名"Myproject",然后单击"确定"按钮。
(4) 在 Win32 Application-Step 1 of 1 中选定单选按钮 An empty project,然后单击"F 完成"按钮。
(5) 在"新建工程信息"属性页中单击"确定"按钮。
(6) 单击菜单"文件"→"新建",在"文件"属性页中选择 C++ Source File。注意选中"A 添加工程",输入文件名"file1"。

(7) 输入源程序,如图 14.2 所示。

图 14.2　编辑源程序

(8) 单击菜单"编译",选择菜单命令"放置可远行配置…",在"移动活动工程配置"对话框中选定 Myproj-Win32 Release,表示编译的程序为非测试版,然后单击"确定"按钮。

(9) 单击菜单"工程",选择菜单命令"设置"。

(10) 在 Project Settings 对话框的 General 属性页选项 Microsoft Foundation Classes 的下拉列表框中,选定 Use MFC in Static Library。

(11) 在 Project Settings 对话框的 C/C++ 属性页选项"Y 分类"的下拉列表框中,选定 Precompiled Headers,选中单选按钮"M 自动使用预补偿页眉",然后单击"确定"按钮。

(12) 单击菜单"编译",执行菜单命令"!执行 myproj.exe Ctrl+F5"。

程序的执行结果如图 14.3 所示。

图 14.3　程序的执行结果

第 14 章　可视化程序设计初步　447

4. 应用程序说明

#include 包含头文件"afxwin.h",此库中包括 CWinApp 和 CFrameWnd 类的定义,前缀"afx"代表应用程序框架。

框架窗口派生自 CFrameWnd 类,用于创建窗口。

成员变量"m_pMainWnd"属于 CWinApp 类,指向对象"Frame",指明代表窗口的对象在内存中位置。

建立视窗成员函数 Create(),它的功能对窗口名进行初始化及窗口注册,此例中窗口接收两个参数:第一个参数 NULL 表示以 Windows 类命名的空终止字符串,第二个参数表示窗口名。

成员函数 ShowWindow(),用于显示窗口,函数的参数 SW_SHOWMAXIMIZED 确保显示最大化的窗口。

上机操作练习 1

上机调试应用程序举例——框架编程实现。

14.2.4 应用程序举例——消息框编程实现

修改上面示例中的应用程序举例 1,但窗口的标题改为"My First Window"。当按下鼠标左键时,呈现一个消息框,消息框的标题为""Hello World"",消息框显示"You Clicked the Left Mouse Button"。

1. 源程序

```
#include<afxwin.h>              //载入 afxwin 标头文件
class sample:public CFrameWnd
{
public:
    void OnLButtonDown(UINT,CPoint)
    {
        MessageBox("You Clicked the Left Mouse Button","Hello World",0);
    }

    void OnRButtonDown(UINT,CPoint)
    {
        MessageBox("You Clicked the Right Mouse Button","Hello World",0);
    }
    DECLARE_MESSAGE_MAP()
};
BEGIN_MESSAGE_MAP(sample,CFrameWnd)
    ON_WM_LBUTTONDOWN()
    ON_WM_RBUTTONDOWN()
```

```
END_MESSAGE_MAP()

class App:public CWinApp
{
public:
    BOOL InitInstance()
    {
        ::MessageBox(0,"My First Window","Message Maps",MB_OK|MB_ICONASTERISK);
        sample * obj;
        new sample;
        m_pMainWnd=obj;
        obj->Create(0,"My First Window");
        obj->ShowWindow(SW_SHOWMAXIMIZED);
        return TRUE;
    }
};

App appobject;
```

2. 应用程序分析

程序入口函数是 WinMain(),WinMain() 调用 InitInstance() 函数,在 InitInstance() 函数中,显示一个消息框产生一个消息,产生最初的文档、视图和主框架窗口,然后生成工具栏和状态栏。当 InitInstance() 函数执行完毕后,WinMain() 函数将调用成员函数 Run(),进入处理消息的循环,接收系统或用户的消息,完成用户需要的功能。当程序终止时,接收到 WM_QUIT 消息,MFC 调用 CWinApp 类的成员函数 ExitInstance(),最后退出应用程序,将控制权交给操作系统。

3. 应用程序说明

#include 包含头文件"afxwin.h",此库中包括 CWinApp 和 CFrameWnd 类的定义,前缀"afx"代表应用程序框架。

框架窗口:派生自 CFrameWnd 类,用于创建窗口。

从 CWinApp 中派生出 App 类,使得能够重写函数 InitInstance()。

创建 CFrameWnd 派生出 sample 类的实例 obj,通过在函数前面加双冒号"::"方式直接调用直接调用 SDK 函数:

```
MessageBox(0,"My First Window","Message Maps",MB_OK|MB_ICONASTERISK)
```

参数 MB_OK|MB_ICONASTERISK 用于消息框显示的图标,程序中还可以用下列参数:

- MB_ICONASTERISK
- MB_ICONHAND
- MB_ICONSTOP

- MB_ICONQUESTION
- MB_ICONEXCLAMATION

成员变量"m_pMainWnd"属于 CWinApp 类,指向对象"obj",指明代表窗口的对象在内存中位置。

Create()函数用于建立视窗成员函数,它的功能对窗口名进行初始化及窗口注册。此例中窗口接收两个参数,第一个参数 NULL 表示以 Windows 类命名的空终止字符串,第二个参数表示窗口名。

ShowWindow()函数用于显示窗口,函数参数 SW_SHOWMAXIMIZED 确保显示最大化的窗口。

消息映射是将消息处理程序与它要处理的特定消息连接起来的一种机制,用于指定由哪种函数来处理某个特定类的各种不同的消息。需要编写处理消息函数,并将该消息映射添加到关联消息与函数的 CFrameWnd 类中。

消息映射中包含:

- 一个或多个宏;
- 指定哪种函数处理哪类消息。

DECLARE_MESSAGE_MAP 命令表示在为各个处理函数所写的类声明之后存在有消息映射条目,它置于类声明的最后。

BEGIN_MESSAGE_MAP 命令用于标志消息映射定义部分的开始。

END_MESSAGE_MAP 命令用于标志消息映射定义部分的结束。

ON_COMMAND 命令通常由 ClassWizard 或手工插入到一个消息映射中,指明将由哪个函数处理来自命令用户界面对象的命令消息,例如:

```
BEGIN_MESSAGE_MAP(sample,CFrameWnd)
  ON_WM_LBUTTONDOWN()
  ON_WM_RBUTTONDOWN()
END_MESSAGE_MAP()
```

消息映射定义中含派生类 sample 是从基类 CframeWnd 中继承的,当用鼠标左键单击窗口时,Windows 发送 WM_LBUTTONDOWN 消息,使用宏 ON_WM_LBUTTONDOWN 捕获消息,该宏调用函数 OnLButtonDown();同理,当用鼠标右键单击窗口时,Windows 发送 WM_RBUTTONDOWN 消息,使用宏 ON_WM_RBUTTONDOWN 捕获消息,该宏调用函数 OnRButtonDown()。

4. 程序测试结果

根据应用程序举例——框架的调试步骤,通过编译然后执行程序,出现如图 14.4 所示的消息框。

单击消息框中的"确定"按钮,出现一个标题为 My First Window 的窗口。在窗口内分别单击鼠标右键与左键,在窗口内出现一个消息框,如图 14.5、图 14.6 所示。

图 14.4 程序执行后首先出现的消息框

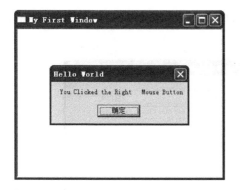 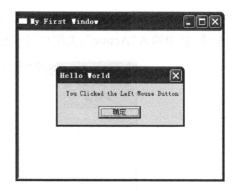

图 14.5　单击鼠标右键窗口内出现的消息框　　　　图 14.6　单击鼠标左键窗口内出现的消息框

上机操作练习 2

上机调试应用程序举例——消息框编程实现。

14.2.5　应用程序举例——菜单编程实现

菜单程序的编写：菜单是 Windows 应用程序中非常重要的人机界面，是用户与应用程序之间进行交流的主要方式之一，也是用户界面对象中的一个最重要的对象。菜单是一系列命令的列表，用户能够选中其中的菜单命令并执行相应任务。

1. 操作步骤

（1）模仿应用程序举例——框架程序实现，完成第（1）步～第（5）步，工程名取名为 Myproject3。

（2）单击菜单"文件"→"新建"，在"文件"属性页中选择 Resource Scipt；注意选中"A 添加工程"，输入文件名 source 单击"确定"按钮。

（3）用右键单击文件夹 source，如图 14.7 所示，选择弹出菜单中的命令项 Insert，在"插入资源"对话框中的"T 资源类型"中选中 Menu，然后单击"N 新建"按钮。

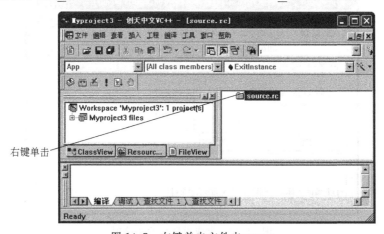

图 14.7　右键单击文件夹 source

（4）在出现的图 14.8 中，双击箭头所示的虚线框，出现图 14.9 所示的属性框，在"C 标题"框中输入"Action"，关闭此属性框。

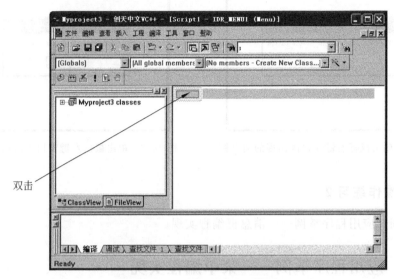

图 14.8　双击箭头所示的虚线框

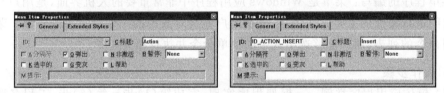

图 14.9　在"C 标题"框中输入"Action"

（5）双击 Action 下的虚线框，在"C 标题"框中输入"Insert"，在"ID："框中输入"ID_ACTION_INSERT"，关闭此属性框。同理，完成如表 14.1 所示的菜单项标题与 ID 的设置。完成后的菜单如图 14.10 所示。

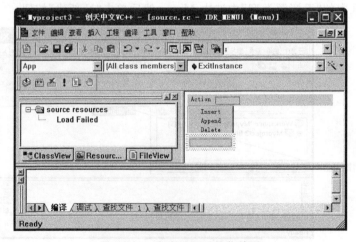

图 14.10　完成设置后的菜单项

表 14.1 菜单项的标题及 ID

C 标题	ID	C 标题	ID
Action		Append	ID_ACTION_APPEND
Insert	ID_ACTION_INSERT	Delete	ID_ACTION_DELETE

(6) 单击菜单"文件"→"新建",在"文件"属性页中选择 C++ Source File;注意选中"A 添加工程",输入文件名"file3"。

(7) 输入源程序。

```
#include<afxwin.h>
#include"resource.h"

class myframe :public CFrameWnd
{
public:
    CMenu *m;
    myframe()
    {
        m=new CMenu;
        Create(0,"Menu");
        m->LoadMenu(IDR_MENU1);
        SetMenu(m);
    }
};

class mywin:public CWinApp
{
public:
    BOOL InitInstance()
    {
    myframe *my;
        my=new myframe;
        my->ShowWindow(SW_SHOWMAXIMIZED);
        m_pMainWnd=my;
    return TRUE;
    }
};

mywin a;
```

(8) 参照应用程序举例——框架程序实现的操作步骤(8)~步骤(12),程序运行的结果如图 14.11 所示。

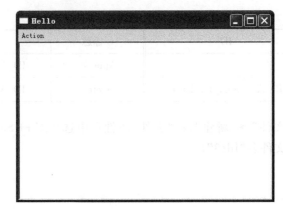

图 14.11　程序运行的结果

（9）菜单处理函数的编写。

程序运行中菜单项呈现灰色，表示当前不可使用，这是由于没有编写菜单处理函数，编写菜单处理函数分两步，第一步是菜单 ID 与菜单处理函数的消息映射；第二步是菜单处理函数的编写。

① 菜单 ID 与菜单处理函数的消息映射

```
BEGIN_MESSAGE_MAP(sample,CFrameWnd)
    ON_COMMAND(ID_ACTION_INSERT,insert)     //菜单项的 ID 及菜单处理函数
    ON_COMMAND(ID_ACTION_APPEND,append)
    ON_COMMAND(ID_ACTION_DELETE,del)
END_MESSAGE_MAP()
```

其中 insert、append、del 为菜单处理函数，例如在菜单"Insert"上产生点击事件时，菜单消息 ID_ACTION_INSERT 与相应的菜单处理函数 insert 映射。

② 菜单处理函数的编写

```
void insert()
{
  m->InsertMenu(1,MF_BYPOSITION|MF_ENABLED,ID_INSERTEDITEM,"&InsertedItem");
  DrawMenuBar();
}

void append()
{
  m->AppendMenu(MF_ENABLED,ID_APPENDEDITEM,"&AppendedItem");
  DrawMenuBar();
}

void del()
{
  m->DeleteMenu(ID_INSERTEDITEM,MF_BYCOMMAND);
```

```
    DrawMenuBar();
}
```

完整的源程序代码为：

```
#include<afxwin.h>
#include"resource.h"
#define ID_APPENDEDITEM 500
#define ID_INSERTEDITEM 600

class myframe :public CFrameWnd
{
public:
  CMenu *m;
  myframe()
  {
      m=new CMenu;
      Create(0,"Menu");
      m->LoadMenu(IDR_MENU1);
      SetMenu(m);
  }

  void insert()
  {
    m->InsertMenu(1,MF_BYPOSITION|MF_ENABLED,ID_INSERTEDITEM,"&InsertedItem");
    DrawMenuBar();
  }

  void append()
  {
    m->AppendMenu(MF_ENABLED,ID_APPENDEDITEM,"&AppendedItem");
    DrawMenuBar();
  }

  void del()
  {
    m->DeleteMenu(ID_INSERTEDITEM,MF_BYCOMMAND);
    DrawMenuBar();
  }
  DECLARE_MESSAGE_MAP()
};

BEGIN_MESSAGE_MAP(myframe,CFrameWnd)
  ON_COMMAND(ID_ACTION_INSERT,insert)          //菜单项的ID及菜单处理函数
  ON_COMMAND(ID_ACTION_APPEND,append)
  ON_COMMAND(ID_ACTION_DELETE,del)
```

```
END_MESSAGE_MAP()

class mywin:public CWinApp
{
public:
  BOOL InitInstance()
  {
    myframe *my;
      my=new myframe;
      my->ShowWindow(SW_SHOWMAXIMIZED);
      m_pMainWnd=my;
      return TRUE;
  }
};

mywin a;
```

(10) 重新编译程序,运行程序可以发现都实现了各自的功能。

上机操作练习 3

上机调试应用程序举例——菜单编程实现。

14.2.6 应用程序举例——图形、文字、图像编程实现

在应用程序举例——菜单程序中增加如表 14.2 所示的菜单项,它们分别显示图形、文字、图像。

表 14.2 菜单项的标题及 ID

C 标题	ID	C 标题	ID
显示		文字	ID_ACTION_TE
图形	ID_ACTION_GRA	图像	ID_ACTION_IM

在应用程序举例——菜单程序中,修改消息映射宏如下:

```
BEGIN_MESSAGE_MAP(myframe,CFrameWnd)
    ON_COMMAND(ID_ACTION_INSERT,insert)     //菜单项的 ID 及菜单处理函数
    ON_COMMAND(ID_ACTION_APPEND,append)
    ON_COMMAND(ID_ACTION_DELETE,del)
    ON_COMMAND(ID_ACTION_IM,image)          //菜单项的 ID 及菜单处理函数
    ON_COMMAND(ID_ACTION_GRA,graphics)
    ON_COMMAND(ID_ACTION_TE,text)
END_MESSAGE_MAP()
```

增加菜单处理函数:

```
void graphics()
{
    CClientDC *pdc=new CClientDC(this);
    CPen pen;
    pen.CreatePen(PS_SOLID,3,RGB(255,0,0));
    CPen *oldpen=(CPen *)pdc->SelectObject(&pen);
    pdc->Rectangle(100,100,200,200);
    pdc->Ellipse(200,200,400,400);
    pdc->Arc(100,100,300,300,130,100,250,250);
    delete pdc;
    CClientDC *pd=new CClientDC(this);
    CPaintDC d(this);
    CPen *p;
    p=new CPen;
    p->CreatePen(PS_SOLID,3,RGB(255,0,0));
    pd->SelectObject(p);
    CBrush *b;
    b=new CBrush;
    b->CreateSolidBrush(RGB(0,0,255));
    pd->SelectObject(b);
    pd->Rectangle(400,100,600,300);
}

void text()
{
    CClientDC dc(this);
    CFont NewFont5;
    NewFont5.CreateFont(50,0,0,0,FW_DEMIBOLD,0,0,0,0,OUT_DEFAULT_PRECIS,
    CLIP_DEFAULT_PRECIS,DEFAULT_QUALITY,DEFAULT_PITCH|FF_ROMAN,0);
    CFont * pOldFont5=dc.SelectObject(&NewFont5);
    dc.TextOut(0,20,"面向对象的程序设计 C++");
    dc.SelectObject(pOldFont5);
}
```

执行函数 image()，首先须将位图资源添至 RC 资源文件，具体操作步骤为：

(1) 单击选项卡 Resource View。
(2) 使用鼠标右键单击文件夹 menu1 resources。
(3) 单击选项 Insert，它会显示对话框 Insert Resources。
(4) 单击选项 Bitmap。
(5) 单击按钮 Import，导入一个 bmp 位图。
(6) 单击按钮 Import，位图的 ID 默认为 IDB_BITMAP1。

```
void image()
{
```

```
    CClientDC d(this);
    CBitmap *b;
    b=new CBitmap;
    b->LoadBitmap(IDB_BITMAP1);
    CDC s;
    s.CreateCompatibleDC(&d);
    s.SelectObject(b);
    d.BitBlt(360,400,600,600,&s,0,0,SRCCOPY);
}
```

完整的源程序代码为:

```
#include<afxwin.h>
#include"resource.h"
#define ID_APPENDEDITEM 500
#define ID_INSERTEDITEM 600

class myframe :public CFrameWnd
{
public:
    CMenu *m;
    myframe()
    {
        m=new CMenu;
        Create(0,"Menu");
        m->LoadMenu(IDR_MENU1);
        SetMenu(m);
    }

    void insert()
    {
        m->InsertMenu(1,MF_BYPOSITION|MF_ENABLED,ID_INSERTEDITEM,"&InsertedItem");
        DrawMenuBar();
    }

    void append()
    {
        m->AppendMenu(MF_ENABLED,ID_APPENDEDITEM,"&AppendedItem");
        DrawMenuBar();
    }

void del()
{
    m->DeleteMenu(ID_INSERTEDITEM,MF_BYCOMMAND);
    DrawMenuBar();
}
```

```cpp
void graphics()
{
  CClientDC *pdc=new CClientDC(this);
  CPen pen;
  pen.CreatePen(PS_SOLID,3,RGB(255,0,0));
  CPen *oldpen=(CPen*)pdc->SelectObject(&pen);
  pdc->Rectangle(100,100,200,200);
  pdc->Ellipse(200,200,400,400);
  pdc->Arc(100,100,300,300,130,100,250,250);
  delete pdc;
  CClientDC *pd=new CClientDC(this);
  CPaintDC d(this);
  CPen *p;
  p=new CPen;
  p->CreatePen(PS_SOLID,3,RGB(255,0,0));
  pd->SelectObject(p);
  CBrush *b;
  b=new CBrush;
  b->CreateSolidBrush(RGB(0,0,255));
  pd->SelectObject(b);
  pd->Rectangle(400,100,600,300);
}

void text()
{
  CClientDC dc(this);
  CFont NewFont5;
  NewFont5.CreateFont(50,0,0,0,FW_DEMIBOLD,0,0,0,0,OUT_DEFAULT_PRECIS,
  CLIP_DEFAULT_PRECIS,DEFAULT_QUALITY,DEFAULT_PITCH|FF_ROMAN,0);
  CFont *pOldFont5=dc.SelectObject(&NewFont5);
  dc.TextOut(0,20,"面向对象的程序设计C++");
  dc.SelectObject(pOldFont5);
}
void image()
{
  CClientDC d(this);
  CBitmap *b;
  b=new CBitmap;
  b->LoadBitmap(IDB_BITMAP1);
  CDC s;
  s.CreateCompatibleDC(&d);
  s.SelectObject(b);
  d.BitBlt(360,400,600,600,&s,0,0,SRCCOPY);
}
```

```
  DECLARE_MESSAGE_MAP()
};

BEGIN_MESSAGE_MAP(myframe,CFrameWnd)
  ON_COMMAND(ID_ACTION_INSERT,insert)      //菜单项的 ID 及菜单处理函数
  ON_COMMAND(ID_ACTION_APPEND,append)
  ON_COMMAND(ID_ACTION_DELETE,del)
  ON_COMMAND(ID_ACTION_IM,image)           //菜单项的 ID 及菜单处理函数
  ON_COMMAND(ID_ACTION_GRA,graphics)
  ON_COMMAND(ID_ACTION_TE,text)

END_MESSAGE_MAP()

class mywin:public CWinApp
{
public:
  BOOL InitInstance()
  {
  myframe *my;
    my=new myframe;
    my->ShowWindow(SW_SHOWMAXIMIZED);
    m_pMainWnd=my;
  return TRUE;
  }
};

mywin a;
```

程序运行结果如图 14.12 所示。

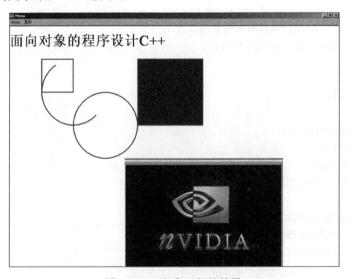

图 14.12 程序运行的结果

上机操作练习 4

上机调试应用程序举例——图形、文字、图像编程实现。

14.2.7　应用程序举例——对话框程序的实现

对话框程序的编写。对话框是 Windows 应用程序中最重要的用户界面元素之一,是用户交互的重要手段。在程序运行过程中,对话框可用于捕捉用户的输入信息或数据。Windows 将对话框分为两大类:模态对话框和非模态对话框。模态对话框在程序中最为常用、普通。当用户在应用程序中显示一个模态对话框时,不能在该对话框和该应用程序的其他窗口之间进行切换,而必须关闭该对话框之后,才能将输入焦点转移到应用程序的其他窗口。这种类型的对话框就是模态对话框,也叫有模式对话框。

操作步骤如下。

(1) 单击 Microsoft Visual C++ 6.0,打开 VC 环境。

(2) 选择"文件"→"新建"命令。

(3) 在"新建"对话框的"工程"属性页中选择 Win32 Application;此页右上角输入工程名"对话框",然后单击"确定"按钮。

(4) 在 Win32 Application-Step 1 of 1 中选定单选按钮 An empty project,然后单击"F 完成"按钮。

(5) 在"新建工程信息"属性页中单击"确定"按钮。

(6) 建立资源文件:单击菜单"文件"→"新建",选中 Resource Script,注意选中"A 添加工程",输入文件名"source5"。

(7) 打开 source5.rc 文件,输入资源文件。

资源文件如下:

```
#include<afxres.h>

m Menu
BEGIN
MENUITEM "OPEN",100
END
10 DIALOG 50,80,150,100
STYLE WS_SYSMENU

BEGIN
CONTROL "OK",IDOK,"BUTTON",BS_DEFPUSHBUTTON,20,50,40,15
CONTROL "CANCEL",IDCANCEL,"BUTTON",BS_PUSHBUTTON,80,50,40,15
END
```

(8) 单击菜单"文件"→"新建",在"文件"属性页中选择 C++ Source File;注意选中"A 添加工程",输入文件名"file8"。输入 CPP 文件。

Cpp 文件如下：

```cpp
#include<afxwin.h>
class MyDialog:public CDialog
{
public:
    MyDialog():CDialog(10)
    { }
    void OnOK()
    {
        MessageBox("Clicked on the OK button","HELLO");
        EndDialog(IDOK);
    }
    void OnCancel()
    {
        MessageBox("Clicked on the Cancel button","HELLO");
        EndDialog(IDCANCEL);
    }
    DECLARE_MESSAGE_MAP()
};
BEGIN_MESSAGE_MAP(MyDialog,CDialog)
    ON_COMMAND (IDOK,OnOK)
    ON_COMMAND (IDCANCEL,OnCancel)
END_MESSAGE_MAP()
class MyFrame:public CFrameWnd
{
public:
    MyFrame()
    {
        Create(0,"Hello",WS_OVERLAPPEDWINDOW,(CRect)0,0,"m");
    }
    void display()
    {
        MyDialog *my;
        my=new MyDialog;
        my->DoModal();
    }
    DECLARE_MESSAGE_MAP()
};

BEGIN_MESSAGE_MAP(MyFrame,CFrameWnd)
    ON_COMMAND(100,display)
END_MESSAGE_MAP()
class MyApp:public CWinApp
{
public:
```

```
    int InitInstance()
    {
        MyFrame *b;
        b=new MyFrame;
        b->ShowWindow(3);
        m_pMainWnd=b;
        return 1;
    }
};
MyApp a;
```

（9）单击菜单"工程"，选择菜单命令"设置"。

（10）在 Project Settings 对话框的 General 属性页选项 Microsoft Foundation Classes 的下拉列表框中，选定 Use MFC in Static Library。

（11）在 Project Settings 对话框的 C/C++ 属性页选项"Y 分类"的下拉列表框中，选定 Precompiled Headers，选中单选按钮"M 自动使用预补偿页眉"，然后单击"确定"。

（12）单击菜单"编译"，执行菜单命令"!执行 myproj.exe Ctrl＋F5"命令。

上机操作练习 5

上机调试应用程序举例——对话框程序的实现。

14.2.8 应用程序举例——通用对话框程序设计

操作步骤如下。

（1）启动 Visual C++，单击菜单选项"文件"，如图 14.13 所示。

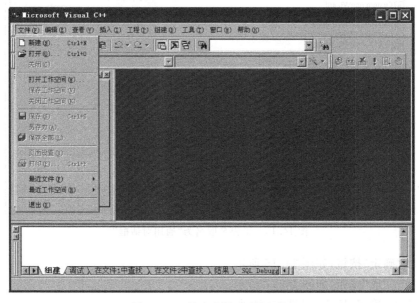

图 14.13 单击菜单选项"文件"

（2）单击"新建"选项，则显示"新建"对话框。默认情况下选定"工程"选项卡，如图 14.14 所示。

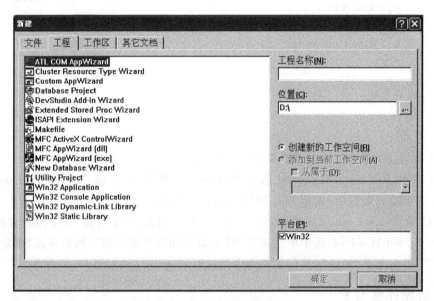

图 14.14　"新建"对话框

（3）选择 Win32 Application 选项，单击"工程名称"文本框，在文本框中键入"通用对话框"，如图 14.15 所示。

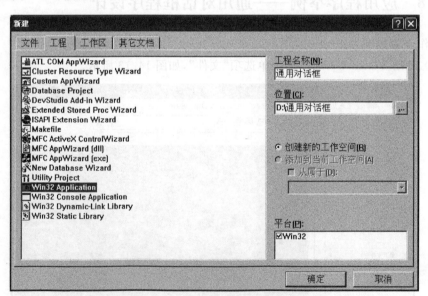

图 14.15　工程名取名为"通用对话框"

（4）按"确定"按钮，如图 14.16 所示。
（5）按"完成"按钮，如图 14.17 所示。
（6）单击"确定"按钮，如图 14.18 所示。

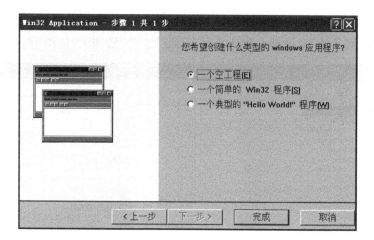

图 14.16　Win32 Application 的"新建"对话框

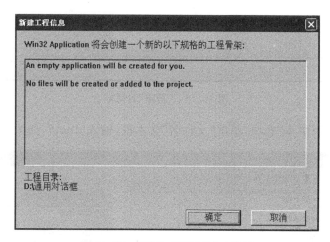

图 14.17　"新建工程信息"对话框

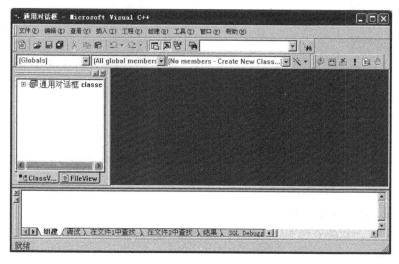

图 14.18　"通用对话框"的建立

第 14 章　可视化程序设计初步　465

（7）给该项目添加一个新的资源脚本文件 file1.rc。单击菜单选项"文件"，单击"新建"选项，则显示"新建"对话框。默认情况下选定"文件"选项卡，如图 14.19 所示。

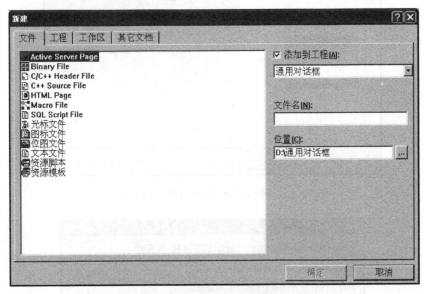

图 14.19　"新建"对话框

（8）选择"资源脚本"选项，单击"文件名"文本框，输入"file1"，如图 14.20 所示。

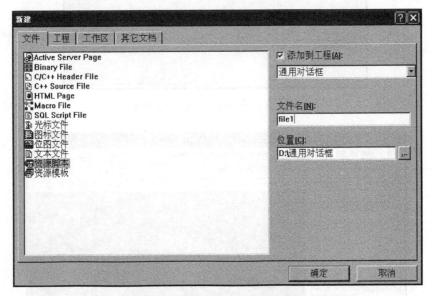

图 14.20　添加"资源脚本"对话框

（9）单击"确定"，则出现如图 14.21 所示。

（10）插入一个菜单资源，用鼠标右键单击文件夹 file1.rc，弹出一个快捷菜单，如图 14.22 所示。

（11）单击"插入"，显示"插入资源"对话框，选择 Menu，如图 14.23 所示。

图 14.21　添加"资源脚本"成功

图 14.22　插入菜单资源

图 14.23　"插入资源"对话框

(12) 按"新建"按钮,出现如图 14.24 所示的"通用对话框"对话框。

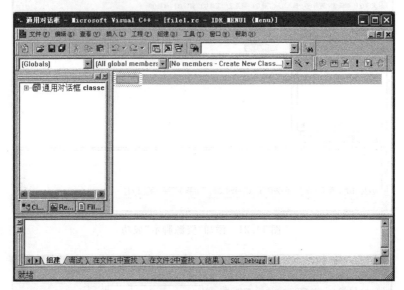

图 14.24 "通用对话框"对话框

(13) 双击图 14.25 显示的空白菜单选项,出现"菜单项目属性"对话框,如图 14.25 所示。

图 14.25 "菜单项目属性"对话框

(14) 在"标明"后面的文本框中输入"文件",关闭对话框,如图 14.26 所示。

(15) 用菜单编辑器依次添加如表 14.3 所示的菜单项。

表 14.3 所编辑的菜单项

菜单 ID	标题	属性
ID_FILE_OPEN	打开	缺省
ID_PRINT	打印	缺省

图 14.26　添加"文件"菜单

编辑情况如图 14.27 所示。

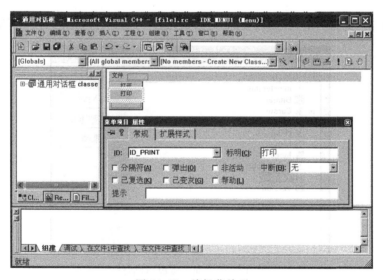

图 14.27　编辑菜单项

(16) 双击图 14.28 后面空白菜单选项,用菜单编辑器依次添加如表 14.4 所示的菜单项。

表 14.4　所编辑的菜单项

菜单 ID	标题	属性
缺省	格式	O 弹出
ID_TEXT_FONT	字体	缺省
ID_COLOR	颜色	缺省

(17) 单击菜单选项"插入",选择资源,如图 14.28 所示。

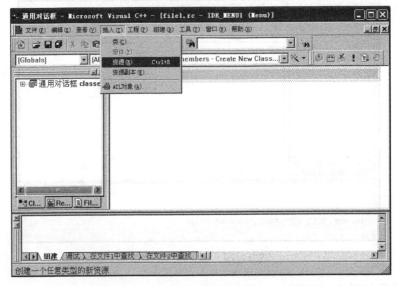

图 14.28　插入资源

(18) 单击"资源",出现"插入资源"对话框,选择 Toolbar,如图 14.29 所示。

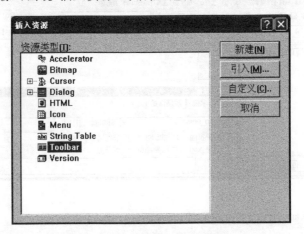

图 14.29　"插入资源"对话框

(19) 单击"新建"按钮,如图 14.30 所示。

(20) 编辑工具栏:单击右边的 A,出现"文本工具"的对话框,输入"O",如图 14.31 所示。

(21) 关闭文本工具,关闭的时候会出现如图 14.32 所示的对话框,按"确定"按钮。

(22) 用同样的方法编辑工具栏,添加 P、F、C 按钮。编辑完后,如图 14.33 所示。

(23) 添加新的 C++ 源文件,单击菜单选项"文件",单击"新建"选项,则显示"新建"对话框。选择 C++ Source File,单击"文件名"文本框,输入"file2"。如图 14.34 所示。

(24) 单击"确定"按钮。

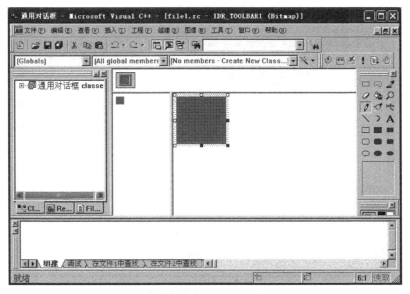

图 14.30 新建工具图标

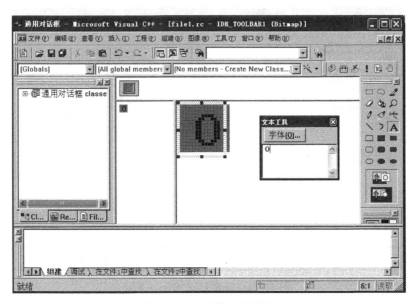

图 14.31 编辑工具图标

图 14.32 按"确定"按钮

第 14 章 可视化程序设计初步

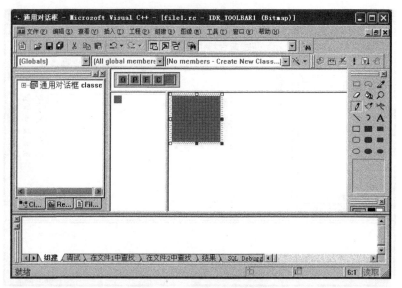

图 14.33　工具栏的编辑

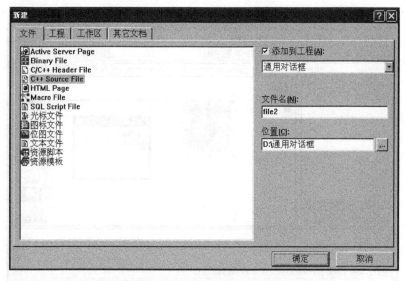

图 14.34　新建 C++ Source File

(25) 编写功能代码,在文本编辑器窗口中键入下列代码。

```
#include<afxwin.h>
#include<afxext.h>
#include "resource.h"
UINT tool[]={ID_FILE_OPEN,ID_TEXT_FONT,ID_PRINT,ID_COLOR};
UINT stat[]={0,ID_INDICATOR_NUM,ID_INDICATOR_CAPS};
class mydialog:public CDialog
{
```

```cpp
public:
};
class myframe:public CFrameWnd
{
public:
    CToolBar t;
    CStatusBar s;
    mydialog * d1;
    char shape;
    myframe()
    {
        Create(0,"Dialog Demo Application",WS_OVERLAPPEDWINDOW,(CRect)0,0,
        MAKEINTRESOURCE(IDR_MENU1));
        shape='s';
    }
    BOOL OnCreateClient(CREATESTRUCT * c,CCreateContext * p)
    {
        t.Create(this,WS_VISIBLE|WS_CHILD|CBRS_TOP|CBRS_FLYBY);
        t.LoadBitmap(IDR_TOOLBAR1);
        t.SetButtons(tool,4);
        s.Create(this);
        s.SetIndicators(stat,4);
        return TRUE;
    }
    void open()
    {
        shape='o';
        Invalidate();
    }
    void font()
    {
        shape='f';
        Invalidate();
    }
    void print()
    {
        shape='p';
        Invalidate();
    }
    void color()
    {
        shape='c';
        Invalidate();
```

```cpp
    }
    void OnPaint()
    {
        CPaintDC d(this);
        if(shape=='f')
        {
            CFontDialog dlg;
            if(dlg.DoModal()==IDOK)
            {
                LOGFONT lf;
                memcpy(&lf,dlg.m_cf.lpLogFont,sizeof(LOGFONT));
                CFont font;
                VERIFY(font.CreateFontIndirect(&lf));
                CClientDC dc(this);
                CFont * def_font=dc.SelectObject(&font);
                dc.TextOut(350,350,"Hello VC++6.0 ",5);
                dc.SelectObject(def_font);
                font.DeleteObject();
            }
        }
        else if(shape=='p')
        {
            CPrintDialog dlg(FALSE,PD_PAGENUMS|PD_USEDEVMODECOPIES);
            dlg.m_pd .nMinPage =dlg.m_pd .nFromPage =1;
            dlg.m_pd .nMaxPage =dlg.m_pd .nToPage =10;
            if(dlg.DoModal()==IDOK)
            {
                int from_page,to_page;
                if(dlg.PrintAll())
                {
                    from_page=dlg.m_pd .nMinPage;
                    to_page=dlg.m_pd .nMaxPage;
                }
                else if(dlg.PrintRange())
                {
                    from_page=dlg.GetFromPage();
                    to_page=dlg.GetToPage();
                }
                else if(dlg.PrintSelection())
                {
                    from_page=to_page=-1;
                }
                TRACE("Print from %d to %d\n",from_page,to_page);
```

```
            }
        }
        else if(shape=='o')
        {
            CString Fi;
            CFileDialog dlg(TRUE);
            if(dlg.DoModal()==IDOK)
                Fi=dlg.GetPathName();
        }
        else if(shape=='c')
        {
            CColorDialog dlg;
            if (dlg.DoModal()==IDOK)
            {
                COLORREF color=dlg.GetColor();
                TRACE("获取颜色的 RGB 值为 red=%u,green=%u,blue=%U\n",GetRValue
                    (color),GetRValue(color),GetRValue(color));
            }
        }
    }
    DECLARE_MESSAGE_MAP()
};
BEGIN_MESSAGE_MAP(myframe,CFrameWnd)
    ON_WM_PAINT()
    ON_COMMAND(ID_FILE_OPEN,open)
    ON_COMMAND(ID_TEXT_FONT,font)
    ON_COMMAND(ID_PRINT,print)
    ON_COMMAND(ID_COLOR,color)
END_MESSAGE_MAP()
class mywin:public CWinApp
{
public:
    int InitInstance()
    {
        myframe *my;
        my=new myframe;
        my->ShowWindow(3);
        m_pMainWnd=my;
        return 1;
    }
};
mywin aa;
```

（26）设置使用 MFC 作为静态链接库，单击菜单选项"工程"，选择"设置"，单击列表框"Microsoft 基础类"选中"使用 MFC 作为静态链接库"，如图 14.35 所示。

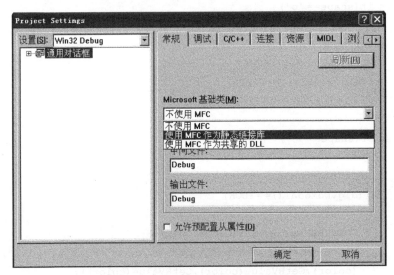

图 14.35　设置使用 MFC 作为静态链接库

（27）在图 14.36 中，选择 C/C++ 选项卡，在分类的列表框中选择"预编译的头文件"，如图 14.36 所示，然后按"确定"按钮。

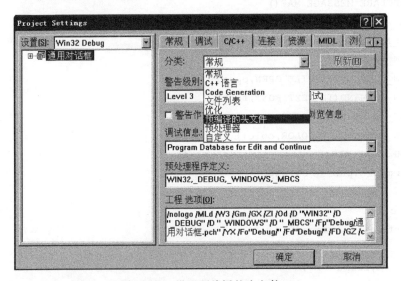

图 14.36　设置预编译的头文件

（28）编译"通用对话框.exe"，并运行程序，结果如图 14.37 所示。

上机操作练习 6

上机调试应用程序举例——通用对话框程序设计。

图 14.37　程序运行结果

习　题

(1) 鼠标消息举例

下面通过一个例子来说明如何用 ClassWizard 来捕获鼠标消息，进行消息映射和定义消息处理函数。该例子首先显示一个标准的 Windows 窗口，当用户在窗口中按下鼠标右键时，窗口中将弹出一个对话框，显示"鼠标左键被按下！"。

具体操作步骤如下：

① 在 Visual C++ 中选择"文件"(File)菜单的"新建"(New)菜单命令，弹出"新建"(New)对话框。在工程列表中选中选项 MFC AppWizard "exe"，在"工程名"(Project name)栏中输入工程名称 Mouse，在 Location 栏中指定工程的存储路径。单击 OK 按钮启动 AppWizard。

② 在 AppWizard 的各个步骤中按下列要求设置选项：

- 选择单文档界面(Single Document)，其他接受系统设置。
- 接受系统缺省设置。
- 关闭 ActiveX Controls 复选框选项。
- 关闭 Printing and print preview 复选框选项。
- 接受系统缺省设置。
- 接受系统缺省设置，单击 Finish 按钮，结束 AppWizard。最后弹出工程信息对话框，单击 OK 按钮完成应用程序框架的设计。下面我们来捕获鼠标左键按下的消息。

③ 选择"查看"(View)菜单的"建立类向导"(ClassWizard)菜单命令。在弹出的 MFC ClassWizard 对话框中选择 Message Maps 选项卡。在 Class name 列表中选择

CMouseView 项,准备在视图类中处理鼠标消息。

④ 在 Object IDs 栏中选中 CMouseView,在 Messages 栏中选择准备处理的消息,选中消息 WM_LBUTTONDOWN。

⑤ 单击 Add Function 按钮,系统将在 Member functions 栏中自动添加相应的消息处理函数 OnLButtonDown()。

⑥ 单击 Edit Code 按钮,ClassWizard 将自动为该函数生成框架,同时在代码编辑窗口中显示这个函数。添加如下代码:

```
void CMouseView::OnLButtonDown(UINT nFlags,CPoint point)
{
//TODO: Add your message handler code here and/or call default
MessageBox("鼠标左键被按下!");
CView::OnLButtonDown(nFlags,point);
}
```

⑦ 单击"查看"菜单的"建立类向导…Ctrl+W",并在 MFC ClassWizard 的 message 中选择消息 WM_RBUTTONDOWN,单击 Add Function 按钮,系统将在 Member functions 栏中自动添加相应的消息处理函数 OnRButtonDown(),单击 Edit Code 按钮,ClassWizard 将自动为该函数生成框架,同时在代码编辑窗口中显示这个函数。

```
void CMouseView::OnRButtonDown(UINT nFlags,CPoint point)
{
//TODO: Add your message handler code here and/or call default
MessageBox("鼠标右键被按下!");
CView::OnRButtonDown(nFlags,point);
}
```

编译并运行该程序,当在窗口中单击鼠标左键或右键时,将弹出不同的对话框。

(2) 键盘消息举例

Windows 为每次按键发送三条消息。

WM_KEYDOWN:此消息在键被按下时产生,通常用于处理非打印键的按键消息。

WM_CHAR:通常用于处理打印键的按键消息。

WM_KEYUP:此消息在释放按键时产生。

键盘的输入是从扫描码开始的,Windows 键盘驱动程序将这些扫描码转换为与硬件无关的形式,即虚拟键码。Windows 将虚拟键码消息发送到函数 TranslateMessage()。

① 在习题(1)的基础上,单击 Workspace 中的 ClassView 选项卡,用鼠标右键单击 CMouseDoc 类,在弹出的快捷菜单中单击 Add Member Variable 菜单命令,在弹出的对话框中,向 Variable Type 项中输入 CString,在 Variable name 项中输入 Text,单击 OK 按钮。

② 在文档的构造函数中初始化 Text。在 Workspace 中的 ClassView 选项卡中,用鼠标左键单击 CMouseDoc 前的"+"号,再双击成员函数 CMouseDoc()。添加部分的代码。

```
CMouseDoc::CMouseDoc()
```

```
{
//TODO: add one-time construction code here
Text="";                    //初始化字符串为空
}
```

③ 生成消息响应函数。单击"查看"菜单的"建立类向导…Ctrl＋W",在 Class name 下拉列表中选择视图类 CMouseView,在 Object IDs 列表框中选择 CmouseView,在 Messages 列表中找到 WM_CHAR,单击 Add Function 按钮。系统将在 Member functions 栏中自动添加相应的消息处理函数 OnChar()。单击 Edit Code 按钮,ClassWizard 将自动为该函数生成框架,同时编辑这个函数。

```
void CMouseView::OnChar(UINT nChar,UINT nRepCnt,UINT nFlags)
{
CMouseDoc * pDoc=GetDocument();        //得到文档类指针
    ASSERT_VALID(pDoc);
    pDoc->Text+=nChar;                 //输入的字符存入内存变量 Text
    CView::OnChar(nChar,nRepCnt,nFlags);
    Invalidate();                       //刷新窗口
}
```

④ 显示输入字符串。为了显示键盘的输入,在 OnDraw 函数中加入以下代码。

```
void CMouseView::OnDraw(CDC * pDC)
{
    CMouseDoc * pDoc=GetDocument();
    ASSERT_VALID(pDoc);
    pDC->TextOut(0,0,pDoc->Text);
    //TODO: add draw code for native data here
}
```

编译并运行该程序,在键盘输入时,键盘输入的可打印字符可显示在窗口中。

(3) 在习题(2)的基础上,单击"查看"菜单的"建立类向导…Ctrl＋W",并在 MFC ClassWizard 的 message 中选择消息,选中鼠标消息 WM_MOUSEMOVE,弹出 Add Function 按钮。在弹出的 Edit code 按钮,在函数 OnMouse 中添加代码,添加代码后的消息处理函数如下:

```
viod CMouse View::OnMouse(UINT nFlags,Cpoint point)
{
    CDC * pDC;
    pDC=GetDC();
    pDC->SetPixel(point,RGB(0,0,0));
    ReleaseDC(pDC);
    CView::OnMouseMove(nFlags,point);
}
```

编译并运行程序。观察当鼠标移动时,在窗口中留下了什么?

附录 ASCII 表

附表 A-1　标准字符 ASCII 值

低4位＼高4位	0000	0001	0010	0011	0100	0101	0110	0111
0000	NUL	DEL	SPACE	0	@	P	`	p
0001	SOH	DC1	!	1	A	Q	a	q
0010	STX	DC2	"	2	B	R	b	r
0011	ETX	DC3	#	3	C	S	c	s
0100	EOT	DC4	$	4	D	T	d	t
0101	ENQ	NAK	%	5	E	U	e	u
0110	ACK	SYN	&	6	F	V	f	v
0111	BEL	ETB	,	7	G	W	g	w
1000	BS	CAN	(	8	H	X	h	x
1001	HT	EM	)	9	I	Y	i	y
1010	LF	SUB	*	:	J	Z	j	z
1011	VT	ESC	+	;	K	[	k	{
1100	FF	FS	,	<	L	\	l	|
1101	CR	GS	-	=	N	]	n	}
1110	SO	RS	.	>	M	^	m	~
1111	SI	US	/	?	O	_	o	del

　　附表 A-1 仅列出了位于 0～127 之间标准 ASCII 值及对应的字符，在该表中 ASCII 值用二进制来表示。

　　附表 A-2 对 32 个控制字符作特别的说明。

附表 A-2　32 个控制字符(00000000～00011111)及其说明

NUL	空	BS	退一格	DLE	数据连续码	CAN	作废
SOH	标题开始	HT	横向列表	DC1	设备控制1	EM	缺纸
STX	正文开始	LF	换行	DC2	设备控制2	SUB	换置
ETX	正文结束	VT	垂直制表	DC3	设备控制3	ESC	换码
EOT	传输结束	FF	走纸	DC4	设备控制4	FS	文字分隔符
ENQ	询问字符	CR	回车	NAK	否定	GS	组分隔符
ACK	承认	SO	移位输出	SYN	空转同步	RS	记录分隔符
BEL	报警	SI	移位输入	ETB	信息组传送结束	US	单元分隔符

附录 B 运算符及其优先级汇总表

附表 B-1 运算符及其优先级汇总表

类 别	运算符	名 称	优先级	结合性
强制	()	类型转换、参数表、函数调用	5	自左向右
下标	[]	数组元素的下标		
成员	->、.	结构型或共用型成员		
逻辑	!	逻辑非	14	自右向左
位	~	位非		
增1减1	++、--	增加1、减少1		
指针	&、*	取地址、取内容		
算术	+、-	取正、取负		
长度	sizeof	数据长度		
算术	*、/、%	乘、除、模	13	自左向右
	+、-	加、减	12	
位	<<、>>	左移位、右移位	11	
关系	>=、>、<=、<	大于等于、大于、少于等于、少于	10	
	==、!=	相等、不相等	9	
位	&	位逻辑按位与	8	
	^	位逻辑按位异或	7	
	|	位逻辑按位或	6	
逻辑	&&	逻辑与	5	
	||	逻辑或	4	

续表

类　别	运算符	名　　称	优先级	结合性
条件	? :	条件	3	自右向左
赋值	=	赋值	2	自右向左
自反赋值	+=、-=、*=、/=、%=、&=、^=、|=、<<=、>>=	加赋值、减赋值、赋值	2	自右向左
		除赋值、模赋值、位与赋值		
		位按位加赋值、位或赋值		
		位左移赋值、位右移赋值		
逗号	,	逗号	1	自左向右

附录 C++ 语言的保留字

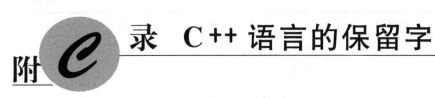

C++ 语言有 30 多个保留字,可以分为以下几种。

1. 类型说明

用于定义、说明变量、函数或其他数据结构的类型。有:int、long、short、float、double、char、unsigned、signed、const、void、class、private、public、protected、virtual、friend、operator、volatile、enum、struct、union。

2. 语句定义

用于表示一个语句的功能。有:if、else、goto、switch、case、do、while、for、continue、break、return、default。

3. 存储类

typeof、auto、register、extern、static。

注意:C 语言的保留字都使用小写字母。如 int 是保留字,用于说明整型变量;INT 则不是保留字,可以作为变量名或函数名等。

附录D 常用库函数

库函数并不是 C++ 语言的一部分，它是由编译程序根据一般用户的需要编制并提供用户使用的一组程序。每一种 C++ 编译系统都提供了一批库函数，不同的编译系统所提供的库函数的数目和函数名以及函数功能是不完全相同的。考虑到通用性，本书列出部分常用库函数。

1. 数学函数

数学函数（见附表 D-1）的原型在 math.h 中。

附表 D-1 数学函数

函数名称	函数与形参类型	函数功能	返回值
acos	double acos(double x)	计算 $\cos^{-1}(x)$ 的值 $-1<=x<=1$	返回 0 至 π 之间的计算结果，单位为弧度，在函数库中角度均以弧度来表示
asin	double asin(double x)	计算 $\sin^{-1}(x)$ 的值 $-1<=x<=1$	返回 $-\pi/2$ 至 $\pi/2$ 之间的计算结果
atan	double atan(double x)	计算 $\tan^{-1}(x)$ 的值	返回 $-\pi/2$ 至 $\pi/2$ 之间的计算结果
cos	double cos(double x)	计算 $\cos^{-1}(x)$ 的值 $-1<=x<=1$	返回 -1 至 1 之间的计算结果
exp	double exp(double x)	求 e^x 的值	返回 e 的 x 次方计算结果
fabs	double fabs(double x)	求 x 的绝对值	返回参数的绝对值结果
log	double log(double x)	求 lnx	返回参数 x 的自然对数值
log10	double log10(double x)	求 $\log 10^x$	返回参数 x 以 10 为底的对数值
pow	double pow(double x, double y)	计算 x^y 的值	返回 x 的 y 次方计算结果
sin	double sin(double x)	计算 sin(x) 的值	返回 -1 至 1 之间的计算结果
sinh	double sinh(double x)	计算 x 的双曲正弦函数 sinh(x) 的值	返回参数 x 的双曲线正弦值
sqrt	double sqrt(double x)	计算 x 的平方根	返回参数 x 的平方根值

续表

函数名称	函数与形参类型	函数功能	返回值
tan	double tan(double x)	计算 tan(x)的值 x 的单位弧度	返回参数 x 的正切值
tanh	double tanh(double x)	计算 x 的双曲正切函数 tanh(x)的值	返回参数 x 的双曲线正切值

2. 字符测试函数

字符函数(见附表 D-2)的原型在 ctype.h 中。

附表 D-2　字符测试函数

函数名称	函数与形参类型	函数功能	返回值
isalnum	int isalnum(int ch)	检合 ch 是否为字母或数字	是字母或数字,返回 1;否则,返回 0
isalpha	int isalpha(int ch)	检查 ch 是否为字母	是字母,返回 1;否则,返回 0
isascii	int isascii (int ch)	检查 ch 是否为 ascii 码字符	是,返回 1;否则,返回 0
islower	int islower(int ch)	检查 ch 是否为小写字母(a~z)	是小写字母,返回 1;否则,返回 0
isspace	int isspace(int ch)	检查 ch 是否为空格、跳格符(制表符)或换行符	是,返回 1;否则,返回 0
isupper	int isupper(int ch)	检查 ch 是否为大写字母(A~Z)	是大写字母,返回 1;否则,返回 0
isxdigit	int isxdigit(int ch)	检查 ch 是否一个十六进制数字(即 0~9,或 A 到 F,a~f)	是,返回 1;否则,返回 0

3. 字符串转换函数

字符串转换函数(见附表 D-3)的原型在 stdlib.h 或 ctype.h 中。

附表 D-3　字符串转换函数

函数名称	函数与形参类型	函数功能	返回值
atof	double atof(const char * nptr)	将字符串转换成浮点型数	返回转换后的浮点型数
atoi	int atoi(const char * nptr)	将字符串转换成整型数	返回转换后的整型数
atol	long atol(const char * nptr)	将字符串转换成长整型数	返回转换后的长整型数
gcvt	char * gcvt(double number, size_t ndigits, char * buf)	将浮点型数转换为字符串,取四舍五入	返回一字符型指针,此地址即为 buf 指针
strtod	double strtod (const char * nptr, char **endptr)	将字符串转换成浮点数	返回转换后的浮点型数

续表

函数名称	函数与形参类型	函数功能	返 回 值
strtol	long int strtol(const char * nptr, char **endptr,int base)	将字符串转换成长整型数	返回转换后的长整型数,否则返回 ERANGE 并将错误代码存入 errno 中
strtoul	unsigned long int strtoul(const char * nptr,char **endptr,int base)	将字符串转换成无符号长整型数	返回转换后的长整型数,否则返回 ERANGE 并将错误代码存入 errno 中
toascii	int toascii(int c)	将整型数转换成合法的 ASCII 码字符	将转换成功的 ASCII 码字符值返回
tolower	int tolower(int ch)	将 ch 字符转换为小写字母	返回 ch 对应的小写字母
toupper	int toupper(int ch)	将 ch 字符转换为大写字母	返回 ch 对应的大写字母

4. 内存及字符串操作函数

内存及字符串操作函数(见附表 D-4)的原型在 string.h 中。

附表 D-4 内存及字符串操作函数

函数名称	函数与形参类型	函数功能	返 回 值
memccpy	void * memccpy(void * dest, const void * src, int c,size_t n)	拷贝内存内容	返回指向 dest 中值为 c 的下一个字节指针。返回值为 0 表示在 src 所指内存前 n 个字节中没有值为 c 的字节
memchr	void * memchr(const void * s,int c,size_t n)	在某一内存范围中查找一特定字符	如果找到指定的字节则返回该字节的指针,否则返回 0
memcmp	int memcmp (const void * s1, const void * s2,size_t n)	比较内存内容	若参数 s1 和 s2 所指的内存内容都完全相同则返回 0 值。s1 若大于 s2 则返回大于 0 的值。s1 若小于 s2 则返回小于 0 的值
memcpy	void * memcpy (void * dest, const void * src, size_t n)	拷贝内存内容	返回指向 dest 的指针
strcasecmp	int strcasecmp (const char * s1, const char * s2)	忽略大小写比较字符串	若参数 s1 和 s2 字符串相同则返回 0。s1 长度大于 s2 长度则返回大于 0 的值,s1 长度若小于 s2 长度则返回小于 0 的值
strcat	char * strcat (char * dest, const char * src)	连接两字符串	返回参数 dest 的字符串起始地址
strchr	char * strchr(const char * s, int c)	查找字符串中第一个出现的指定字符	如果找到指定的字符则返回该字符所在地址,否则返回 0

续表

函数名称	函数与形参类型	函数功能	返 回 值
strcmp	int strcmp (const char * s1, const char * s2)	比较字符串	若参数 s1 和 s2 字符串相同则返回 0。s1 若大于 s2 则返回大于 0 的值。s1 若小于 s2 则返回小于 0 的值
strcpy	char * strcpy (char * dest, const char * src)	拷贝字符串	返回参数 dest 的字符串起始地址
strdup	char * strdup (const char * s)	复制字符串	返回一字符串指针,该指针指向复制后的新字符串地址。若返回 NULL 表示内存不足
strlen	size_t strlen (const char * s)	返回字符串长度	返回字符串 s 的字符数
strncasecmp	int strncasecmp (const char * s1, const char * s2, size_t n)	忽略大小写比较字符串	若参数 s1 和 s2 字符串相同则返回 0。s1 若大于 s2 则返回大于 0 的值,s1 若小于 s2 则返回小于 0 的值
strncat	char * strncat (char * dest, const char * src, size_t n)	连接两字符串	返回参数 dest 的字符串起始地址
strncpy	char * strncpy (char * dest, const char * src, size_t n)	拷贝字符串	返回参数 dest 的字符串起始地址
strstr	char * strstr (const char * haystack, const char * needle)	在一字符串中查找指定的字符串	返回指定字符串第一次出现的地址,否则返回 0

5. 其他函数

时间日期函数(见附表 D-5)的原型在 time.h 中。

附表 D-5 时间日期函数

函数名称	函数与形参类型	函数功能	返 回 值
asctime	char * asctime (const struct tm * timeptr)	将时间和日期以字符串格式表示	若再调用相关的时间日期函数,此字符串可能会被破坏。此函数与 ctime 不同处在于传入的参数是不同的结构
ctime	char * ctime (const time_t * timep)	将时间和日期以字符串格式表示	返回一字符串表示目前当地的时间日期
gettimeofday	int gettimeofday (struct timeval * tv, struct timezone * tz)	取得目前的时间	成功则返回 0,失败返回 -1,错误代码存于 errno。附加说明 EFAULT 指针 tv 和 tz 所指的内存空间超出存取权限
gmtime	struct tm * gmtime (const time_t * timep)	取得目前时间和日期	返回结构 tm 代表目前 UTC 时间
localtime	struct tm * localtime (const time_t * timep)	取得当地目前时间和日期	返回结构 tm 代表目前的当地时间

续表

函数名称	函数与形参类型	函数功能	返 回 值
mktime	time_t mktime (strcut tm * timeptr)	将时间结构数据转换成经过的秒数	返回经过的秒数
settimeofday	int settimeofday (const struct timeval * tv, const struct timezone * tz)	设置目前时间	成功则返回0,失败返回-1,错误代码存于errno
time	time_t time(time_t * t)	取得目前的时间	成功则返回秒数,失败则返回((time_t)-1)值,错误原因存于errno中